도덕적인 AI

도덕적인 AI

1판 1쇄 인쇄 2025. 1. 13.
1판 1쇄 발행 2025. 1. 20.

지은이 월터 시넛암스트롱, 재나 셰익 보그, 빈센트 코니처
옮긴이 박초월

발행인 박강휘
편집 김태권·임솜이 **디자인** 조은아 **마케팅** 고은미 **홍보** 박은경
발행처 김영사
등록 1979년 5월 17일 (제406-2003-036호)
주소 경기도 파주시 문발로 197(문발동) 우편번호 10881
전화 마케팅부 031)955-3100, 편집부 031)955-3200 **팩스** 031)955-3111

값은 뒤표지에 있습니다.
ISBN 979-11-94330-63-9 03500

홈페이지 www.gimmyoung.com   **블로그** blog.naver.com/gybook
인스타그램 instagram.com/gimmyoung **이메일** bestbook@gimmyoung.com

좋은 독자가 좋은 책을 만듭니다.
김영사는 독자 여러분의 의견에 항상 귀 기울이고 있습니다.

도덕적인 AI

월터 시넛암스트롱 · 재나 셰익 보그 · 빈센트 코니처 지음
박초월 옮김

딥페이크부터 로봇 의사까지,

인공지능 윤리를 위한

일곱 가지 물음

김영사

AI가 만드는 세상을 살아갈 우리 아이들
달리아, 스카이, 에이든
미란다, 나사
나오미, 벤 그리고 에런에게

차례

일러두기

• 본문의 각주 가운데 저자가 단 것은 설명 뒤에 '원주'로 표시했다.
  따로 표시가 없는 것은 '옮긴이주'이다.

들어가며

우리 세 저자는 모두 다른 분야를 연구한다. 기본적으로 재나는 신경과학자이자 데이터과학자이고 월터는 철학자이자 윤리학자이며 빈센트는 컴퓨터과학자이자 게임이론 연구자이다. 이처럼 다양한 분야의 연구자들이 함께 만나기란 쉽지 않고, 설령 만난다고 해도 서로를 이해하기는 어려운 일이다. 다행히도 우리는 그런 어려움을 겪지 않았다. 우리가 힘을 합친 이유는 셋 다 인공지능Artificial Intelligence, AI이 제기하는 윤리 문제를 깊이 우려하기 때문이다. 더욱이 그러한 문제들을 이해하는 것만이 아니라 AI의 도덕적 피해를 최소화하면서도 AI 혁신을 증진하는 방법에 대한 실행 가능한 제안을 제공한다는 목표를 가지고 있다. 이토록 복잡한 과제를 단 하나의 분야로만 해결할 수는 없다.

우리는 또한 AI에 낙관적이기도 하다. 물론 AI의 발전을 사려 깊고 책임감 있게 추구해야 한다는 점에는 동의한다. AI를 단순히 전부 좋다거나 전부 나쁘다는 식으로 치우쳐 보는 사람들이 많지만, 우리는 AI가 이로움과 해로움의 두 측면에서 엄청난 잠재력을 갖고 있다고 생각한다. 이 책은 AI의 긍정적인 영향과 부정적인 영향을 균형 있게 설명함으로써 AI의 장점을 살리는 동시에 위험성을 줄이기 위한 시도다.

우리의 공동 연구는 몇 차례의 사적인 대화로 시작되었다가 머지않아 연구팀을 꾸리는 것으로 이어졌다. 시기에 따라 구성원이 달라지긴 했지만 다음과 같은 사람들이 참여했다. 듀크대학교 학부생들(특히 컴퓨터과학과의 레이철 프리드먼과 철학과의 맥스 크레이머), 다양한 기관 출신의 학사후연구원들(특히 켄지 도일), 경영학과 대학원생들(다니엘라 고야토셰투)과 컴퓨터과학과 대학원생들(비자이 케스와니, 덩위안, 덩컨 맥엘프레시), 철학과 박사후연구원들(거스 스코어버그, 찬록, 카일 보어슬러) 그리고 교수진(컴퓨터과학과의 존 디커슨과 호다 헤다리). 우리 연구팀은 지금도 정기적으로 만나고 있으며 다양한 분야의 연구자들을 모집하고 있다.

도움을 준 모든 공동 연구자와 수많은 동료 및 학생들에게 깊이 감사드린다. 이름을 전부 나열하긴 힘들지만, 그들은 우리의 논문과 발표를 보고 함께 토론하면서 유용한 의견을 제공해주었다. 책의 원고를 읽고 논평해준 레이철 프리드먼, 앨리스 웡, 호다 헤다리, 벤 에바 그리고 'AI의 철학' 대학원 세미나에 참여한 학생들에게 감사를 표한다. 카시아나 이오니타와 펭귄 출판사에도 큰 빚을 졌다. 그들은 코로나19 팬데믹으로 집필이 더디게 진행될 때에도 우리를 응원하면서 인내심을 갖고 기다려주었다. 가족들에게도 고마움을 전해야 마땅하다. 그들은 우리가 책 집필에 몰두해 있을 때마다 옆에서 참고 견디는 자비를 베풀어주었다. 팬데믹 시기였던 데다가 가족원이 셋이나 늘어난 고된 상황이었는데도 말이다.

이 책의 몇몇 장은 이전에 출판한 논문과 단행본의 일부를 수정하여 다시 출간한 것이다. 그중에서도 6장은 월터 시넛암스트롱과

거스 스코어버그가 발표한 논문 "AI는 어떻게 생명윤리학에 일조하는가"(*Journal of Practical Ethics* 9[1] [2021])의 일부 내용을 바탕으로 한다. 7장에는 재나 셔익 보그의 논문 "윤리적 AI를 위한 네 가지 투자 부문: 출판물과 실천의 간극을 좁힐 수 있는 학제간 기회"(*Big Data and Society* 8[2] [2021]) 그리고 "AI 분야에는 윤리적 AI에 대한 중개 연구가 필요하다"(*AI Magazine* 43[3] [2022])에 포함된 아이디어 일부분이 담겨 있다. 이 책에서 해당 문헌을 수정하고 재사용할 수 있도록 허락해준 학술지 발행인과 공동 집필자에게 감사드린다.

마지막으로 우리의 연구에 재정적 지원을 아끼지 않은 여러 단체에도 깊은 감사의 말을 전한다. 듀크베이스커넥션Duke Bass Connections, (듀크대학교의 학제간연구 부문 총괄자가 선정한) 듀크 공동연구소들, 생명의 미래 연구소Future of Life Institute, 템플턴 세계자선재단Templeton World Charity Foundation, 미국 국립과학재단National Science Foundation, 오픈AI. 이 모든 단체의 도움이 없었다면 이 책을 집필하는 일은 불가능했을 것이다. 물론 자금 제공자들과 후원자들은 책의 내용에 대해 그 어떤 책임도 없다. 책임은 오로지 우리 필자들 몫이다.

서론

무엇이 문제인가?

"로봇이 온다! 로봇이 오고 있어!" 이러한 경고가 빠르게 확산되고 있다. 이는 부분적으로는 〈매트릭스〉 시리즈 같은 유명한 영화들이 AI가 머지않아 모든 것을 통제하리라는 공포를 퍼뜨리기 때문이지만, AI 지배자에게 자유를 빼앗길 것이라고 두려워하지 않는다고 해도 우려할 대목은 있다. AI는 프라이버시를 박탈하여 우리가 마음대로 사생활을 누리는 것을 위험한 일로 만들리라. 이메일이나 사진의 진위를 판별하는 것이 불가능해지리라. 악의적인 정치 후보자에게 투표하거나 불필요한 상품을 구매하도록 우리를 조종하리라. 그 밖에도 다른 방식으로 우리 삶에 위해를 가하리라. 비관론자들은 말한다. 이러한 위험을 전부 또는 하나라도 피하려면 AI의 사용을 멈춰야만 한다고. 아니면 적어도 AI의 발전을 늦춰야만 한다고. 너무 늦기 전에 말이다.

훨씬 낙관적인 사람들도 있다. 그들은 인간이 잘하지 못하거나 기피하는 업무를 AI가 수행하게 될 날을 고대한다. 자율주행차를 두려워하는 대신 음주 운전자를 걱정하며 자율주행차가 치명적인 사고를 얼마나 많이 방지할 수 있는가에 대한 예측에 깊은 인상을 받는다. 살상용 드론을 두려워하는 대신에 인간 군인이 격렬한 감정과 무지 혹은 수면 부족 때문에 저지를지 모를 실수와 의도적인 잔혹 행위를 멈출 방법을 찾으려 한다. 낙관론자들은 AI가 과학과 의료 기술을 빠르게 발전시킴으로써 인간의 삶을 향상해주리라고 믿는다. 심지어 인간이 첨단 AI와 **결합**되어 훨씬 유능한 종이 탄생하리라는 생각이 실현되기를 기다리는 사람들도 있다. 이러한 혜택을 누리기 위해 낙관론자들은 AI 개발의 발전을 늦추려는 그 어떤 시도에도 반대한다.

어느 쪽이 옳을까? AI에 관하여 비관적인 입장을 취해야 할까, 낙관적인 입장을 취해야 할까? 유리잔은 절반이나 비어 있는 걸까, 절반이나 차 있는 걸까? 우리의 대답은 **둘 다**라는 것이다. 한편에는 나쁜 소식이 있고(이 소식은 AI 사용을 우려할 만한 이유가 된다), 다른 편에는 좋은 소식이 있다(이 소식은 AI를 다른 용도로 쓰는 것을 옹호하는 이유가 된다). 종종 똑같은 AI 기술이나 그 적용 사례를 두고 두려움과 희망을 가질 만한 이유가 동시에 존재한다. 그러므로 AI는 비관적으로 볼 필요도 있고 낙관적으로 볼 필요도 있다. 예를 들어 AI가 사용되고 있는 다음의 몇 가지 부문을 살펴보자.

운송

좋은 소식: 시각장애인 스티브 메이핸은 자율주행차를 타고 캘리포니아주 산타클라라를 돌아다닌다. 때로는 혼자서 운전하기도 한다.[1]

나쁜 소식: 2016년 5월, 조슈아 브라운은 테슬라 모델 S를 타고 오토파일럿 모드를 켠 상태로 이동하다가 하얀색 트럭에 충돌하여 목숨을 잃었다. 자율주행차가 밝은 하늘과 트럭을 구별하지 못한

것이다. [2]

군사

좋은 소식: AI로 강화된 폭발물 제거 로봇은 위험한 장소로 접근해서 치명적인 장치를 제거하거나 미리 폭발시킬 수 있다. 인간이 위험을 무릅쓰지 않아도 되도록 말이다. [3]

나쁜 소식: 남아프리카공화국 로하틀라 지역에서 오리콘 GDF-005 방공포가 AI의 명령을 받고 통제 불능에 빠져 포탄 수백 발을 발사했다. 이 결과로 9명이 사망하고 14명이 부상했다. [4]

정치

좋은 소식: AI는 노스캐롤라이나주에서 양대 정당과 다양한 이익집단 모두에게 공정한 하원의원 선거구를 획정하는 데 사용될 수 있다. [5]

나쁜 소식: 영국의 데이터 분석 기업 케임브리지 애널리티카 Cambridge Analytica는 페이스북(현 메타) 사용자 몰래 최대 8700만 명의 개인 데이터로 AI를 훈련함으로써 2016년 미국 대통령 선거에 영향을 미치려 했다. [6]

법

좋은 소식: 영국의 소프트웨어 기업 소트리버 Thought River는 법적 계약서를 읽고, 계약서의 핵심 질문에 답하고, 추후 해야 할 일을

제안하는 AI 기반 프로그램을 만들었다. 이 모든 작업에 드는 비용은 인간 변호사를 고용할 때보다 훨씬 적다.[7]

나쁜 소식: 에릭 루미스는 AI 주도형 위험성 평가에서 '지역사회 고위험군'으로 분류되었다는 부분적인 이유 때문에 징역 6년을 선고받았다. 알고리듬은 기업 독점이므로 AI가 어떻게 이런 예측을 내리는지는 분명하지 않다. 하지만 비평가들은 해당 알고리듬이 에릭 루미스가 속한 인종 및 젠더 집단에 불리하게 편향되어 있다고 주장한다.[8]

의료

좋은 소식: 2015년, IBM의 인공지능 왓슨Watson은 한 여성 환자가 인간 의사들이 조기에 발견하지 못한 희귀 백혈병을 앓고 있다고 진단했다. 의사들은 이렇게 주장했다. "물론 우리가 데이터를 직접 살펴봤어도 똑같은 결론에 도달했을 겁니다. 그래도 왓슨의 속도는 정말 중요해요. 빠르게 진행되어서 합병증을 유발할 수 있는 백혈병을 치료하려면 말입니다."[9]

나쁜 소식: '고위험군 돌봄'의 필요성을 예측하기 위한 AI 훈련용 데이터가 편향되어 있어서 흑인 환자보다 백인 환자를 지나치게 우선시하는 결과로 이어졌다. 심지어 두 환자가 정확히 같은 수준의 질병을 앓는 경우에도 마찬가지였다.[10]

투자

좋은 소식: 베터먼트Betterment, 웰스프론트Wealthfront, 웰스심플 Wealthsimple에서 제공하는 것과 같은 AI 주도형 재정관리 자문 및 투자 도구는 최소한 인간 자문가만큼 정확하다고 홍보된다. 이러한 로보어드바이저는 계좌의 최소잔액요구 금액과 거래 비용이 낮아서 이전에는 부유층과 특권층만 이용할 수 있었던 재정 자문을 저소득층 투자자도 받을 수 있게 되었다.[11]

나쁜 소식: 2010년 5월 6일 오후 2시 45분, 다우존스 산업평균지수가 단 몇 분 만에 998.5포인트나 하락했다. AI 주도형 주식 거래 시스템이 고속 자동 매도 악순환에 빠져 시장을 붕괴시켰기 때문이다.[12]

마케팅

좋은 소식: '들어본 적 있나요?Have You Heard?'(HYH) 프로젝트는 AI를 이용하여 소셜네트워크에서 영향력이 클 가능성이 높은 청년들을 식별함으로써 홈리스 청년의 HIV 검사율을 무려 25퍼센트나 끌어올렸다.[13]

나쁜 소식: 2012년, 미국의 대형 할인마트 타깃Target은 한 열여섯 살 고객에게 유아용품 쿠폰을 보냈다. AI 시스템이 고객의 구매 패턴을 통해 임신 여부를 예측한 결과였다. 고객의 아버지는 마트 측에 항의했지만, 사실 그의 딸은 정말로 임신한 상태였다.[14]

예술

좋은 소식: 판도라Pandora와 스포티파이Spotify는 AI로 이용자의 음악 취향을 분석한다. 이 분석을 기반으로 청취자가 좋아할 수도 있지만, 서비스가 없었더라면 발견하지 못했을 새로운 노래와 아티스트를 추천한다.[15]

나쁜 소식: AI는 인상적인 미술 작품을 다량 생산하는 데 쓰이고 있고, 그중에는 43만 2500달러에 판매된 것도 있다.[16] 하지만 이 AI는 그 어떤 허락이나 보상 또는 저작자의 승인도 없이 인간 예술가의 이미지로 훈련된 것이다. 미술품 생성 AI는 이미 제작된 상태이므로, 본인의 작품이 데이터에 포함되길 바라지 않거나 저작권으로 보호되어 있는 인간 예술가들의 작품을 AI가 '잊도록' 만드는 것은 기술적으로 어려운 일이다. 어떤 경우에는 불가능하기도 하다.

언론

좋은 소식: 〈로스앤젤레스 타임스〉는 퀘이크봇Quakebot이라는 알고리듬을 사용하여 기존의 보도보다 빠르고 정확하게 캘리포니아 지진 경보를 독자들에게 알린다.[17]

나쁜 소식: 2023년, 튀르키예의 대통령 후보 무하렘 인제는 경선에서 물러났다. 페이스북에 성관계 영상이 올라왔기 때문이다. 인제는 '딥페이크'라고 주장했다. 단언컨대 결코 사실이 아닌 장면을 AI가 생성했다는 것이다. 동일한 대통령 선거에서 또 하나의 가짜 영상이 유포되었다. 한 테러 조직이 대통령 후보 케말 클르츠다로

을루에게 지지를 표하는 영상이었다. "그날 인터넷 사용자들이 구글에 접속해 클르츠다로을루를 검색하면 알고리듬에 의해 추천된 상위 노출 가운데 그 가짜뉴스가 있었다."[18]

감시

좋은 소식: AI는 인도와 아프리카에서 밀렵꾼을 찾아내는 작업에 성공적으로 사용된다. 심지어 밀렵이 발생하기 전에 공원 경비원이 개입할 수 있도록 밀렵을 예측하는 것도 가능하다. 게다가 게임이론에 기반한 AI는 경비원의 순찰 경로를 최적화하여 밀렵꾼을 잡는 데 도움을 주고 설치된 덫을 제거하는 작업을 돕는다.[19]

나쁜 소식: 중국 정부는 "대부분이 이슬람교도인 소수민족 위구르족을 추적하고 통제하기 위해 최첨단의 대규모 얼굴 인식 기술 시스템을 비밀리에 사용하고 있다".[20] 다른 국가들에서도 이와 비슷한 표적 감시를 위해 얼굴 인식 AI를 활용하는 것으로 보고되고 있다.[21]

환경

좋은 소식: 블루리버 테크놀로지Blue River Technology는 AI 주도형 카메라 기술을 사용하여 땅을 '살펴보고' 작물을 잡초와 구별한 다음 표적 제초제를 살포하는 잡초 제거 서비스를 제공한다. 이 기술은 제초제 내성을 방지하고 목화 재배자의 제초제 비용을 절감하는 데 도움이 된다고 한다.[22]

나쁜 소식: 많은 고성능 AI 모형을 훈련하려면 엄청난 양의 연산 자원computational resource이 필요하다. "AI 모델 하나를 훈련하는 데 는 자동차 다섯 대를 수명이 다할 때까지 몰았을 때만큼의 탄소가 배출된다"고 한다. **23**

이 사례들은 빙산의 일각에 지나지 않는다. 독자들은 더 많은 사례를 직접 떠올려볼 수 있을 것이다. 하지만 위의 예시는 사회와 AI 제작자가 해결 방안을 고민해야 하는 문제 유형과 앞으로 이 책에서 논의할 다면적인 문제 유형을 보여준다.

AI가 사회에 초래할 잠재적 편익과 위험을 고려하려면 AI의 본질과 한계를 명확하게 파악해야 한다. 작성된 코드는 언제부터 단순한 컴퓨터 프로그램이 아닌 AI가 되는 걸까? 인공지능은 정말 지능일까? AI는 의식을 가질 수 있을까? AI는 독창적이고 창의적일 수 있을까? 아니면 그저 제작자의 명령을 분별없이 따를 뿐일까? AI는 새롭고 다양한 임무를 수행할 수 있을까? 아니면 그저 인간이 이전부터 수행해온 동일한 임무를 수행할 뿐일까? AI는 어떤 종류의 임무를 수행할 수 있고 또 어떤 종류의 임무를 수행할 수 없을까? AI는 인간을 훨씬 뛰어넘는 지능을 가질 수 있을까? 다음 장에서는 이러한 질문들을 살펴볼 것이다.

AI가 무엇이고 무엇이 아닌지 이해하고 나서는 AI가 다음의 기본적인 도덕적 가치와 어떻게 상호작용하는지 고려해야 한다.

안전성 — 자율주행차 및 자율무기, 딥페이크, 소셜미디어, 로봇 외과의. 그리고 우리 세계 또는 세계의 일부에 대한 인간의 통제력을 잃게 만들 수 있는 미래의 AI 시스템.

공정성 — 인종과 재산 및 젠더에 기초한 범죄 위험성 평가, 건강 관리 서비스 제공의 편향성, 로보어드바이저의 금융 자문 서비스 접근성 확대, AI가 초래하는 일자리 감소로 인한 경제적 불평등 증가.

프라이버시 — 케임브리지 애널리티카, 대형 할인마트 타깃의 임신 예측에 기반한 쿠폰 제공, 중국의 위구르족 감시.

자유 — 스티브 메이핸과 같은 시각장애인의 보조, 표적 감시를 통한 이동 제한 또는 종교 행위의 제한.

투명성 — 에릭 루미스의 사례 그리고 업무 성과, 이력서, 대출을 위한 신용도, 학생 기록을 평가하는 AI 프로그램.

기만 — 선거에 개입하기 위해 사용되는 딥페이크와 AI로 생성되는 가짜뉴스.

일부 AI 활용 사례는 두 가지 이상의 가치와 관련되어 있으며, 위의 목록이 모든 가치를 포괄하는 것은 아니다. 하지만 이 일차적인 목록만 보더라도 AI가 제기하는 윤리 문제가 얼마나 광범위하고 심각한지 알 수 있다.

AI의 위험성을 **과소**평가해도 안 되지만 그렇다고 **과대**평가해서도 안 된다. 위에서 나열한 도덕 문제를 신중하게 다룬다면 대체로

AI는 안전하고 윤리적으로 만들어지고 사용될 수 있다. 목욕물을 버리다가 AI 아기까지 버릴 수는 없다. 그러지 않기 위해서 이제부터 우리는 당면한 도덕 문제를 조명할 것이고, 모든 사람이 AI 윤리에 더 많은 관심을 기울여야 하는 이유를 제시할 것이다.

1

인공지능은 무엇인가?

사람들은 흔히 블록버스터 영화를 보면서 AI에 대한 관점을 형성한다. 〈스타트렉〉을 본 적이 있다면 AI가 감정을 처리하고 이해하는 데 어려움을 겪기는 하지만 자비로운 인간형 슈퍼컴퓨터라고 생각할지도 모르겠다. 우리의 음성을 기록하고 질문에 답하다가도 때로는 뚱딴지처럼 실수하는 스마트폰의 능력 이면에 AI가 있다는 말도 대부분 들어보았을 것이다. 정말로 이 모든 것이 AI일까? 인간처럼 생기고 놀라울 만큼 지능적이어야만 AI로 간주할 수 있을까? 아니면 항상 잘하지는 않더라도 뭔가 멋지거나 도움이 된다면 그것을 AI라고 할 수 있을까?

세계 최고의 AI 연구자들이 AI에 관하여 명확한 정의를 내려놓았으리라 기대했다면 분명 실망할 것이다. AI에 관한 정의는 대체로 추상적이고 매우 들쭉날쭉하다. 미국의 컴퓨터과학자이자 인지과학자인 존 매카시John McCarthy는 1955년에 '인공지능Artificial Intelligence'이라는 용어를 처음으로 만들면서 이렇게 정의했다. "지능이 있는 기계를 만들기 위한 과학과 공학." 그리고 다음과 같이 덧붙였다. "지능이란, 세상에서 목표를 달성하는 능력의 연산적인 부분이다."[1] 그 후로 등장한 몇 가지 정의는 AI가 일반적으로 인간 수준의 지능이 필요한 임무를 수행하거나 인간이 임무를 수행하는 동안 사용하는 것과 똑같은 인지적 연산 능력을 갖춰야 한다고 말한다. 반면 다른 정의들은 AI와 인간 지능의 관계에 대해 아무런 주장도 하지 않고, 그 대신 AI가 시간이 지나면서 학습을 할 수 있어야 한다고 명시한다. 어떤 전문가들은 AI를 정의할 때 (AI인지 아닌지는) '보면 안다'라는 식으로 접근한다. 왜냐하면 AI라는 이름표가 알고리듬의 복잡성 또는 임무의 복잡성을 최소한으로만 함축하길 바라기 때문이다. 이 정의는 'AI 효과'라는 현상으로 귀결된다. 다시 말해, 한때 지능이 필요하다고 생각했던 임무(가령 미로 탐색)를 수행하는 컴퓨터 프로그램을 작성할 줄 알게 된다면, 해당 임무에 대한 컴퓨터 프로그램 해결책이 **실제로는** 지능이 아님을 깨닫게 된다는 것이다. '그저' 알고리듬일 뿐이라고 말이다. 그 결과 일부 전문가는 폭넓은 의미의 '지능'이 도대체 무엇을 일컫는지는 더 이상 신경 쓰지 않는다. 왜냐하면 가장 효과적인 방법을 사용하여 개별 임무를 탁월하게 수행하는 것이 AI의 미래라고 생각하기 때문이다. 설령 그 방법이 특별히 똑똑하거나 현명해 보이지 않더라도 말이다.

이 책의 논의를 위해 우리는 매우 폭넓은 AI의 정의를 사용하기로 했다. 미국의 '국가 인공지능 구상법 2020'에서 제공하는 정의를 살짝 수정한 것이다.[2]

> 인간이 규정한 일련의 목표에 대해서 **충분히 신뢰할 만하게** 예측과 추천 및 결정을 수행하여 실제 또는 가상 환경에 영향을 미치는 기계 기반 시스템(강조한 부분이 바로 우리가 추가한 것이다).

기계 기반이라는 사실은 AI가 인공적이라는 뜻이다. 목표를 신뢰할 만하게 추구한다는 사실은 AI가 지능적이라는 근거로 여겨진다(물론 앞으로 지능에 대해 자세히 설명할 필요가 있다).

이 정의는 상당히 포괄적이지만 의도적으로 폭넓은 정의를 선택했다. 왜냐하면 앞으로 논의할 AI 윤리 문제는 (전부는 아닐지라도) 대부분 AI의 종류와 무관하게 나타나기 때문이다. 다시 말해, 우리가 다룰 것은 익숙한 산업 부문에서 활용되는 평범한 AI든, 특정한 임무에서 초인적인 성능을 발휘하는 최첨단 AI든, 향후 개발될지 모를 인간 수준의 범용 AI든 상관없이 제기되는 문제들이다. 또이와 관련하여 우리가 문제 해결책으로 제안하는 전략들은 대체로 AI 시스템이 정말로 지능적인지 판단하는 중간 단계를 필요로 하지 않는다. 그렇다고 해서 어떤 (생물학적 또는 인공적) 시스템에 지능이 있다고 간주하려면 무슨 조건이 필요한지에 대해 유의미하게 토론할 수 없다는 말은 아니다. 다만 여기에서 그 논쟁을 해결하려고 하지 않겠다는 뜻이다. 물론 AI 시스템에는 각기 다른 야심이 반영된 다양한 목표가 있다는 사실을 인정하는 것은 중요하다.

'좁은 AI', '범용 AI', '강한 AI'
─ 도전 과제를 선택하라

기업에서 활용하고 우리가 일상에서 접하는 AI는 대부분 '좁은 AI'의 사례다. 인간 설계자가 가장 효과적이라고 생각하는 연산 전략을 사용하여 특정한 임무(또는 적은 수의 임무 집합)를 수행하도록 설계된 것이다. 이는 본래 설계 목적이 아니었던 임무까지 포함하여 매우 다양한 임무를 수행할 수 있는 '범용 AI'와 대조된다. 우리가 어느 정도 수준의 범용 AI 시스템을 보유하고 있는지는 논쟁의 여지가 있다. 일부 시스템은 적어도 범용에 근접하고 있다. 예를 들어보자. 오픈AI의 챗GPT, 마이크로소프트의 빙챗, 구글의 바드, 앤스로픽의 클로드 같은 고급 챗봇은 다양한 유형의 질문에 답하고 수많은 종류의 언어 기반 임무를 수행한다. 심지어 제작자가 생각하지도 못한 과제를 해내기도 한다. 이러한 챗봇은 방대한 양의 텍스트를 통해 훈련을 받고 다양한 내용을 학습하는 대형언어모형 large language model, LLM을 기반으로 한다. 하지만 챗봇은 가령 자동차를 운전하지는 못하므로 어떤 의미에서는 그 범위가 '좁다'고 볼 수 있다. 하지만 지금 AI 전문가들이 많은 문제를 아우르는 기법을 점점 더 많이 찾아내고 있는 것도 사실이기에, 이와 매우 유사한 기법이 다양한 작업을 수행하는 복합 시스템의 핵심이 될지도 모른다. 복합 시스템을 구성하는 시스템 하나하나는 좁은 AI라고 할지라도 그 바탕을 이루는 기법은 범용적이므로 범용 AI의 개발로 이어질 가능성이 있는 것이다.

비슷한 맥락에서 '인공일반지능artificial general intelligence, AGI'이라는 용어를 사용할 때도 있다. 이 용어는 인간 수준의 (혹은 그 이상의) AI라는 의미를 함축하고 있는데, 기본적으로 **모든** 인지적 임무를 수행하는 데 있어서 적어도 인간만큼 잘 작동한다는 뜻이다.

'인공일반지능'이라는 용어를 싫어하는 사람들도 있다. 그들은 오히려 '인간 수준' AI 또는 인간을 훌쩍 앞선 '초지능superintelligence'에 대해 말하기를 선호한다. 하지만 이 용어들은 대부분 별다른 구별 없이 사용되며, 특히 인간 수준의 AI에 도달하면 초지능도 멀지 않았다고 생각하는 사람들이 그런 경향을 보인다. 물론 이러한 AI 시스템은 아직 존재하지 않지만, 어떤 사람들은 살아생전에 인공일반지능이 등장할 것으로 예상한다.

때로는 '약한 AI'(약인공지능)와 '강한 AI'(강인공지능)를 구분하기도 한다. 사람마다 이 구분을 다른 의미로 받아들인다. 어떤 사람들은 좁은 AI와 범용 AI 간의 구분과 동일한 것으로 해석한다. 구체적으로 말해서 약한 AI를 좁은 AI와 똑같은 것으로, 강한 AI를 인공일반지능과 똑같은 것으로 보는 관점이다. 또 어떤 사람들은 인간 지능의 특정 측면을 **모방**하기 위한 연산 도구로 이루어진 인공지능을 약한 AI로, 인간의 인지 상태와 **동일한** (혹은 적어도 유사한) 상태로 기능하는 (범용) 인공지능을 강한 AI로 생각한다. 이와 같은 기준에 따라 연구자들을 구분할 수도 있다. 한편에는 범용 AI를 추구하면서도 AI 시스템이 인간처럼 기능하게 만드는 것이 주목적은 아닌 연구자들이 있고, 다른 한편에는 똑같이 범용 AI를 추구하면서 AI를 인간처럼 생각하게 만드는 일에 의욕이 넘치는 연구자들이 있다.

범용 AI와 강한 AI의 열렬한 지지자들 사이에서도 두 인공지능이 인간처럼 의식을 갖는 것이 나은가 혹은 반드시 그래야만 하는가 하는 문제에 이견이 존재한다. 인간의 의식에 대한 이해도 매우 제한되어 있으므로(심지어 그게 무엇인지조차 잘 모른다) 문제는 더욱 복잡해진다. 부분적으로 이러한 이유 때문에 AI 연구자들은 대부분 의식의 문제를 외면한다. 우리도 이 책에서 의식을 다루지는 않을 것이다. 그렇지만 AI 시스템이 의식을 가질 수 있는지에 대한 문제는 이미 뉴스거리가 된 지 오래다. 구글의 엔지니어 블레이크 르모인은 구글의 언어모형 람다LaMDA에 지각sentience이 있다고 주장했다.[3] (철학자들은 대체로 지각과 의식이 밀접하게 연관되어 있다고 생각한다.) 대부분의 AI 연구자는 르모인의 주장에 매우 회의적이다. 하지만 의식을 제대로 이해하지 못한다면 그의 주장을 확실하게 반증하기도 어려울 것이다. AI 시스템은 계속해서 발전하고 있으므로 우리는 아직 AI 의식 문제의 종점에 이르지 못한 상태다.

논의를 이어가기 전에 짚고 넘어갈 문제가 있다. '약한' AI라는 용어는 오해의 소지가 크다는 점이다. 이름이 함축하는 뜻과 달리, 약한 AI는 주어진 임무 수행에 있어서 인간을 극적으로 능가할 수 있는 매우 인상적인 인공지능이다. 예를 들어 1997년 당시 세계 체스 챔피언 가리 카스파로프를 상대로 승리를 거둔 AI 시스템 딥블루Deep Blue는 약한 AI의 한 형태였다.[4] 딥블루는 초당 1억에서 3억 가지의 가능한 수를 평가했다. 그리고 AI 엔지니어들과 체스마스터들이 규정하고 미세하게 조정한 규칙에 따라 수를 평가한 다음 그중에서 가장 좋은 수를 선택했다. 대부분의 경우 자동으로 규칙을 학습하거나 업데이트하지 않았고 인간과 똑같은 방식으로 체스를 두지도 않았다. 그럼에도 특정 종류의 연산을 인간보다 훨씬 빠르게 수행한 덕분에 세계 최고의 체스 선수에게 승리를 거두었다. 딥블루가 획기적인 성과를 달성한 방법을 컴퓨터과학자들이 파악할 때까지는 수십 년이 걸렸다. 카스파로프는 인간이 간혹 딥블루를 대신해 개입한다는 생각이 들 정도로 딥블루의 수에서 "범상치 않은 창의성"을 느꼈다고 말했다.

기념비적인 성공을 거두었음에도 딥블루는 카스파로프에게 승리한 직후 미국의 컴퓨터역사박물관으로 은퇴하고 말았다. 왜 그랬을까? 딥블루가 체스를 두는 것 말고는 아무것도 할 수 없다는 사실을 제작자들이 알고 있었기 때문이다. 이것이 바로 좁은 AI 시스템의 정의이다. '약한'의 의미는 '좁은'과 다르다고 생각하는 사람들도 딥블루가 약한 AI 시스템이라는 데에는 동의할 것이다. 왜냐하면 딥블루는 인간과 동일한 종류의 다목적 인지 메커니즘을 사용하여 체스를 두지 않기 때문이다. 하지만 다음과 같은 사실을 잊지 말아야 한다. 이 오래되고 약한 AI는 본디 고안된 목적인 임무를 수행할 때에는 우리 인간에게 무자비한 패배를 안길 수 있다. 마찬가지로 다음과 같은 생각의 함정에 빠지지 않는 것도 중요하다. 약한 AI는 인간의 타고난 지능에 깊이 의존하는 매우 복잡한 일을 할 수 없다는 생각 말이다. 이 모든 형태의 AI는 적절한 (때로는 잘못된) 맥락에서 놀라운 인상을 남길 수 있다. 오늘날 AI 분야에서 선호되는 이름에 현혹되어서는 안 된다.

퀴즈쇼를 준비할 때 알아둘 만한 단어: GOFAI

또 알아둘 만한 용어로는 GOFAI(고파이)가 있다. '좋은 구형 인 공지능Good Old-Fashioned AI'이라는 뜻이다. '기호주의 AIsymbolic AI' 라고 부를 때도 있으며 대체로 같은 의미다. GOFAI는 '세상'에 대 한 인간의 기호적 표현을 대상으로 연산을 수행함으로써 작동하 는데, 그 과정은 프로그래머가 미리 정해둔 규칙이나 추론 절차에 따른다. 다소 장황하게 들리겠지만, 몇 가지 사례를 통해 GOFAI 의 정의를 이해해보자. 딥블루의 GOFAI는 체스판이 가질 수 있 는 상태, 그 상태에서 취할 수 있는 수, 그 수가 초래하는 새로운 상 태, 게임이 끝난 상태, 게임이 끝났을 때 (승리자가 있다면) 누가 승 리했는지를 표현하는 방법을 제공받는다. 또 특정한 체스판 상태 가 얼마나 유리한지 평가하는 방법도 주어진다. 이를 바탕으로 딥 블루는 다음과 같은 연산을 수행한다. **일련의 수를 탐색하여 체스판 의 상태를 더 유리하게 만들 수 있는 수를 찾아내기**(상대방이 대항하더라 도). 한 가지 사례를 더 들어보자. GOFAI 바닥 청소 로봇에는 다음 과 같은 사실을 표현할 방법이 주어진다. 세상에 대한 사실('나는 방 의 남서쪽 구석에 있다', '방구석에 뭔가 어두운 것이 있다면 더럽다는 뜻이다', '방의 남서쪽 구석에 어두운 것이 있다'), 로봇이 취할 수 있는 행동에 대 한 사실('1미터 앞으로 이동'), 행동을 취하면 세상에 대한 사실이 어 떻게 바뀌는지에 관한 세부사항에 대한 사실, 로봇이 추구해야 하 는 목표에 대한 사실('방 전체가 깨끗해져야 함'). 이를 바탕으로 청소 로봇은 이런 연산을 수행한다. **논리적으로 추론하여 방을 청소할 방**

법을 찾아내기.

GOFAI 시스템은 많은 산업 부문에서 사용되고 있으며 매우 강력한 힘을 발휘한다. 군용 로봇과 무기가 GOFAI를 많이 사용하고 있고, 계획과 물류 및 일정 관리 시스템도 다른 기법과 GOFAI를 혼합하여 쓰는 경우가 많다. 일부 AI 연구자는 진정한 지능을 갖춘 인공 시스템을 만들 수 있는 유일한 방법은 GOFAI를 사용하는 것이라고 믿는다.

하지만 GOFAI에도 문제는 있다. 시스템이 직면할 상황을 적절하게 서술하기 위해 프로그래밍해야 하는 기호와 규칙과 논리를 정확하게 알지 못한다면 이 시스템은 제대로 작동하지 않을 가능성이 크다. GOFAI 연구자들은 이 문제로 몇십 년 동안 골머리를 앓았다. 왜냐하면 인간이 실제 세상에서 임무를 수행하기 위해 밟아야 하는 **모든 과정**을 일일이 열거하기란 매우 어렵기 때문이다. GOFAI가 실제로 도움이 되는 임무를 떠올려보라. 모든 사람이 회의에 참석할 수 있도록 회의 일정을 관리하는 임무를 예로 들어보자. 대부분의 GOFAI 일정 관리 시스템은 사람들의 일정 제약과 회의실의 사용 가능 여부를 고려하도록 설계된다. 일반적으로 이 두 사항이 시스템이 회의 일정을 성공적으로 조율하는 데 필요한 가장 중요한 정보이기 때문이다. 하지만 항상 그런 것은 아니다. 직원이 관리자의 부적절한 행동을 논의하기 위해 관리자의 상사에게 면담을 요청한다고 상상해보자. 직원이 면담을 하러 가는 길에 또는 면담장에서 절대 마주치고 싶지 않은 사람은 바로 관리자일 것이다. 관리자는 직원이 왜 상사를 만나고 싶어하는지 궁금해하다가 자신에게 불만을 품고 있지는 않을까 하고 의심할 수 있다. 어쩌면 앙갚음할지도 모른다. 그럼에도 시스템은 관리자가 상사를 만나기 바로 직전 시간대에 직원과의 면담을 예약한다. 그렇게 해야 모든 사람의 일정을 가장 효율적으로 만들 수 있기 때문이다. 그 결과 직원은 상사의 사무실 앞 복도에서 문제의 관리자와 매우 어색하게 맞닥뜨리게 된다. 인간이 일정을 짰다면 그런 만남을 예상하고 면담 시간대를 다르게 정했을지도 모른다. 하지만 인간의 사회적 역학 관계에 대한 표현, 회의 내용에 대한 정보, 안건이 일정 관리에 미칠 영향을 GOFAI 시스템에 명시적으로 제공하지 않는다면 GOFAI 일정 관리 소프트웨어는 문제를 인식하지 못할 것이다. 이처럼 예상치 못한 오류가 발생한다는 것은 GOFAI 시스템의 사용 범위를 신중하게 제한하고 그 한계를 제대로 이해하는 사람이 시스템을 감독해야 함을 의미한다. 어떤 사람들은 시스템에 제약이 있다는 이유로 GOFAI라는 명칭을 조롱의 의미로 사용하기도 한다.

이제 GOFAI 접근법에 적합하지 않은 임무를 생각해보자. 미국의 TV 게임쇼 〈게임 오브 게임스Game of Games〉의 참가자들은 무작위로 나타나는 유명인의 사진을 본 뒤 그들이 누구인지 맞혀야 한다. 이것은 흔히 지능 검사에서 기대할 만한 유형의 문제는 아니지만, 인간이 쉽게 맞힐 수 있고 자동 얼굴 인식 프로그램도 해결할 수 있는 문제다. 이 과제의 어려운 점 중 하나는 유명인들이 다른 배경, 다른 각도, 다른 조명 조건에서 다른 옷을 입고 등장한다는 것이다. 심지어 그들은 머리카락 색깔을 바꾸거나 성형수술로 외모를 바꿀 수도 있다. 그렇다면 유명인을 식별하는 GOFAI를 어떻게 만들어야 할까? 어떤 규칙을 설정해야 할까? 이를테면 이런 규칙은 어떨까? '왼쪽 위 사분면의 픽셀이 대부분 노란색이고 가운데 픽셀은 일부 파란색이라면 … [그리고 다른 수많은 조건이 충족된다면] … 엘런 디제너러스*의 사진일 것이다.' 인간 뇌가 사람을 인식할 때 사용하는 규칙을 충분히 알게 된다면 GOFAI도 똑같은 과제를 수행할 수 있을지 모르겠다. 하지만 그러기 전까지는 GOFAI 접근법이 얼굴 인식 문제를 해결할 가망은 없어 보인다.

기계가 학습하도록 가르치기

그렇다면 그 대신 무엇을 할 수 있을까? 임무를 완료하는 방법을 명시적으로 알지 않아도 되는 접근 방식이 필요하다. 인간의 인지 능력에서 실마리를 얻을 수 있다. 인간은 경험을 통해 학습한다. 살아가면서 맞닥뜨리는 모든 것은 어떤 방식으로든 지식에 통합된다. 어떻게 그럴 수 있는지 항상 알지는 못하더라도 말이다. 기계도 똑같이 할 수 있을까? 이것이 바로 '기계학습machine learning(머신러

---

* 〈게임 오브 게임스〉의 진행자.

닝)'이라는 유형의 AI를 뒷받침하는 생각이다.

기계학습은 AI에 목표를 부여한 뒤 목표 달성 방식을 경험을 통해 스스로 알아내도록 하는 방법이다. 여기서 경험이란, 목표와 관련된 데이터를 무수히 많이 접하거나 처리하는 것을 의미한다. 기계학습 알고리듬은 기존의 수많은 데이터를 사용하여 새로운 데이터에 대한 예측이나 결정을 내릴 수 있는 모형 또는 표현 집합을 구축한다. 이 모형 구축 과정을 일반적으로 모형 '훈련' 또는 '학습'이라고 한다.

기계학습 분야에서는 그동안 몇 가지 주요 접근 방식을 개발했다. 첫 번째 접근법은 기계학습 모형 훈련용 데이터에 대해 미리 알고 있을 때 흔히 사용된다. 예를 들어보자. 당신의 친구들이 〈게임 오브 게임스〉에 사용된 사진을 본다면 각 사진에 등장하는 유명인이 누구인지 알아낼 수 있을 것이다. 이제 친구들에게 피자와 브라우니로 충분히 보상한다면 모든 사진을 살펴보고 그 사진에 등장하는 유명인이 누구인지 라벨을 달도록 꼬드길 수 있을 것이다. 이렇게 라벨링된 데이터는 AI 시스템에 제공되고, 시스템은 다양한 유명인이 어떻게 생겼는지 학습한다. 그럼으로써 향후 유명인 사진에 스스로 라벨을 달 수 있게 된다. 이러한 기계학습 접근 방식을 **지도**학습supervised learning이라고 한다. 이는 플래시카드를 사용하거나 농장에서 다양한 동물을 가리키며 이름을 알려주는 방법을 통해 아이들을 가르치는 것과 유사한 교육 전략이다. 지도학습은 명실상부하게 가장 흔한 유형의 기계학습이며, 무언가를 예측

할 때 사용되는 비기호적 접근 방식 중에서 가장 단순하다. 지도학
습 방식은 라벨링된 데이터세트(데이터 묶음)로 AI를 학습시킴으로
써 AI로 하여금 데이터세트의 특징과 관련 라벨 사이의 관계에 대
한 모형을 만들도록 한다. 이제 AI는 라벨링되지 않은 새로운 데이
터에 대해서도 모형을 통해 예측할 수 있다.

데이터 라벨링을 하기가 힘들거나 어떤 라벨을 사용해야 좋을지
모를 때도 있다. 그럴 경우에는 **비지도** 기계학습 방식을 사용해야
한다. 비지도학습unsupervised learning은 라벨이 필요하지 않은 대신
패턴을 찾는 데 초점을 맞춘다. 데이터들의 공통점을 찾고 공통점
여부를 바탕으로 데이터를 분류하거나 예측한다. 이는 인간이 어
떤 임무에 집중하면서도 그 배경이 되는 환경을 관찰하면서 하루
종일 수행하는 무의식적 학습과 어느 정도 비슷하다. 몇 가지 흔히
사용되는 비지도 기계학습 기법으로는 k-평균 클러스터링k-means
clustering과 주성분 분석principal component analysis이 있다. 이 기법들은
가령 뉴스 취합 앱이 다양한 뉴스 출처로부터 유사한 내용의 기사
를 정리하는 데 사용하는 카테고리 그룹을 생성할 수 있다. 일부
비지도학습 유형은 '생성형generative'으로 설계되기도 한다. 다시 말
해, 학습용 데이터를 충분히 잘 서술하는 패턴을 파악함으로써 훈
련용 데이터와 구별하기 어려울 정도로 비슷한 데이터를 새롭게
만들어낸다. 이러한 방식은 일반적으로 사용자와 대화하는 챗봇을
구동하거나 진짜처럼 보이는 가짜 사진을 만들거나 AI 예술 작품
을 생성하는 데 쓰인다.

지도 및 비지도 기계학습 접근 방식에는 (그리고 라벨링된 데이터와 라벨링되지 않은 데이터를 둘 다 사용하는 준지도학습semi-supervised learning과 같은 변형 방식에는) 두 가지 잠재적 한계가 있다. 첫째, AI의 성공은 훈련용 데이터가 실제 임무 수행 상황을 대표하는지 여부에 따라 크게 좌우된다. 둘째, 대부분의 표준적인 접근 방식은 정적으로 예측하는 경향이 있다. 다시 말해 훈련용 데이터는 세상에 대한 정적인 스냅숏들을 의미하며, 데이터에 기반한 예측들은 대부분 서로 무관한 것으로 취급된다. 반면 실제 생활에서는 어떤 행동을 취해야 좋을지 또는 과거에 어떤 행동이 유효했는지에 대한 데이터가 많지 않은 상황에서도 무엇을 해야 할지 학습하거나 파악해야 한다. 세상을 여러 장의 스냅숏으로 명확하게 분리할 수 없는 상황에서도 마찬가지다. 걷기를 생각해보라. 이제 막 걸음마를 시작한 아기는 자신의 움직임을 이끌어줄 만한 개인적인 걷기 경험이 없다. 단지 주변 사람들이 두 발로 빠르게 움직이는 모습을 보고 자기도 그렇게 하고 싶다고 생각할 뿐이다. 그러므로 아기는 걷기를 시도하다가 넘어지고 또 시도하다가 넘어지고 또다시 시도하다가 넘어진다. 발을 움직여서 방의 한 부분에서 다른 부분으로 이동하는 법을 알아낼 때까지 걷기는 계속된다.

이와 같이 '시도하고 실패하는'(걷기의 경우 '시도하고 넘어지는') 학습 경험은 **강화**학습reinforcement learning이라는 또 다른 기계학습 접근 방식 유형의 실마리가 되었다. 강화학습의 주된 목표는 일정한 시간 안에 무수한 시도의 성패를 통해 학습함으로써 특정한 보상을 극대화하는 것이다. 걷기 학습을 강화학습의 문제로 설정하려면 어떻게 해야 할까? 방의 다른 부분에 도달하면 10만큼의 보상을 얻고, 넘어지면 −3만큼의 불이익을 주는 식으로 정해두면 된다. 표준적인 강화학습 AI는 세상이 어떻게 작동하는지에 대한 명시적인 지침을 부여받지 않는다. 그러므로 시행착오를 통해 보상을 극대화하는 방법을 스스로 터득해야 한다. 설령 주변 환경과 상호작용하는 과정에서 어떤 행동이 보상으로 이어지는지가 그때그때 달라지더라도 말이다(예를 들어 블루베리를 얻으려고 한다고 해보자. 특정한 블루베리 덤불로만 가는 것은 처음에는 괜찮은 방법일 수 있다. 하지만 그 덤불에서 블루베리를 모두 먹어치웠다면 더 이상 좋은 선택이 아닐 것이다). 요컨대 강화학습 AI는 처음에는 임무 수행 능력이 형편없겠지만 시간이 지날수록 실패를 기회로 삼아 점점 더 능력이 향상된다.

강화학습은 라벨링된 데이터가 필요하지 않은 대신 AI가 익숙하지 않은 환경과 상호작용하도록 해야 한다. 따라서 강화학습은 AI가 학습 가능한 일을 끊임없이 할 수 있는 환경에 가장 적합하다. 자율주행차를 몰거나 비디오게임을 하는 것처럼 말이다. 그중에서 비디오게임은 유독 강화학습의 장점이 명확하다. AI가 학습하는 동안 실제 손상을 입지 않기 때문이다. 그러므로 AI 엔지니어가 강화학습 AI의 경험치를 높여주기 위해 사용하는 한 가지 전략은 AI로 하여금 시뮬레이션을 엄청나게 많이 돌리게 하고 때로는 그 시뮬레이션에서 스스로와 경쟁하도록 하는 것이다. 이 접근 방식은 구글의 딥마인드가 제작한 인공지능인 알파고가 2016년 세계 최고의 바둑 기사 이세돌을 이기는 데 일조한 것으로 알려져 있다.

심층학습과 신경망은 어떨까?

최근 뉴스에서 AI에 관한 기사를 읽은 적이 있다면 '심층학습 deep learning(딥러닝)'과 '신경망 neural network'이라는 용어를 보았을 것이다. 이 용어들은 지금까지 논의한 AI 유형 중 어디에 속할까?

모든 기계학습 접근 방식은 학습 내용을 일종의 표현으로 간추림으로써 환경으로부터 들어오는 새로운 입력에 적절한 출력으로 반응해야 한다. 한 가지 대표적인 표현 유형은 **신경망**인데, 기본적인 발상은 1940년대부터 널리 알려져 있었다. 신경망은 인공 신경세포('노드 node')가 얽히고설켜 구성된 입력층, 은닉층, 출력층을 통해 정보를 표현한다. 노드는 다양한 종류의 연산 단위이며, 인간의 뇌 신경세포에서 실마리를 얻어 고안되었다. 뇌에서와 마찬가지로 노드 간의 연결은 시간이 흐름에 따라 강도가 변한다. 노드의 활성화 여부는 이전 층에서 연결되어 있는 노드들의 '활성' 여부와 강도 그리고 문제의 층에 속한 노드들의 연결 강도에 따라 결정된다. 인간 뇌의 각 부분은 고유한 기능을 하는 신경층 또는 영역으로 이루어져 있다. 이와 마찬가지로 인공 신경망은 개별 노드들이 제각기 고유한 임계값과 변형요인 modifying factor을 바탕으로 정보를 처리함으로써 인공 신경망의 각 부분이 서로 다른 작업을 수행하도록 설계된다.

많은 은닉층으로 이루어진 인공 신경망을 '심층' 신경망이라고
하며, 이러한 망을 사용하여 학습하는 것을 '심층학습'이라고 한다.
심층학습은 2010년대 초부터 처음에는 이미지 인식 과제에서 나
머지 기법들을 능가하기 시작했고, 이후에는 자연어 처리(인간의 언
어로 쓰인 텍스트를 자동분석 하는 분야)를 비롯한 다른 영역에서도 두
각을 드러냈다. 오랫동안 다른 AI 기법보다 뒤처져 있던 심층학습
이 이처럼 갑작스럽게 부상할 수 있었던 부분적인 까닭은 심층학
습 부문에서 새로운 아키텍처(내부 구조)가 개발되었기 때문이다.
새로운 아키텍처로는 '트랜스포머transformer' 모형이 있다. 트랜스
포머는 '멀리 떨어진' 입력(가령 텍스트에서 훨씬 먼저 나온 단어)에 '주
목'할 수 있는 어텐션 층attention layer으로 이루어져 있다. 심층학습
의 도약은 또한 컴퓨터 하드웨어의 발전으로 망을 전례 없는 규모
로 확장할 수 있게 된 덕분이기도 하다(심지어 지금도 계속 커지고 있
다). 모형을 확장하려면 모형 매개변수(대략 수십억 개), 훈련용 데이
터, 모형을 효율적으로 학습하기 위한 연산 능력을 대폭 증가시켜
야 한다. 그러므로 컴퓨터 하드웨어는 이 모형 확장 과정에서 병목
현상을 일으킬 수 있다. 흥미롭게도 이런 모형들은 확장될수록 더
욱 정교한 능력을 얻는 것으로 보인다. 오픈AI에서 연달아 출시한
GPT 모형들이 매개변수, 훈련용 데이터, 연산 능력이 증가함에 따
라 성능이 점점 더 좋아진 것처럼 말이다. 믿기 어렵겠지만 과학자
들은 신경망을 확장하면 성능이 대폭 향상하는 이유를 아직 이해
하지 못하고 있다. 그 결과 가능한 한 최대 규모의 신경망을 구축

하려는 열기가 있으며, 연구자들은 이 신경망에서 어떤 예상치 못한 능력을 발견하고 배울 수 있기를 기대한다. 그리고 이러한 시도에 대한 소식은 뉴스를 통해서도 많이 접할 수 있다.

간혹 신경망과 심층학습을 지도학습, 비지도학습, 강화학습과는 전혀 다른 유형의 AI라고 혼동하는 경우가 있다. 사실 그렇지 않다. 오히려 신경망은 지도학습, 비지도학습, 강화학습이 사용할 수 있는 데이터를 표현하는 방식을 제공한다.

어느 AI가 지능적인가?

우리는 지금까지 AI 분야에서 가장 두드러지는 몇 가지 접근 방식만 살짝 들여다보았을 뿐이다. 그 밖에도 다양한 방식이 있다. 위에서 언급하지 않은 세부사항도 많고, 우리가 논의한 접근 방식에서 변형된 것들도 많다. 새로운 접근 방식도 끊임없이 개발되고 있다. 그런데 왜 이렇게 다양한 유형의 AI가 필요한 걸까?

좋든 나쁘든 간에 우리는 아직 컴퓨터 프로그램에 "지능이 생겨라!"라고 명령하고 그 결과를 유용한 것으로 만드는 방법을 알지 못한다. 현재 통용되는 방법을 활용하려면 AI가 해결해야 하는 구체적인 문제 또는 임무를 수학적으로 명확하게 서술해야 한다. 적어도 당분간은 그렇다. 어떻게 해야 수학적으로 서술할 수 있는지 알아내는 것은 이따금 AI 개발 과정에서 가장 어려운 일이 된다. 또 하나의 큰 과제는 우리가 요구하는 문제를 AI가 해결할 수 있도록 관련 데이터를 찾는 일이다. 현실에서 사용할 수 있거나 수집할 수 있는 데이터는 이상적인 세계에서 선택할 법한 데이터가 아닌 경우가 많다. 더군다나 일부 기업은 대규모 데이터에 접근하고 저장하고 처리할 수 있는 재정적 자원을 보유하고 있지만 그렇지 못한 곳도 있다. 이러한 맥락에서, 앞서 제기한 질문의 답은 다음과 같다. 현재의 기술 개발 수준에서는, AI가 처리하길 바라는 온갖 문제를 해결하고 접근 가능한 온갖 종류의 데이터를 수용하기 위하여 여전히 다양한 유형의 AI가 필요하다는 것이다.

모든 AI 접근 방식에는 나름의 장단점이 있다. 예를 들어보자. 비지도학습은 필요한 데이터의 종류에 대한 제약이 거의 없으므로 AI 개발자의 삶이 한결 순조로워진다. 하지만 필요한 데이터의 양이 엄청나며, 결과를 통제할 수 있는 범위가 제한되어 있기 때문에 원하지 않는 결과가 나올 가능성이 있다. 요컨대 엔지니어들은 해결하고자 하는 문제와 그들이 보유한 데이터에 가장 적합하다고 여겨지는 AI 유형을 선택한다.

현실에서 AI를 효율적으로 사용함으로써 가장 성공적인 결과를 얻으려면 다양한 유형의 AI나 도구 또는 모형을 결합하여 이른바 'AI 시스템'을 구축해야 하는 경우가 많다. 실제로 많은 AI 연구자는 현실적으로 볼 때 AI 접근 방식을 여럿 결합하는 것이 우리가 원하는 수준으로 AI 기능을 발전시킬 수 있는 유일한 방법이라고 믿는다. 그들은 그런 작업을 형식적으로 수행하는 접근 방식을 설계하기도 했다. 예를 들어보자. 알파고는 심층학습 기법에 의존

했지만 그 정도의 바둑 실력에 도달하기 위해서는 경기가 어떤 방식으로 전개될지 탐구하는 작업(GOFAI에 더 가까운 기법)도 수행해야 했다. 심층학습만으로는 최고의 인간 바둑 기사를 이길 수 없었던 것이다. 마찬가지로 자율주행차는 단 하나의 AI 모형이나 도구로 제어되지 않고 제각기 다른 임무를 수행하는 다양한 모듈을 통해 작동한다. 한 모듈은 주변 환경 인식에 초점을 맞추고, 또 다른 모듈은 어떻게 운전할 것인지에 대한 판단에 초점을 맞추는 식이다. 각 모듈은 서로 다른 유형의 AI를 사용할 수도 있다.[5]

이처럼 혼성적으로 구성된 AI 시스템이 실제로 사용되고 있지만, 세계 최고의 연구자들 가운데 일부는 GOFAI가 범용 AI 구축에 별다른 역할을 하지 못할 것이라고 믿는다. 그리고 범용 AI는 주로 심층학습이 발전함에 따라 구현될 것이며, 다른 AI 시스템의 역할은 범용 AI가 이따금 활용하는 도구에 국한될 것이라고 생각한다. 어떤 연구자들은 기호주의 AI, 즉 GOFAI가 없다면 진정한 지능 시스템을 만드는 것은 불가능하다고 믿는다. 어느 AI 접근 방식이 최선인지에 대한 논쟁은 앞으로도 사그라들지 않을 것이다.

하지만 어느 접근 방식이나 기법을 사용하든 간에, 그에 기초한 시스템이 그저 복잡한 임무를 잘 수행하는 연산 시스템이 아니라 정말로 인공**지능**으로 간주될 만한지 의문을 제기하는 공신력 있는 전문가들이 있을 것이다. 그 이유를 이해하려면 오늘날 최고의 AI 시스템일지라도 작업에 서투른 것이 무엇인지 설명할 필요가 있다.

오늘날 AI가 부족한 점

AI는 체스나 바둑과 같은 게임만이 아니라 다양한 '좁은' 영역에서 이미 인간을 능가하고 있다. 그렇다면 인간이 여전히 가지고 있는 장점은 무엇일까? 오늘날 AI와 인간 지능의 가장 큰 차이점은 무엇일까? 질문의 답은 빠르게 변하고 있지만, 역사적으로 볼 때 간극을 좁히기 어려웠던 몇 가지 차이를 살펴보려고 한다. 어떤 사람들은 대부분의 고급 챗봇이 사용하는 대형언어모형이 간극을 메웠다고 주장한다. 뒤에서 논의하겠지만 이는 중요한 측면에서 논쟁의 여지가 있는 주장이다. 몇 가지 높은 수준의 약점부터 시작하여 보다 기술적인 문제들을 살펴보자.

상식이 부족하다

AI는 일상의 기본 현상을 추론할 때 필요한 정보를 통합하는 일에 있어서 이상하리만치 미흡한 경우가 많다. 챗GPT의 기반이 되는 대형언어모형의 구형 버전 GPT-3를 생각해보라. "창의성에 대한 가장 중요한 조언은 무엇일까?"와 같은 프롬프트를 입력하면 GPT-3는 어떻게 반응할까? 인상적이게도 GPT-3는 마치 질문과 대답을 실제로 이해하고 있는 것처럼 일관적인 문단을 답변으로 제공한다. 다음과 같이 말이다.

제 생각에 창의성은 재능이면서도 학습할 수 있는 것입니다. 가장 중요한 조언은 호기심을 키우는 것이라고 생각해요. 자기 자신에 대해 알아가세요. 스스로를 검열하지 마세요. 아이디어를 숨기지 마세요. 자신을 표현하고 놀라워하도록 하세요. 더 많은 조언을 확인하려면 여기를 클릭하세요.[6]

이처럼 GPT-3는 인간 언어에서 많은 패턴을 포착한다. 하지만 좀 더 자세히 살펴보면 무엇을 말하고 있는지에 대한 실제 이해는 매우 제한적이라는 점이 분명해진다. 예를 들어보자. 문을 통과해서 탁자를 옮겨야 하는데 탁자가 너무 넓으면 어떻게 해야 하는지 묻자, GPT-3는 문을 반으로 잘라 위쪽 절반을 제거하라고 조언했다.[7] 대충 읽게 되면 언뜻 그럴듯한 계획처럼 들릴지 모른다. 하지만 잠시만 생각해봐도 문 윗부분을 자른다고 탁자를 옮기는 데 도움이 될 리 만무하다. 더군다나 누구도 이런 식으로 집을 손상시키고 싶지 않을 것이다! GPT-3의 대답에는 기본적인 상식이 부족하다. 이것은 많은 AI를 괴롭히는 문제다. 더 최근에 개발된 대형언어모형은 GPT-3보다 상식 결핍 문제가 덜한 것처럼 보이지만 말이다.

한 가지만 잘한다

오늘날 대부분의 AI 시스템은 해결 가능하도록 설계된 특정한 문제 또는 임무를 넘어서 세상이 어떻게 작동하는지를 폭넓게 표현하거나 이해하지 못한다. 그렇기 때문에 거의 모든 AI의 성공 사례가 '좁은 AI'인 것이다. AI 시스템에는, 완수하기 위해 명시적으로 설계되지 않는 임무, 그래서 AI를 대상으로 훈련시킬 수 없는 임무를 처리하도록 안내해줄 폭넓은 바탕 틀이 없다.

공평하게 말하자면, 최근 들어 일부 시스템은 보다 범용적인 방향으로 나아가고 있는 것으로 보인다. 오늘날 대형언어모형은 어떤 내용이든 텍스트를 생성할 수 있으며, 텍스트 예측에 의존하는 다양한 임무(언어 번역, 챗봇, 문서 요약 등)에 사용될 수 있다. 하지만 다른 측면에서 보면 여전히 좁은 AI에 속한다. 자동차 운전과 같은 다른 종류의 임무는 수행하지 못하기 때문이다.

한 번에 여러 임무를 학습하고 수행할 수 있는 첨단 모형도 있다. 딥마인드의 가토Gato가 그런 사례인데, 이미지에 캡션(짧은 설명문)을 달고 아타리 게임을 하고 실제 로봇 팔로 블록을 쌓는 등 604가지의 임무를 수행한다.[8] 그렇지만 가토는 특별히 훈련받은 604가지의 임무와 현격히 다른 작업은 여전히 수행하지 못한다(적어도 현재로서는 그러한 임무에 특별히 능숙하다고 볼 수가 없다).[9] 더군다나 대부분의 AI는 가토만큼의 임무 유동성도 갖추지 못하고 있는 형편이다. 반면 인간은 다양한 사물에 대한 지식을 많이 알고 있으며, 지식을 유연하게 활용함으로써 이전에 경험하지 못한 새로운 상황이나 임무를 다룰 수 있다. 인간은 그런 일들을 하루 종일 대체로 쉽게 처리한다.

'틀을 벗어나서' 사고하지 못한다

파블로 피카소는 이런 유명한 말을 남겼다. 계산기는 "오직 답만

줄 수 있으므로 쓸모없다".[10] 인간의 창의성은 단순히 답을 제시하거나 일련의 입력으로부터 논리적인 결과를 출력하는 것 이상의 능력이다. 일부 AI 시스템은 적어도 특정한 형태의 창의성을 발휘한다. 예를 들어 어떤 AI는 음악을 작곡하고 시를 짓는데, 많은 이들은 그것을 인간이 만든 음악이나 시와 구별하지 못한다.[11] 알파고는 인간이라면 두지 않았을 법한 놀라운 수를 두면서 바둑 경기를 펼쳤다. 하지만 이러한 AI 시스템은 지금까지 **주어진 틀 안에서만** 창의성을 발휘했으며 그런 경우조차 훈련용 데이터에 한정되어 이루어졌다. 이를테면 알파고는 바둑을 더 흥미롭게 만들 수 있는 새로운 유형의 돌을 도입하는 등 바둑 규칙을 변경하자고 제안한 적이 없다. 대형언어모형은 텍스트를 출력하는 대신 이미지를 그리거나 하는 식으로 이미 프로그래밍된 제약을 뛰어넘지 못한다.

연령대가 어떻든 간에 아이를 둔 독자라면 아주 어린 인간도 자신이 원하는 것을 얻기 위해 자연스럽게 과제의 범위를 벗어나 생각한다는 사실을 알고 있을 것이다. 유아와 어린이 그리고 청소년은 부모가 세운 규칙을 전적으로 어기지 않고도 요구받은 일을 하지 않기 위해서 부모가 전혀 예상하지 못한 기발한 방식을 끊임없이 떠올린다. 설령 부모가 규칙을 세운 의도를 잘 알고 있을지라도 말이다. 마치 게임에서 공식적으로 마련된 규칙을 변경하지 않고도 실질적인 제약을 수정하려 하는 것과 마찬가지다. 물론 이따금 AI가 의도하지 않은 방식으로 과제를 완수할 때도 있다(이 현상을 '세부 규칙 오용·specification gaming'이라고 한다). 하지만 인간과 다르게

AI 시스템은 주어진 규칙이나 목표를 문자 그대로 해석할 뿐 설계자가 원하는 것이 무엇인지 제대로 파악하지 못한다. 그러므로 인공 창의성은 인간 창의성보다 여전히 더 제한적이라고 주장할 수 있다.

계층적 계획에 어려움을 겪는다

암스테르담을 방문하기로 했다고 상상해보자. 이제 여행 계획을 세우기 시작할 것이다. 먼저 자신에게 맞는 날짜를 고려한다. 그런 다음 항공편과 숙소를 찾는다. 구체적인 활동을 몇 가지 계획할 수도 있겠다. 출발 날짜가 가까워지면 좀 더 세부적으로 계획에 살을 붙인다. 무엇을 가져갈지, 어떻게 때맞춰 공항에 도착할지 계획한다. 출발 당일에는 더 세부적인 단계를 계획한다. 공항에 도착하면 수하물을 위탁하기 위해 어느 줄에 설지 파악한다. 그런 다음 탑승 게이트까지 가는 가장 좋은 방법을 선택한다. 이 과정은 여행이 끝날 때까지 계속되며, 대개는 성공적으로 집에 돌아온다.

이러한 절차는 우리에게 전적으로 자연스러운 일이다. 다른 방식으로 여행을 계획하는 것은 상상하기조차 어렵다. 하지만 또 다른 방식이 있다. 원칙적으로 보면, 신체의 각 부분을 움직이는 관점에서 전체 계획 문제를 생각해볼 수 있다. 다음과 같은 식으로 말이다. '먼저 어느 신체 부위를 어떻게 움직여야 할까? 다음에는 어느 부위를 어떻게 움직여야 할까? 또 다음에는 어느 부위를 어떻게 움직여야 할까?' 손가락으로 키보드의 자판을 누르고(항공편을 예약

할 때), 왼발을 바닥에서 들어올리고(보안 검색대를 통과할 때), 다음으로 오른발을 들어올리고 하는 식으로 여러 단계를 거쳐 계획을 따르는 것이다.

이 접근 방식은 **원칙적으로는** 유효할 수 있지만, 조금만 생각해봐도 암스테르담 여행 계획에는 매우 부적절한 전략임이 분명해진다. 첫째, 비효율적이다. '보안 검색대를 통과할 거야'와 같이 더욱 일반적인 수준에서 말할 수 있는데 왜 굳이 모든 몸동작을 서술하느라 시간을 낭비해야 하는가? 둘째, 고려해야 하는 연속적인 근육 운동의 수는 엄청나게 많으므로 지구에서 제일 빠른 컴퓨터일지라도 모든 운동을 고려할 수는 없다. 셋째, 취해야 할 움직임에 영향을 미칠 수 있는 문제를 전부 예측하는 것은 불가능에 가깝기 때문에 해당 전략이 유효할 가능성이 낮다. 교통체증이 심하거나 보안 검색대의 줄이 길거나 항공편이 지연되거나 공항에서 피해야 하는 사람과 물건이 있다면 어떻게 해야 할까? 모든 돌발 상황에 대해 미리 세부적인 동작을 계획하는 것은 현실적으로 불가능하다. 따라서 그런 상황이 발생하면 계획을 다시 세워야 한다. 이와 달리 인간의 일반적인 계획 능력은 높은 수준의 지침을 제공한다. '그래, 열차가 운행하지 않는구나. 그런데 열차를 타는 목적은 공항에 도착하는 거였어. 그러니까 대신 자동차로 가면 돼.'

믿기 어렵겠지만 지금까지 설명한 비효율적인 계획 수립 전략은 많은 AI 시스템이 작동하는 방식과 유사하다. AI 시스템은 문제에 접근할 수 있는 선택지가 매우 제한적인 경우가 많다(가령 '다음에는 어떻게 움직일지 결정하기'). 옷을 챙기는 데 필요한 모든 세부 동작이나 여권을 제시해야 할 때 가방 속에서 여권을 찾는 방법에 대해 신경 쓰지 않고 어느 항공편을 이용할지 추상적으로 생각하는 AI 계획 시스템을 만드는 것은 어려운 일이다. 기존의 계획 수립 AI와 달리 챗GPT 같은 대형언어모형은 높은 수준의 계획 텍스트를 생성할 수 있다. 하지만 챗GPT는 자동차에 타거나 차고에서 차를 뺄 때 취해야 하는 세부적인 행동에 대한 지침은 내리지 못한다. 챗GPT의 지침은 일반적인 계획에는 도움이 될지 모른다. 그럼에도 실제로 유럽 여행을 가려면 높은 수준의 여행 계획을 개별적인 동작으로 번역할 줄 알아야 한다. 인간은 이처럼 다양한 계획 방식 사이를 자동으로 쉽게 오가며 여행을 계획한다. 일반적으로 AI는 한 가지 추상화 수준으로만 계획을 세울 수 있다. 문제를 전반적으로 관리하기 쉽게 만들기 위해 AI가 '계층적으로' 사고하게 하거나 문제의 일부를 추상화 또는 변환하는 다양한 방식을 선택하게 하는 것은 어려운 일이다.

가상 체스의 세계처럼 AI의 처리 능력이 충분하고 AI가 작동하는 세계가 충분히 제한되어 있다면 단 하나의 문제 해결 방식만을 획일적으로 사용하는 전략은 성공할 수도 있다. 하지만 언제라도 환경이 무한한 가짓수로 모습을 드러낼 수 있는 현실 세계에서 AI가 작동해야 한다면 어떨까? 아무리 풍부한 자원을 갖춘 AI라고 해도 획일적인 작동 방식에 필요한 속도나 처리 능력을 갖추지는 못할 것이다. 요컨대 혼자서 유럽으로 갈 수 있는 (혹은 파티가 끝난 후

깔끔하게 정리할 줄 아는) AI를 만드는 것은 의외로 어려운 일이다. 계획 수립 AI는 계속해서 발전하고 있는 흥미로운 연구 분야다. 하지만 현재로서는 대부분 복잡한 환경에서 계획을 세우는 데 어려움을 겪거나 완전히 실패하는 형편이다.

감정적·사회적 통찰이 부족하다

인간은 인간이 된다는 것이 무슨 뜻인지 알고 있다. 그리고 적어도 기분이 좋은 날에는 다른 인간에게 공감하는 일에 능숙하다. 우리는 누군가의 말에서 많은 정보를 얻곤 한다. 그들이 정보를 직접 말해서가 아니라 추론과 지각 능력을 활용하기 때문이다. 예를 들어보자. 우리는 일반적으로 사람들이 다른 일에 대해 어떻게 느끼는지 고려하고, 억양을 듣고, 몸짓 언어를 보고, 특정 단어를 선택했다는 점에 주의를 기울이고, 우리라면 그 상황에서 어떻게 느낄지 상상할 수 있다. 더군다나 일반적으로 상대방의 느낌을 짐작할 때 필요한 모든 추론 작업을 의식하지 않고 수행한다. 그런 추론을 알고리듬에서 재현하기란 쉬운 일이 아니다. 그리고 사회적 정보, 특히 사회적 상호작용을 학습시키기 위해 AI에 어떤 종류의 데이터를 제공하는 것이 좋은지도 분명하지 않다. 요컨대 오늘날 AI는 사회적으로나 감정적으로나 우리만큼 지능적이지 않다.

AI는 이 분야에서 상당한 진전을 보이고 있다. 사람이 사진, 녹음된 음성, 텍스트에서 어떤 감정을 표현하고 있는지 식별하도록 훈련받은 AI가 많다. 또한 다른 행위자가 어떤 이유로 어떻게 행동하는지 예측하도록 훈련하는 데 성공한 AI도 있다. 어떤 사람들은 이것이 인간이 지닌 마음이론theory of mind, 즉 타인이 고유한 목표와 계획과 마음 상태를 갖는다는 사실을 이해하는 능력과 유사하다고 주장한다.[12] 하지만 시스템의 성능은 (설령 시스템을 판매하는 기업은 그렇지 않다고 주장하더라도) 매우 일관적이지 않으며, 시스템은 아직 인간과 동일한 수준의 사회적·문화적 복잡성을 파악하거나 탐색하지 못한다. 이러한 AI를 접하고 난 뒤에 인간과 함께할 때만큼 감성적 교감이나 편안함을 느낀다고 말하는 사람이 거의 없는 것도 같은 이유에서다. 비록 AI 주도형 가상 동반자나 정신과 의사 또는 교사를 만드는 작업에 대한 기대가 높고 투자도 많이 이루어졌지만 말이다.

일반적으로 몇 가지 사례만 가지고는 학습하지 못한다

AI 시스템이 인간을 능가하는 성능을 발휘하는 경우는 대체로 인간이 얻는 것보다 훨씬 많은 데이터를 학습할 때다. 이를테면 알파고의 후속 모형 알파제로AlphaZero는 바둑 훈련 경기를 2100만 번 실시했다. 훈련이 완료될 때까지는 34시간밖에 걸리지 않았다. 인간처럼 순차적으로 게임할 필요 없이 대부분의 훈련을 병렬적으로 처리하는 프로그래밍 기법 덕분이었다. 인간이 동일한 훈련량을 달성하려면 태어난 후로 하루도 빠짐없이 매일 50판 이상을 두면서 100세까지 살아야 한다. 인간에게 그만한 시간이 있을 리 만무하다. 그렇기 때문에 인간은 한 번만 접해도 많은 것을 배울 수 있도록 진화한 것이다. AI는 여전히 이런 '원샷 학습one-shot learning'(단일한 데이터 학습) 또는 '퓨샷 학습few-shot learning'(소수의 데이터 학습)에 어려움을 겪는다. 물론 진척을 보이긴 했다. 예를 들어 대형언어모형은 몇 가지의 사례만으로 새로운 임무를 학습하는 경우가 많다. 그렇더라도 모형들은 인간에게 필요한 것보다 훨씬 방대한 데이터로 '사전 훈련'을 받은 다음에야 '퓨샷 학습'을 달성할 수 있다.

어쩌면 독자들은 이렇게 물을지도 모르겠다. 인간이 현실적으로 AI와 똑같은 양의 훈련을 받을 수 없다는 것은 강점이 아닌 안타까운 일이 아닌가? 그런데 왜 AI가 인간의 제약을 따르도록 강요하는가? AI가 적절한 시간 내에 우리보다 훨씬 더 많은 훈련을 받을 수 있다면 그것은 AI의 강점이지 약점이 아니지 않은가? 이를 약점으로 취급하는 것은 마치 승부에서 져놓고도 패배를 인정할 줄 모르는 선수가 이렇게 말하는 것과 마찬가지다. "우사인 볼트가 나보다 훨씬 빨리 달리는 건 맞아. 그런데 별 감흥은 없어. 만약 그가 내 다리를 갖고 있었다면 그렇게 달리지 못했을 테니까!"

하지만 방대한 훈련량이 AI의 잠재력을 제한한다고 보는 실질적인 이유가 있다. 체스나 바둑 또는 스타크래프트 같은 게임을 학습한다면 경기를 수백만 번 한다고 하더라도 비교적 쉽고 비용도 저렴하다. 모든 훈련은 시뮬레이션으로 이루어지며 훈련 과정에서 AI의 수행 능력이 형편없더라도 아무런 해도 끼치지 않는다.

이와 달리 자율주행차의 운전 학습을 위해 **실제로** 수백만 번 전국을 누비는 것은 훨씬 더 어렵고 비용도 많이 든다. 또한 자율주행차가 자유롭게 탐색하고 가능한 모든 행동을 시도함으로써('빨간불일 때 속도를 높이면 어떻게 될까?') 무슨 일이 일어나는지를 파악하도록 내버려둘 수도 없다. 그렇게 허용한다면 사회는 곧바로 자율주행차에 대한 반감을 드러낼 것이다. 연구자들이 더 자주 맞닥뜨리는 문제도 있다. AI가 특정 임무를 수행하도록 훈련할 데이터가 충분하지 않고 데이터를 더 많이 수집하는 방법도 오리무중일 때가 많다는 것이다. 데이터의 입수 가능성과 품질은 오늘날 AI 생태계에서 강력한 (그리고 비용이 많이 드는) 병목 현상을 유발하는 문제다. 이 현상은 AI가 보다 적은 수의 사례를 통해 더 효율적으로 학습할 수 있어야 해소될 것이다. 인간에게는 이런 문제가 없다. 적어도 같은 수준으로는 말이다.

물리적 세상과의 상호작용이 서툴다

AI가 세상에서 어떤 일을 수행하기 위해 추상적이고 높은 수준의 계획을 세울 수 있다고 하더라도 실제로 밖으로 나가 물리적 세상과 상호작용하는 것은 별개의 문제다. 로봇공학은 인간(또는 동물)의 물리적 동작을 대체할 수 있는 기계를 만드는 분야다. 그 목표를 달성하기 위해 로봇에게는 주변 환경에서 일어나는 일을 감지하고, 물리적 행동을 수행하고, 임의의 시점에 취할 수 있는 잠재적인 물리적 행동들 사이에서 결정을 내리는 방법이 필요하다. 로봇이 놀라운 작업을 수행하는 영상을 본 적이 있을 것이다. 하지만 그 똑같은 로봇이 어떤 경우에는 속수무책으로 실패한다. 그리고 공학에 존재하는 많은 물리적 문제 때문에 물리적 세상을 성공적으로 항해하는 기계를 만드는 것도 매우 어렵다. 대부분의 로봇은 여전히 숟가락같은 작은 물체를 잡는 일에 서툴다. 사람과 함께 탁자를 옮기는 등 다른 존재와 협력하여 임무를 수행하지도 못한다. 이미 수많은 노력과 막대한 자금이 투입되었는데도 말이다.

또 다른 만만찮은 임무로는 축구가 있다. 일을 미루기 위한 즐거운 방법을 찾고 있다면 유튜브에서 로보컵 대회 영상을 시청해보라. 로보컵 대회의 최종 목표는 완전 자율 휴머노이드 로봇으로 구성된 팀이 FIFA의 모든 규칙을 준수하면서 가장 최근 월드컵 우승팀에게 승리하는 것이다. 이렇게 원대한 목표에도 불구하고 로보컵 휴머노이드 리그(인간과 가장 유사한 로봇 선수들이 출전하는 리그)의 경기를 보면 로봇이 축구를 하기나 하는 건지 의문이 들 것이다. 로봇들은 매우, 정말 매우 조심스럽게 느릿느릿 발을 끄는 듯 경기장을 돌아다니고, 간혹가다 공을 제대로 된 방향으로 가볍게 툭 차고, 자주 넘어진다. 이따금 모든 로봇이 무엇을 해야 할지 몰라 혼란스러워하며 수십 초 동안 가만히 있기도 한다. 보기에는 재미있고 귀엽기까지 하지만, 축구선수 리오넬 메시가 조만간 AI 주도형 로봇에 일자리를 빼앗길까 봐 우려하는 일은 없을 것이다. 그렇다고 해서 로보컵의 목표가 2050년까지 달성되지 못하리라는 뜻은 아니다. 지난 몇 년간 유튜브에 업로드된 로보컵 대회 영상을 순서대로 보면 인간 축구 경기의 발전을 훨씬 뛰어넘는 극적인 진척을 목격할 수 있다. 하지만 인간의 경기 수준이 아직 훨씬 앞서 있음은 분명하다.

이 지점에서 다음과 같은 점을 언급하는 것이 좋겠다. 일부 AI 연구자와 신경과학자는 인간의 뇌가 우리 몸의 감각에 대한 물리적 지각을 통해 엄청난 양의 학습을 하기 때문에 AI가 이 세상에서 물리적 신체를 갖지 않고서는 인간 수준의 지능에 도달하지 못할 것이라고 믿는다. 정말로 그러한지는 아직 알 수 없지만, 만약 그렇다면 로봇공학의 과제는 인간 수준의 범용 AI 제작에도 도전이 될 것이다.

상황 변화에 취약하다

지금까지 설명한 구체적인 강점과 한계를 종합적으로 고려했을 때 한 가지 결론이 도출된다. 오늘날 AI 알고리듬은 구조화되고 반복적인 환경에서 잘 작동한다는 것이다. 환경의 예측 가능성이 높아질수록 AI가 인간보다 더 나은 성능을 발휘할 가능성도 높아진다. 그렇기 때문에 AI는 의료 영상에 기반하여 진단을 내리거나 도로 표지판을 식별하는 과제(자율주행차가 해결해야 하는 문제)에서 탁월한 능력을 보인다. 반면 과제를 수행해야 하는 환경이 덜 구조화되어 있거나 가변적일수록 AI의 성능도 저하된다. 세상에 대한 기본적인 지식과 상식이 없다면 그리고 원칙에 입각한 추상적인 추론 능력이 없다면 수많은 데이터의 연관성만을 기반으로 한 학습은 취약하기 마련이다. 수집되고 있는 데이터 또는 예측이 이루어져야 하는 상황에 약간의 변화가 생기면(가령 AI가 사용하는 이미지가 갑자기 새로운 기상 조건에서 촬영되거나 다른 장비로 촬영된다면) 종종 예상치 못한 방식으로 성능이 크게 떨어질 수 있다.

어떤 경우에는 우리가 이미 언급한 또 다른 일반적인 한계 때문에 AI 시스템의 성능이 저하되기도 한다. 그 한계는 바로 새로운 임무를 일반화하거나 그것에 적응하지 못한다는 점이다. 독자들은 어쩌면 이렇게 생각할지도 모르겠다. '괜찮아, 나도 새로운 임무에 즉시 적응하지 못하는걸! 자동차를 운전할 줄 안다고 해서 오토바이나 모터보트를 몰 줄 안다는 뜻은 아니니까.' 하지만 인간의 경우 자동차를 운전할 줄 안다면 보트를 운전하는 방법을 더 쉽고 빠르게 배운다. 자동차와 모터보트를 모는 데 필요한 기술 중 적어도 몇 가지는 똑같기 때문이다. 예를 들어 둘 중에서 무엇을 타든 운전대를 조작하고 속력을 조절하고 주변 사물과의 적절한 거리를 유지해야 한다. 인간의 학습 시스템은 학습과 관련된 기술들을 한 상황에서 다른 상황으로 자연스럽게 전이한다.

반면 AI 시스템은 어려움을 겪을 때가 많다. 직관에 반하는 것처럼 들릴 수도 있겠지만, 다수의 기계학습 시스템은 본래 해결해야 하는 임무와 조금이라도 다른 임무를 수행하려면 처음부터 다시 학습해야 한다. 새로운 임무를 수행할 때마다 다시 학습하지 않는 것은 기계학습 분야의 중요한 주제이며, 이를 '전이학습transfer learning'이라고 부른다. 이에 대해서도 상당한 진전이 있었지만 여전히 인간의 능력이 더 뛰어나다.

예측 불가능한 환경에서 AI를 운용할 때 성능이 저하되는 이유가 하나 더 있다. 이것은 좀 더 우려할 만하다. AI가 세상에 대한 기본 지식을 통해서가 아니라 기계학습처럼 전적으로 데이터 패턴을 통해 임무를 수행한다고 해보자. 그렇다면 결국 임무와 근본적인 관계가 거의 없는 연관성을 통해 임무를 수행하게 된다. 결과적으로, AI는 기존에 학습한 가짜 연관성이 새로운 상황에서 변경되면 갑자기 성능이 형편없어지고 만다.

유명한 사례가 있다. 어느 연구팀이 허스키(시베리안허스키) 사진과 늑대 사진을 구별할 수 있도록 심층 신경망을 훈련했는데, 어떤 사람들에게는 어려울 수도 있는 임무다.[13] 처음에는 신경망이 훌륭하게 작동했다. 그런데 어느 순간 힘을 쓰지 못했다. 왜 그랬을까? 신경망이 훈련받은 허스키 사진의 배경에 대부분 눈이 있었기 때문이다(허스키는 추운 환경에서 선호되는 품종이다). 반면 신경망이 훈련받은 늑대 사진의 배경에 눈이 있는 경우는 드물었다. 요컨대 데이터에서 가장 쉽고 효율적으로 허스키와 늑대를 구별하는 상관관계는 사진의 배경색과 연관되어 있었다. 한마디로 신경망이 하얀색 배경 탐지기가 되었던 것이다! 시스템은 눈이 내리지 않은 배경의 허스키 사진을 받자마자 실패하고 말았다. 이와 같은 일은 기계학습에서 매우 자주 발생한다. 유사한 임무에 대한 인간의 성과는 임무가 기존과 다른 환경 및 상황에서 수행되더라도 AI보다 훨씬 더 안정적이다.

물론 가짜 상관관계 및 개념적으로 무관한 관계를 통해서 예측하는 AI의 경향은 AI가 어떻게, 왜 그런 결정을 내렸는지 직접적으로 추적할 수 있는 방법이 있다면 크게 문제되지 않을 것이다. 그렇지 않은가? 어쨌거나 인간도 수없이 실수를 하지만 교사에게 도움을 받거나 본인의 추론이 잘못된 이유를 스스로 깨우칠 수 있다면 같은 실수를 반복하지 않을 테니 말이다. 마찬가지로 AI 시스템이 결정을 내리는 방식을 정확하게 알고 있다면 다른 환경에서 무엇이 잘못되었는지 금세 원인을 파악하거나, 발생할 수 있는 문제를 사전에 예측할 수도 있을 것이다. 이 지점에서 오늘날 AI가 가진 또 다른 한계로 넘어간다.

해석하는 데 어려움을 겪는다

안타깝게도 최고의 성능을 발휘하는 많은 AI는 적어도 어떤 면에서는 '블랙박스'처럼 작동한다. 특히 심층학습 AI가 그러하다. 입력이 주어졌을 때 AI가 특정 출력을 선택한 원인을 제대로 이해하려면 많은 노력을 기울여야 한다. 그러므로 AI가 비슷한 실수를 반복하지 않도록 방지하거나 앞으로 저지를 만한 다른 유형의 실수를 예측하는 방법을 알아내는 것은 몹시 어려운 일이며 불가능할 때도 있다.

물론 인간도 자신의 결정을 항상 설명할 수는 없다는 점을 인정해야 한다. 누군가가 엄마의 사진을 보여주면 당신은 즉시 누군지 알아볼 것이다. 하지만 어떻게 엄마인 줄 알았느냐고 묻는다면 대답하기 힘들 수 있다. 어쩌면 다음과 같이 설명하려 할지도 모른다.

"글쎄요. 눈이 파랗고, 두 눈 간격이 이 정도 떨어져 있고, 또…." 하지만 이런 특징을 가진 사람들은 많다. 그렇다고 해서 당신이 그들을 엄마라고 착각하지는 않을 것이다. 엄마에게 특별히 눈에 띄는 특징, 가령 특이한 흉터나 독특한 모자와 같은 특징이 없는 한, 붐비는 군중 속에서 엄마를 알아볼 수 있도록 친구에게 적절한 언어적 지시를 내리지는 못할 것이다. 물론 당신은 엄마를 곧바로 알아보겠지만 말이다.

그렇다면 AI 시스템이 무언가를 설명하거나 해석할 수 있길 바라는 것은 지나친 요구일까? 사람들도 본인의 선택을 설명하지 못할 때가 있는데 왜 AI 시스템이 그럴 수 있기를 기대해야 할까? 몇 가지 이유가 있다. 첫째, 인간은 **이따금** 자신의 선택을 설명하지 못할 때도 있지만 설명할 수 있는 경우도 그만큼 많다. 그리고 본인의 추론에 대한 피드백을 받고 그 선택을 빠르게 조정할 줄도 안다. 둘째, 대체로 우리는 인간이 실수를 저지르는 이유를 이해하고 있다. 설령 그 실수를 우리가 저지른 것이 아니라고 해도 말이다. 반면 AI의 실수는 당황스러울 때가 많고 도저히 이해할 수가 없어서 머리를 갸우뚱거리게 하기도 한다. 일례로 TV 퀴즈쇼 〈제퍼디 Jeopardy〉에 참가한 IBM의 인공지능 왓슨은 퀴즈의 답이 "미국 도시"에 속한다는 단서가 주어졌음에도 "토론토[캐나다의 도시]가 무엇인가요?"라고 답했다.* 북아메리카의 지리에 대해 어느 정도 알고 있는 사람에게는 굉장히 엉뚱한 대답일 것이다. 왓슨이 얼마나 많은 관련 정보에 접근하고 그것을 학습했는지 고려하면 매우 놀라운 결과였다. 왓슨이 왜 그런 답을 내놓았는지 확실하게 아는 사람은 아직 아무도 없다. 답이 미국 도시여야 한다는 걸 몰랐던 게 아닐까? 아니면 일리노이주의 토론토라는 마을에 대해 알고 있었던 게 아닐까? 원인은 아직 수수께끼로 남아 있다. 문제는, AI 시스템이 실수를 저지른 이유를 이해하지 못한다면 향후 유사한 실수를 예방하기 어렵다는 것이다. 또 이미 배포된 AI 시스템이 예상치 못한 실수를 범하지 않으리라고 확신하기도 어렵다. 그 실수는 어쩌면 극도로 해로울지 모른다.

실수를 예측할 수 없다는 사실을 누군가가 악용하여 AI가 특정한 실수를 저지르도록 유도할 수 있다는 점을 생각하면 우려는 더욱 커진다. 일례로 한 연구팀은 연구원에게 특수 설계된 안경테를 씌우는 것만으로 얼굴 인식 시스템을 속이기도 했다. 얼굴 인식 시스템은 해당 연구원을 한결같이 영화배우 밀라 요보비치라고 인식했다. 인간의 눈으로 보기에 닮은 구석이라곤 전혀 없었는데도 말이다.[14] 이것은 그저 흥미로운 사례일 뿐이지만 똑같은 기법이 악의적으로 사용될 때도 있다. 예를 들어 누군가가 AI 시스템을 속여서 어떤 정치인에게 심각한 의학적 문제가 있다고 잘못 진단하도

---

* 퀴즈쇼 〈제퍼디〉의 참가자는 모든 답을 "시카고는 무엇인가요?"처럼 의문문으로 작성해야 한다. IBM 왓슨은 미국 도시라는 단서가 주어졌는데도 캐나다의 도시인 토론토를 답으로 제시한 것이다. 왓슨의 실제 답변에는 (마치 스스로도 답을 확신하지 못한다는 듯) "토론토는 무엇인가요?????"와 같이 물음표가 많이 붙었다. 유튜브에 "Jeopardy Watson's Final Jeopardy Answer Fail"이라는 제목의 영상이 남아 있다. www.youtube.com/watch?v=C5Xnxjq63Zg.

록 했다고 상상해보자. 결과적으로 그는 앞으로의 정치 경력에 타격을 입고 불필요한 치료를 받게 될 것이다.

AI가 하지 못하는 일을 알아내는 것이
갈수록 어려워지고 있다

모든 것을 종합해볼 때, 인간 수준의 AI에 도달하려면 아직 가야 할 길이 멀다. 이번 장에서 설명한 AI의 한계를 극복하기 위해 제각기 다른 돌파구가 필요하다면, AI 분야가 마련해야 하는 돌파구는 여전히 매우 많다! 이것이 합리적인 평가다. AI의 상당수 결점은 서로 연관되어 있는 경우도 있으므로 하나의 돌파구로 둘 이상의 한계를 해결하는 것도 가능하다. 이를테면 AI가 세상을 폭넓게 이해하도록 만드는 방법을 찾아냈다고 해보자. 그럴 경우 AI는 소수의 사례를 통해 학습할 줄 알게 되고, 서로 분리되어 있지만 관련된 임무들을 오가면서 정보를 전이할 줄도 알게 될 것이다. 현재로서는 인간 수준의 AI를 현실화하거나 좁은 AI가 당면한 문제를 극복하는 데 얼마나 많은 근본적 발전이 이루어져야 하는지 장담할 수 없다. 그러나 한 가지는 확실하다. 우리는 **아직** 인간 수준의 AI를 만드는 방법을 알지 못하지만, AI는 예상치 못한 방식으로 엄청나게 발전했으며 앞으로 무슨 일이든 벌어질 수 있다는 점이다.

지난 몇 년간 AI 분야는 새롭고 흥미로운 곤경에 처하기도 했다. 대부분의 (혹은 모든) AI가 앞서 설명한 한계를 지닌다고 할지라도,

기술이 워낙 급격하게 발전한 덕분에 어떤 AI는 적어도 **한계가 없는 것처럼 보이게** 하는 일에 대단히 능숙해졌다. 이러한 현상과 관련하여 가장 명확한 사례는 바로 대형언어모형이다. 대형언어모형을 뒷받침하는 기본 개념은 다음과 같다. 한 문장 속에서 맥락을 고려함으로써 다음 위치에 어느 단어가 와야 적절한지 신경망을 통해 예측하는 것이다. 그러한 예측을 바탕으로 AI는 언어가 필요한 거의 모든 임무(이를테면 챗봇 비서에게 주어지는 것과 같은 임무)를 수행할 수 있다. 대형언어모형은 워낙 엄청난 수준으로 발전해서 겉으로 보면 앞서 논의한 수많은 한계를 극복하는 데 성공한 듯한 응답을 생성할 때가 많다. 예를 들어 챗봇은 이제 한 장소에서 다른 장소로 이동할 때 필요한 기본 계획을 제시할 수 있다('타임스퀘어에 가서 지하철을 타고 퀸스까지 가세요'). 프롬프트를 적절하게 입력하면 계획을 좀 더 구체화할 수도 있다('교통카드가 없다면 역에서 구입할 수 있습니다'). 이것은 계층적 계획과 매우 유사해 보인다. 어쩌면 독창적인 계층적 계획일지도 모른다. 때로는 이야기 속 등장인물의 감정이나 그들이 앞으로 취할 행동을 챗봇이 정확하게 묘사하기도 한다. 이것은 감정 지능이나 사회 지능과 매우 유사해 보인다. 하지만 챗봇이 **실제로** 창의성, 계층적 계획, 사회 지능 등의 특성을 가지고 있을까?

이에 대해서는 회의적인 입장이 지배적이다. 회의적인 관점에서 보면 위의 모형들은 그저 훌륭한 예측 기계일 뿐이다. 생성된 문장에 언급된 중요한 개념을 '이해'하는 능력은 모형 구조에 내장되어 있지 않다. 그렇기는커녕 학습된 텍스트 속 단어들 간의 상관관계에 대한 통계적 지식이 충분한 덕분에 그럴듯한 말을 내뱉을 따름이다. 혹자는 언어모형이 언어의 **형식**은 알지만 **의미**는 모른다고 주장한다. 하지만 모두가 이에 동의하는 것은 아니다.[15] 한 설문조사에 따르면, 인간 언어를 연구하는 컴퓨터과학자들 중에서 과반수 이상이 **미래**의 대형언어모형은 "자연어를 꽤 잘 이해할 것"이라고 말했다. 충분한 데이터와 연산 자원이 주어진다면 말이다.[16] 그렇다면 우리는 어떤 관점을 취해야 할까? 그리고 이 문제는 인간의 능력과 AI의 능력 간의 차이에 대해 무엇을 말해줄까?

인간은 대형언어모형이 설계된 것과는 다른 방식으로 정보를 표현할 수 있다. 인간은 언어의 통계적 속성을 넘어서 실제 세계에서 의미를 갖는 개념, 즉 범주와 상황 및 사건과 같은 개념에 대한 인과적 모형을 사용할 수 있다. 사실 인간에게는 주변 사물을 이런 식으로 이해하려는 타고난 동인이 있는 듯하다. 우리는 이를 '정신 모형mental model' 작동 방식이라고 부른다. 대형언어모형은 정보를 다른 방식으로 표현하도록 설계되었다. 방대한 양의 텍스트가 주어지면 제각기 다른 맥락에서 함께 등장하는 단어들의 상관관계를 학습한다. 언어모형은 이렇게 학습한 통계적 상관관계를 연산 능력 덕분에 활용할 수 있게 된다. 우리는 앞으로 이를 '통계적 상관관계statistical correlation' 접근법이라고 부를 것이다.

인간이 무언가를 '이해한다'라고 말할 때에는 보통 그 대상에 대한 정확한 개념 모형을 갖고 있다는 뜻이다. 물론 인간도 통계적 상관관계 접근법을 통해 많은 것을 학습할 줄 안다. 하지만 대형언어모형은 다르다. 언어모형이 무언가를 '이해한다'고 주장하는 이들조차 언어모형이 통계적 상관관계 접근법을 통해 대상을 이해한다는 사실에 동의한다. 대형언어모형이 개념을 사용하거나 이해할 수 있는지는 그보다 훨씬 덜 명확한 문제다. 물론 대형언어모형이 마치 개념처럼 작동하는 학습된 상관관계의 그물망 내부에 '숨겨진 인과 모형'을 만들었을 **가능성**은 분명히 존재한다. 하지만 그 존재 가능성을 시험할 방법은 아직 없다. 중요한 문제가 또 있다. 설령 개념 모형이 신경망 내부 어딘가에 내장되어 있다고 하더라도 그것에 접근할 방법이 없다. 신경망 내부에서 일어나는 일을 해석하는 기법은 대부분 여전히 매우 제한적이다. 그러므로 우리는 대형언어모형이 실제로 무엇을 하는지 추측할 수밖에 없다. '이해'가 무엇인지에 대한 직관을 붙들고 씨름하면서 말이다. 과거에 인간에게 적용되었을 때에는 유의미한 것으로 보였던 그 직관은 막상 AI 모형에 사용하려고 하면 부족함을 드러낸다.

지식을 대상으로 하는 정신모형 접근법과 통계적 상관관계 접근법은 서로 얼마나 다른 걸까? 그 차이는 어느 지점에서 중요해질까? 현재로서는 전혀 알지 못한다. 그렇다는 것은, 대형언어모형이 무엇을 이해하는지 또는 어떤 방식으로 이해하는지에 관하여 적절하게 고찰할 방법이 없다는 뜻이다. 이는 또한 인간과 AI 능력의 간극, 그리고 AI 시스템이 어떤 문제에 어려움을 겪는지를 설명하는 것이 점점 더 까다로워지고 있다는 의미이기도 하다.

지금까지 우리는 인간과 AI 사이에서 두드러지는 간극을 설명하기 위해 최선을 다했다. 하지만 우리의 논의가 10년, 혹은 심지어 5년 안에 완전히 구식이 될 수 있다는 점을 알고 있다. 반대로 그 간극이 그때까지 지속된다고 해도 그리 놀랄 일은 아니다. 오직 시간만이 답해줄 것이다.

오늘날 AI는 누가 만들고 있을까?

AI의 윤리적 영향을 본격적으로 살펴보기 전에 AI를 둘러싼 한 가지 측면을 더 이해할 필요가 있다. AI는 도대체 어떻게 만들어지느냐는 것이다. 과학소설이 위험한 AI를 묘사할 때면 대개 못된 천재가 지하실에서 만든 로봇이 등장한다. 현실적으로 그것이 가능하려면 악의를 품은 천재가 방대한 데이터에 접근할 수 있어야 하고, 그 천재 악당은 말도 안 될 정도로 높은 수준의 교육을 받아야 하며, 또 다른 못된 천재들의 도움을 받아야 하고, 본인이 부자가 아니라면 그의 옆에 부유하면서도 악의적인 투자자들이 있어야 할 것이다. AI가 사용되는 시스템은 대부분 다양한 사람들로부터 수많은 기여와 자원을 끌어내야 한다. 심지어 특정한 목적을 위한 매우 좁은 AI를 만들려는 경우에도 마찬가지다.

AI 시스템은 최소한 세 단계를 거쳐 만들어진다. 우선 AI **알고리듬**을 개발하는 것이다. 이 알고리듬은 AI를 의도된 방식으로 작동하기 위해 어떤 기능과 논리를 데이터에 적용할지 설명해준다. AI

알고리듬은 주로 연구 환경(학계나 기업 또는 정부)에서 개발되는데, 고도로 수학적인 분야에서 활동하는 박사학위 소지자들이 만드는 경우가 많다.

다음으로, 적어도 기계학습 적용 부문에서는 신중하게 선택한 데이터를 AI 알고리듬에 통과시킴으로써 AI **모형**을 '훈련'한다. AI 모형은 알고리듬이 실제로 학습한 내용을 나타내며, AI가 어떤 요소를 어떻게 고려할지에 대한 윤곽을 잡아준다. AI 모형을 훈련할 때에는 AI 알고리듬을 개발할 때보다 더 많은 데이터 랭글링*과 소프트웨어공학이 필요하다. 훈련은 무척이나 다양한 환경에서 데이터과학자, 엔지니어, 컴퓨터과학자, 분석가에 의해 완료된다. 심지어 높은 수준의 수학 전문 지식이 있든 없든 일반 커뮤니티의 열렬한 AI 마니아들도 훈련에 관여한다.

사실 사람들은 대부분 AI 모형 또는 알고리듬과 직접 상호작용하지 않는다. 그 대신 AI **제품**과 상호작용한다. AI 제품은 특정 목적을 위해 훈련된 AI 모형 및 알고리듬과 상호작용하게 해주는 복합적인 경험, 인터페이스, 혹은 장치를 의미한다. 웹사이트, 스마트폰 앱, 추천 서비스, 로봇, 드론, 그 밖에도 앞으로 책에서 논의할 다양한 사례의 형태를 띨 수 있다. AI 제품을 개발하려면 사업, 설계, 운용과 관련된 전문 지식은 물론이고 상당한 금액의 투자가 필

---

* data wrangling. 미가공 데이터 raw data를 정리하고 통합하여 분석하기 좋게 가공하는 과정.

요할 때가 많다. 그러므로 기업과 조직에 소속된 팀에서 개발하는 경우가 대부분이다.

AI 제품팀은 주로 사용자 경험user experience, UX 연구자, 사용자 인터페이스 디자이너, 다양한 종류의 엔지니어, 사업 분석가, 관리자로 이루어져 있다. 사용자 경험 연구자는 사용자를 유인하기 위해 제품에 어떤 특징이 필요한지를 파악하고, 사용자 인터페이스 디자이너는 그 특징이 어떤 모습이어야 하는지를 파악한다. 엔지니어는 다른 팀원이 명시한 규격에 따라 제품을 제작하고, 사업 분석가와 사업 전략 담당자는 수익성 있는 (혹은 적어도 지속 가능한) 재무 모형이 제품을 뒷받침하는지 확인한다. 제품 관리자('제품 소유자 product owner')는 제품이 궁극적으로 무슨 일을 수행하고 어떤 사용자를 표적으로 삼을지에 대한 전략을 수립한다. 제품 소유자는 팀을 운영하는 역할도 한다. 다시 말해 연구자와 디자이너, 엔지니어, 제품 제작을 후원하는 조직 사이에서 교류를 촉진하고, 모든 이해관계자의 요구를 균형 있게 반영하여 작업 흐름의 우선순위를 관리한다. 변호사, 준법감시인**, 데이터과학자, AI 전문가와 같은 다른 관여자들도 제품 제작에 도움을 줄 수 있다. 때로는 외부인으로서 관여하기도 하고 자문 서비스를 통해 관여하기도 한다. 흥미롭게도 AI 알고리듬 개발자들은 AI 제품팀 소속이 **아닐** 때가 많다.

**   compliance officer. 회사 임직원이 법규를 준수하도록 상시적으로 감독하는 담당자.

심지어 제품을 후원하는 조직에 소속되어 있지 않은 경우도 있다. 일부 선진 AI 기술 기업에서는 첨단 기술 배경을 가진 AI 연구자나 전문가들이 기업에 소속되어 제품팀과 협업하기도 한다. 하지만 이는 관행이라기보다는 예외에 가깝다. 많은 기업들은 AI를 서비스로 제공하는 업체(서비스형 인공지능AI-as-a-service, AIaaS 제공업체)를 통해 AI를 사용한다. 다시 말해, 언어 번역 모형이나 얼굴 인식 모형과 같은 AI 도구를 사용하기 위해 다른 회사에 비용을 지불한다. 앞으로 설명하겠지만, AI가 사회에 미치는 영향은 이러한 AI 제작 과정의 역학 관계에 따라 크게 달라진다. 앞으로 책을 읽어나가면서 이 점을 염두에 두길 바란다.

이제 우리는 AI가 무엇인지, 혹은 적어도 어떻게 만들어지는지 알게 되었다. 정말 흥미롭지 않은가! 하지만 동시에 이는 어려운 문제이기도 하다. 물론 AI 제작 과정에서 발생하는 기술적·실용적 문제는 AI를 활용하여 삶을 개선하기 위해 극복해야 하는 문제의 일부에 지나지 않는다. 우리는 AI의 윤리 문제도 해결해야 한다. 이제부터 어떤 윤리 문제가 있는지 자세히 알아보자.

2

인공지능은
안전할 수 있을까?

"완전한 인공지능이 개발되면 인류는 멸망할지도 모릅니다….."

─ 스티븐 호킹, BBC와의 인터뷰

"인공지능이 발전하는 속도는 엄청나게 빠릅니다. (좁은 AI를 말하는 게 아닙니다.) … 5년 안에 심각하게 위험한 일이 일어날 겁니다. 길어야 10년이죠."

─ 일론 머스크, Edge.org의 게시글

"여러분을 겁먹게 하고 싶지는 않아요. 하지만 AI 분야 고위직 사람들과 대화를 나누다가 깜짝 놀랐답니다. 까딱 잘못되면 도망갈 수 있도록 '생존을 위한' 피난처를 마련해놓은 사람들이 얼마나 많은지 모릅니다."

─ 제임스 배럿, 〈워싱턴 포스트〉와의 인터뷰

신중한 AI 옹호자들은 AI가 제공하는 모든 것에 열광하면서도 그것이 안전하지 않을 때가 많다는 마땅한 우려를 표한다. 여기서 '안전'이란, 허용될 수 없는 위험이나 위해로부터 벗어날 자유로 이해할 수 있다. 물론 다른 유용한 기술 중에서도 안전 문제가 제기되는 경우는 적지 않다. 원자력 발전소는 다량의 온실가스를 배출하지 않고도 전력을 공급하지만, 발전소가 손상되면 방사능 오염

물질이 방출되어 암을 유발할 수 있다. 의료기기나 약물은 하나의 질병을 치료하는 동시에 종종 환자의 생명을 위협하는 감염과 부작용을 초래한다. 미사일은 전쟁을 예방하거나 중단시킬 수 있지만 무고한 민간인을 살해하기도 한다. 그럼 AI는 상당히 제한적인 안전장치를 갖춘 상태에서만 사회에 유익한 목적으로 사용되어야 할까? 아니면 모든 사람이 제약 없이 사용하도록 해도 될 만큼 충분히 안전할까? 이번 장에서는 이런 질문들을 살펴볼 것이다.

AI와 함께 사는 삶은
과연 과학소설에 나올 법한 끔찍한 공상일까?

가장 친숙하면서도 극단적인 안전 문제부터 시작해보자. 바로 '인간의 세상을 장악하는 AI'에 대한 것이다. 영화 〈터미네이터〉 시리즈에서 군용 AI 시스템 '스카이넷'은 인간들의 전원 차단 시도를 막기 위해 핵미사일을 발사한다. 이후 인간 저항군이 영화 여러 편에 등장하여 스카이넷을 무찌르기 위해 용을 쓴다. (다행히도 수많은 영웅이 활약한 끝에 인간의 승리로 마무리된다.) 아주 지능적인 AI가 인간을 지배하고 압도하게 될 것이라는 우려는 적절할까? 이번 장 첫머리에서 인용한 사람들은 그래야 한다고 생각하며, 그들만 그런 것도 아니다. 많은 진지한 AI 연구자들도 똑같이 걱정한다.

AI 연구자들이 가장 걱정하는 시나리오는 초지능 AI(전반적으로 인간보다 똑똑한 AI)에 어떤 지시를 내렸는데 그 지시에 따른 결과를 우리가 예측할 수 없는 경우다. 철학자 닉 보스트롬은 널리 알려진 사례를 통해 이를 설명한다.[1] 우리가 클립을 만드는 사업을 한다고 상상해보자. 어느 날 초지능 AI 시스템을 확보하고 그 시스템에 클립 생산 공정을 맡기기로 한다. 그리고 '클립의 생산량을 극대화하라'라고 지시한다. 합리적이면서도 무해한 지시처럼 들린다. 하지만 AI에 내린 지시에는 언제 생산을 중단하라는 내용이 없기 때문에 AI는 클립이 필요하지 않은 상황에서도 계속해서 클립을 만들 것이다. 더군다나 최대한 효율적인 방식으로 클립을 만들려고 한다. 이제 AI는 지구 전체를 엄청나게 효율적인 클립 공장으로 바꾸는 작업에 착수한다. 심지어 다른 행성들을 클립 공장으로 만들기 위해 우주 식민지화 계획까지 시작한다. 물론 우리는 이를 막으려 할 것이다. 하지만 AI는 클립 생산 목표를 방해하지 못하도록 우리의 행동을 예측하고 매 단계 우리를 따돌린다. 그리고 머지않아 인간 때문에 임무 수행에 차질이 생긴다고 판단하고 인간을 근절하기 위해 핵폭탄을 발사한다. AI는 결코 나쁜 목적으로 프로그래밍되지 않았고 인간을 해치라는 명시적인 목표도 부여받지 않았다. 그럼에도 AI에 처음 내린 지시가 가져올 결과를 예측할 수 없었던 인간은 그 지시 때문에 다른 생명체와 함께 지구에서 박멸되고 만다. 어떤 AI 연구자들은 이것을 '미다스 왕 문제'라고 부른다. 미다스 왕은 자신이 만지는 모든 것을 황금으로 바뀌게 해달라는 소원을 빌었고, 그 소원이 이루어지자 처음에는 기뻐서 날뛰었다. 하지만 그가 먹으려고 손대는 음식이 전부 황금으로 변하자 그제야 자신의 어리석음을 깨달았다.[2] 더 나중에 등장한 전설에 따르면 미다스 왕이 딸을 안으려고 손을 뻗다가 비극적이게도 딸이 황금으로 변했다고 한다. AI와 관련해서도 비슷한 문제가 생긴다. 원하는 것을 구체적으로 지시하다 보면 중요한 세부 내용을 빠뜨릴 가능성이 크다. 그 결과 수많은 끔찍한 사태가 닥칠 수 있다.[3]

AI의 지능이 충분히 높아져서 핵폭탄을 발사하여 인간을 박멸하는 것이 물리적으로 가능해졌다고 해보자. 이쯤 되면 AI에 반드시 핵무기 접근 권한을 부여할 필요도 없다. 시스템이 충분히 지능적이라면 인간을 조종하고 다른 컴퓨터 시스템을 해킹하는 등의 다양한 방법을 결합하여 혼자서도 접근할 수 있을 테니까. 물리적 능력이나 시스템 접근을 제한하는 것만으로 초지능 시스템을 막기는 어려울 것이다. 적어도 인간이 초지능 시스템과 상호작용하는 한 말이다. (우리와 상호작용하지도 않는 AI 시스템을 만드는 것이 무슨 의미가 있겠는가?) 물론 그렇다고 해도 우리는 AI가 핵폭탄을 발사하기 전에 작동을 멈출 수 있을 것이다. 어쨌든 AI를 만든 것은 우리 인간이 아닌가! 이것은 합리적인 희망이며, 제때 개입하는 것은 가능한 일이다. 하지만 그렇게 하려면 AI의 능력이 우려스러운 수준에 도달하고 있음을 사전에 감지하거나 예측할 수 있어야 한다.

문제는, 우리에게 그러한 능력이 있는지가 확실하지 않다는 점이다. 첫째, AI의 지능이 얼마나 강력한지 아직 알아차리지 못한다면 인간은 AI를 억제하기 위해 적절한 조치를 할 이유가 없다. 둘째, AI의 능력이 너무 빠르게 향상되어서 개입하기가 어려울 수 있다. 이론상으로는 단 한 명의 연구자가 하루 만에 새로운 발상을 떠올려 AI의 지능을 크게 끌어올릴 수 있고, 이를 통해 기존의 AI 시스템을 매우 위험하고 막을 수 없는 존재로 만들 수 있다. 시나리오를 약간 비틀어볼 수도 있다. 우리가 다른 AI 시스템을 설계하기 위한 AI 시스템을 만든다고 가정해보자. 그러면 그 시스템은 더 발전된 AI를 빠르게 만들어내고, 따라서 AI는 폭발적으로 개선되어 인간을 크게 앞질러 통제할 수 없는 지경에 이르게 된다. 셋째, AI 시스템의 능력이 위험한 수준에 이르고 있다는 명확한 신호를 감지했다고 해도 시스템의 향상을 막지 않을 가능성이 있다. AI 시스템 제작 기업은 안전성 우려에 원칙적으로 동의하면서도 다른 기업들이 앞서가는 것을 보고 경쟁력을 유지하기 위해 기존의 방침을 고수할지 모른다.

이런 일은 이미 벌어지고 있다고 볼 수 있다. 대형언어모형에 대한 우려의 목소리는 오늘날 상당히 높다. 심지어 언어모형을 만드는 기업 내부에서도 그렇다. 하지만 최고의 언어모형 시스템을 갖추기 위한 경쟁은 계속되고 있다. 때로는 **우리** 회사가 시스템 통제와 위험 완화 부문에서 최고가 될 것이라는 생각이 동기로 작용하기도 한다! 동일한 역학 관계가 국가 간에도 나타날 수 있다. 이를테면 미국과 중국의 AI 경쟁에 대해 이야기하는 사람들이 많다. 이러한 사고방식에 빠져들기는 쉬운 일이다.

이 끔찍한 시나리오들은 단지 과학소설에 나올 법한 공상에 지나지 않을까? 많은 AI 연구자는 1장에서 설명한 이유로 우리가 인간 수준의 AI에 **그다지** 근접하지 못했다고 믿는다. 하지만 초지능 AI는 적어도 이론적으로는 여전히 가능하다. 사실 초지능 AI의 이론적 가능성(어떤 종류의 지능이든 컴퓨터로 구축할 수 있다는 생각)은 많은 이들이 애당초 AI 분야에 뛰어들게 한 원동력이었다. 하지만 인간 수준이나 초인간 수준의 AI를 만드는 데 걸리는 기간 또는 그것의 실현 가능성에 대한 합의는 거의 이루어지지 않은 형편이다. 어떤 연구자들은 현시점에서 AI 초지능에 대해 우려하는 것은 무의미하다고 주장한다. 일례로 2015년 AI 연구자 앤드루 응은 '사악한' AI에 대한 걱정을 화성의 인구 과잉에 대해 걱정하는 것에 비유했다.[4]

반면 현재의 기술 발전 속도 때문에 AI를 실제로 우려할 만하다고 보는 사람들도 있다. 이를테면 많은 연구자는 대형언어모형의 능력을 경험하면서 이 기술이 과연 어디까지 발전할 수 있을지에 대한 생각을 바꾸고 있다. 그들은 당장은 초지능 AI가 존재하지 않더라도 수십 년 안에 존재하게 되리라고 짐작한다. 실제로 AI 분야는 이미 대부분의 예상을 뛰어넘어 훨씬 발전했고, 예상치 못한 극적인 진전도 이루어졌다. 이를테면 대다수의 AI 전문가 집단은 심층학습 혁신을 전혀 예상하지 못했다. 이것은 주목할 만한 사실인데, 현재 수많은 고성능 AI 시스템이 심층학습을 활용하고 있기 때문이다. 심층학습의 잠재력이 분명해진 지난 10년 동안에도 이 기술이 얼마나 신속하게 새로운 능력을 확보할지는 끊임없이 과소평가되었다. 앞으로 더욱 예측하기 힘든 획기적 발전이 이루어질 것으로 예상되므로 오늘날의 아이들이 살아생전에 인간 수준의 AI 또는 초지능 AI를 만나게 되리라는 전망은 그럼직하다. 우리는 2100년의 기후 상태가 어떨지 우려하고 있는데(추정하건대 마땅히 그래야만 한다), 그렇다면 미래의 초지능 AI에 대해서도 똑같이 걱정해야 하지 않을까?

우리 세 저자의 견해는 이렇다. 초지능 AI의 위험성은 고려할 만한 문제다. 적어도 억제 전략을 마련하는 작업에 착수하는 것이 좋다고 본다. 이를테면 한 가지 접근 방식은 명시적인 목표(가령 클립 생산량의 극대화)가 필요한 AI가 아니라 우리가 정말로 원하는 것을 신중하게 학습하는 AI를 만드는 것이다(6장에서 제안할 접근 방식과 비슷하다). 우리는 사회가 인간의 가치를 학습하고 구현하는 AI 기술에 투자해야 한다고 생각한다. 그리고 (혹시라도 개발될 경우) 초지능 AI로부터 피해를 입지 않으려면 어떤 정책이나 기구 차원의 실천이 필요한지에 대한 사려 깊은 논의도 함께 이루어져야 한다. 그러한 실천 중 몇 가지를 7장에서 논의할 것이다.

하지만 이런 문제는 해결하기 매우 어렵다. 한 가지 문제는, 현재로서는 기술을 시험할 수 있는 초지능 AI 시스템 자체가 없다는 것이다. 시스템을 확보하고 난 뒤에는 이미 손쓰기에 너무 늦을 것이라는 우려가 있다. 심지어 초지능이 아니더라도 이미 존재하는 AI 시스템조차 통제하기가 극도로 까다롭다. 예를 들어보자. 오픈AI는 시스템이 정말 원하는 대로 작동하도록 하는 방법, 흔히 '정렬 문제alignment problem'라고 부르는 문제에 대해 기업으로서 고심하고 있다. 하지만 가령 오픈AI의 챗GPT 같은 시스템이 세상에 공개되면 오픈AI의 예방 조치가 여전히 많은 부분에서 실패한다는 것이 금방 분명해진다. 무엇보다 사용자들이 시스템의 실패를 유도하려 들기 때문이다. 이를테면 어떤 사용자들은 챗GPT를 '탈옥jailbreak' 시킴으로써 원래 생성해서는 안 되는 텍스트, 코드, 지시 등을 생성하게 하려 한다. 오픈 AI는 이런 사용자들과 군비 경쟁을 벌이고 있다.

초지능 AI의 안전 문제를 제대로 논의하고자 한다면 별도의 책 한 권을 쓸 수도 있다. 그전까지는 이미 존재하는 AI의 안전 문제를 고려해야만 한다. 심지어 오늘날의 AI도 우리에게 실질적인 위협을 가할 수 있다. 예를 들어 그것이 핵탄두를 제어할 수도 있고, 우리가 아직 모르는 물리적이거나 화학적이거나 생물학적인 무언가를 발견해서 우리를 위험에 빠뜨릴 수도 있다. (사실 AI는 이미 과학 지식의 발견에도 관여하고 있다. 이를테면 딥마인드의 알파폴드AlphaFold는 과거의 그 어떤 사람이나 기계보다 단백질 구조를 예측하는 능력이 탁월하다.) 그럼에도 이러한 안전 문제는 충분히 이해되고 있지도 않고 관리되지도 않는다. 특히 첨단 AI 기술이 누구나 사용 가능하도록 의도적으로 공개되는 경우에 더욱 그렇다. 지금부터 우리가 당면한 안전 문제에 대해 살펴보자. 안전 문제는 그 자체로도 분명 중요하지만, AI 시스템 통제에 대한 보다 일반적인 교훈을 줄 수 있다는 점에서 의미가 있다. 거기에 더해 구체적이고 실질적이라는 이점도 있다.

오늘날 AI를 둘러싼 안전 문제

AI 초지능에 대한 우려는 AI가 지금보다 훨씬 뛰어난 능력을 갖게 되면 무슨 일이 벌어질지 모른다는 두려움에서 비롯된다. 이와 달리 오늘날 AI 시스템의 안전 문제에 대한 우려는 AI가 제대로 작동하지 않는 부분에 대한 인식에서 비롯된다. 그리고 AI가 어떻게 작동할지 아직 모르는 적용 부문에서 AI를 올바르게 사용하는 방법을 다양한 배경의 사람들에게 가르치는 일이 까다롭다는 것도 안전 문제의 한 가지 원인이다. 또 이러한 안전 문제와 관련하여 우리가 당면한 과제 중 일부는 오늘날 AI가 가진 다양한 한계와 AI를 오해하고 오용하는 여러 방식으로부터 생겨난다. 이제부터 살펴볼 목록은 이 문제들을 간략하게 요약한 것이다.

지능이 있다고 해서 실수하지 않는다는 뜻은 아니다('AI의 실수')

'인공'지능이 완벽한 지능을 의미한다고 생각하기 쉽다. 부분적인 이유를 말하자면, 컴퓨터를 마치 계산기처럼 간단한 연산에 사용하는 경우에는 좀처럼 컴퓨터의 실수를 경험하지 않기 때문이다. 하지만 현재 사용되고 있는 대부분의 AI 시스템은 그다지 지능적이지 않다. 거의 모든 시스템은 간혹 잘못된 예측을 하거나 목표 달성에 도움이 되지 않는 방식으로 작동한다. 일부는 그런 실수를 자주 저지르기도 한다. 챗GPT 같은 시스템이 어떤 임무에서는 굉장히 지능적으로 보이다가도 우리에게 매우 평범해 보이는 임무에서 실패하는 것을 보면 놀랄지도 모른다. 이와 관련하여 중요한 문제가 있다. 사람들은 AI 시스템이 전자의 임무(지능적으로 보이는 임무)를 어떻게 처리하는지 보고 그러한 임무를 과연 어떤 **인간**이 해결할 수 있을지 생각한다는 점이다. 그러한 인간은 굉장히 지능적일 것이므로 챗GPT 또한 그만큼 지능적임이 분명하다고 생각하기 쉽다. 하지만 실제로는 그렇지 않다. AI 시스템이 매우 정확할 것이라고 간주되는 상황에서 AI가 실수를 하면 수많은 피해가 뒤따를 수 있다. 누군가는 모든 AI 시스템을 인간 전문가가 감독하고 무효화할 수 있게 만들면 이와 같은 안전 문제가 쉽게 해결될 것이라고 생각할지 모르겠지만, 이 지점에서 또 다른 안전 문제가 등장한다.

심지어 실수를 저지를 때조차 AI를 너무 많이 신뢰한다

('지나친 신뢰')

사람들은 AI 시스템을 실제 성능보다 더 정확하다고 여기면서 AI를 통해 결정을 내린다. 예를 들어 네덜란드 세무 당국은 양육 수당을 신청한 가정의 서류 위조 여부를 결정할 때 AI를 맹목적으로 신뢰했다. 당시 AI의 예측이 부정확하다고 알려졌는데도 말이다. 그 결과 특정한 인구 집단에서 수많은 빈곤 가정이 부당한 벌금을 부과받았다.[5] 많은 연구가 보여준 바에 따르면, 이러한 상황에서 인간은 AI의 실수를 바로잡고 무효화하는 데 실패하기 쉽다. 더군다나 인간이 AI의 실수를 제대로 감독하지 않는다면 다음에 제시되는 안전 문제를 유발할 수 있다.

AI의 실수 가능성은 인간 의사결정자의 주의를 분산시킨다
('인간의 주의 분산')

AI 시스템 감독에는 인지적 자원과 에너지가 많이 소요되며, 특히 AI 모형의 정확성이 그다지 높지 않다고 알려진 경우가 그러하다. 결과적으로 AI 도구는 인간 의사결정자의 업무 수행 능력을 실제로 **저하**시킬 수 있는데, 이는 가령 수술 도중에 잘못된 경고 신호를 보내거나 항공 교통 관제 시스템에서 오경보를 내는 경우처럼 극도의 집중력과 빠른 결정이 필요한 상황에서 유독 문제가 된다.

AI 사용자와 감독자도 실수를 저지를 수 있다('인간의 실수')

일반적으로 사람들은 인간이 AI를 감독하거나 무효화할 수 있어서 AI의 실수를 감지했을 때 시정 조치를 취하기를 바란다. 하지만 그런 조치를 취했을 때 AI가 어떻게 작동할지에 대한 지식이 충분하지 않거나 그러한 훈련을 받은 경험이 없다면, 상황을 바로잡으려는 시도가 무산되거나 때로는 완전히 역효과를 낼 수도 있다. 브레이크 잠김 방지 시스템ABS과 관련하여 비슷한 경험을 한 독자들이 있을지도 모르겠다(물론 일반적인 잠김 방지 시스템은 AI를 사용하지 않는다). 급제동할 때 브레이크 잠김 방지 시스템이 덜덜거리며 작동하는 것은 지극히 정상적이다. 하지만 그 떨림 현상이 정상이라는 사실을 알지 못하는 운전자라면 브레이크에 문제가 생겼다고 여기고 나도 모르게 페달에서 발을 뗄 수 있다. 이것은 원래 의도했던 것과는 정반대의 행동이다.

AI가 성공함에 따라 인간 전문가의 숙련도가 저하될 수 있다
('숙련도 저하' 또는 '탈숙련화deskilling')

많은 경우 인간의 숙련도는 꾸준히 연습하지 않으면 저하된다.[6] AI가 임무 수행을 자주 대체하다 보면, AI의 품질을 점검해야 하는 인간은 AI를 효과적으로 평가하기 위한 기술을 잃게 된다. 예를 들어 길을 찾을 때 사용하는 공간 기억 능력은 AI 주도형 범지구 위치결정 시스템GPS의 사용 시간에 비례하여 저하된다.[7] 따라서 어떤 의미에서는 AI 주도형 GPS 도구를 많이 사용할수록 그 도구를 평가하는 인간의 능력이 감소한다고 볼 수 있다. 다만 인간 전문가는 본인의 기술 숙련도가 영향을 받는다는 사실을 전혀 의식하지 못할 때가 많다.

감지되지 않은 AI 편향은
특정 집단의 삶의 질에 큰 영향을 미친다('해악 편향')

AI가 편향을 보이는 방식은 4장에서 설명할 것이다. 편향은 어떤 사람이나 집단이 피해를 입을지, 누가 살고 누가 죽을지에 영향을 미치면서 안전 문제가 된다.

AI는 나쁜 의도를 실현 가능하게 한다('유해한 집단의 영향력 강화')

AI는 굉장히 좋은 목적으로 사용될 수 있지만 엉뚱한 사람의 손에 들어가면 엄청난 해악을 끼칠 수도 있다. 악의적인 사람들이 AI를 더 많이 이용하게 될수록 그 악의가 더 효과적으로 실현된다.

예를 들어 사기꾼은 AI를 통해 타인의 계좌 비밀번호를 예측해서 돈을 훔칠 수 있다.[8] 대형언어모형을 통해 소셜미디어에서 탐지하기 어려운 봇 계정을 수없이 제작함으로써 특정 담론을 장악하는 것도 가능하다.[9]

AI는 대규모로 피해를 입히는 새로운 방식을 가능케 한다
('새로운 유형의 해악')

악의적인 사람들은 AI 덕분에 이전에는 불가능했던 새로운 방식으로 사회에 해악을 끼칠 수 있다. 몇 가지 예는 다음과 같다. AI를 통해 특정한 개인에게 맞춘 피싱 공격, 사람들이 돈이나 정보를 넘기도록 유도하는 AI 생성 '딥페이크', 사람들이 특정한 방향으로 투표하도록 유도하는 AI 주도형 행동 조작, 그리고 AI 적대적 공격(이에 대해서는 나중에 살펴볼 것이다).

AI가 다른 AI에 너무 신속하게 반응해서 통제할 수가 없다
('AI-AI 상호작용')

어떤 경우 AI 안전 문제를 해결하는 가장 좋은 방법은 그 문제를 해결할 수 있는 다른 AI를 만드는 것이다. 고빈도거래*와 사이버보안 같은 부문에서는 당사자들이 제각기 다른 자체 AI 시스템을 사

---

* high-frequency trading. 컴퓨터 프로그램을 이용한 자동 매매 기법. 극도로 빠른 속도로 매매가 이루어지며, 초단타매매라고도 부른다.

용한다. 그럴 경우 모든 시스템이 동일한 영역에서 상호작용하게 된다. 결과적으로 AI가 인간을 대신하여 불가해한 속도로 결정을 내리는 'AI 대 AI 생태계'가 형성된다. 이러한 상호작용은 우리가 막을 수 있는 것보다 더 빠른 속도로 놀라운 결과를 (그리고 파괴적일지 모를 결과를) 초래한다. 초창기 사례로는 2010년 고빈도거래 프로그램에 의해 촉발된 1조 달러 규모의 '플래시 크래시'*가 있다.[10]

AI는 심리적 거리감을 조장한다('AI를 매개로 한 비인간화')

피해의 대상을 '인간'으로 보지 않을수록 피해자들에 대한 공감이 줄어들고 해악의 원인에 대한 거부감도 감소한다. 타인에게서 느끼는 '심리적 거리감'이 더 클수록 비인간화하기도 쉬워진다. AI는 수많은 방식으로 심리적 거리감 형성에 일조하지만 가장 근본적인 원인은 사람들을 인간이 아닌 숫자로 취급하도록 하는 데 있다. 예를 들어, 코로나19 입원자 및 사망자 수 상황판이 인간 엔지니어가 아니라 AI에 의해 생성되었다는 말을 들었을 때 사람들은 다른 이들을 보호하기 위한 예방 안전 대책을 지지하지 않을 가능성이 더 높았다. 그리고 그 지지 수준은 상황판의 데이터를 실제 사람들의 데이터로 보는 정도, 그리고 객관적인 숫자 또는 통계로 보는 정도의 차이와 직접적인 상관관계가 있는 것으로 나타났다.[11]

---

*   flash crash. '갑작스러운 붕괴'라는 뜻으로, 급격한 주가 하락 현상을 의미한다.

몇 가지 사례 연구

지금까지 살펴본 안전 문제가 추상적으로 느껴질지 모르겠다. 이번에는 구체적인 상황에서 안전 문제가 어떻게 나타나는지 몇 가지 사례를 살펴보고자 한다. 우선 이른바 '안전 필수safety-critical' 적용 부문부터 들여다볼 것이다. '안전 필수' 부문이란, 시스템의 오작동과 실수로 인하여 심각한 신체적·정신적 손상 또는 사망, 재산이나 환경에 대한 심각한 피해가 초래된다는 점이 널리 받아들여지는 부문을 의미한다. 안전 필수 부문을 살펴본 다음에는 일반적으로 '안전 필수'로 간주되지는 않지만 여전히 AI가 상당한 수준의 손상과 피해를 일으킬 가능성이 있는 영역으로 넘어갈 것이다.

운송 부문에서의 AI

전 세계에서 매년 130만 명이 자동차 충돌 사고로 사망하며, 교통사고로 인한 사망은 개발도상국에 훨씬 더 심각한 피해를 야기한다.[12] 국제연합(유엔)은 2030년까지 교통상해를 50퍼센트 줄인다는 목표를 세웠다. 이 목표를 달성하는 데 AI 기술이 필수적이라는 점은 널리 받아들여지고 있다.[13] 그 결과 최근 몇 년 사이에 AI 기반의 자동차, 열차, 항공기, 심지어 개인용 제트팩**에 대한 투자가 폭발적으로 증가했고, 비약적인 발전이 이루어졌다. 물론 운송

** Jetpack. 사람의 몸에 엔진을 직접 부착하여 비행하는 일인승 장비.

부문 AI가 아무리 유용하다고 해도 실수가 발생하는 것은 불가피하다. 다만, 그 실수는 허용 가능한 수준까지 감소해야 한다.

항공기 추락 사고는 자동차 사고만큼 흔하진 않지만 한 번에 더 많은 인명 피해를 입힌다. 2018년부터 2019년까지 발생한 두 건의 보잉 737 맥스 여객기 충돌 사고는 운송용 AI의 실수로 일어났다. 두 사고 모두 조종특성증강시스템MCAS이라는 자동화 시스템의 오작동 때문에 발생했다. MCAS는 항공기 기수機首를 자동으로 아래로 낮추는 역할을 한다. 항공기 앞쪽에 센서가 달려 있는데, 항공기가 지나치게 가파른 각도로 비행하다가 공중에서 멈출 위험이 있다는 판단이 들면 기수를 내리는 식으로 작동한다. 두 사고 여객기 모두 센서가 오작동하여 항공기가 기수를 내리면 안 되는 상황에서 시스템이 기수를 낮추고 말았다('AI 실수'). 조종사들은 MCAS를 끄는 방법을 알지 못했고, MCAS의 오작동을 해결하기 위해 항공기의 다른 설정을 조정할 줄도 몰랐다('인간의 실수'). 조종사들은 여객기를 다시 공중으로 향하게 하려고 필사적으로 노력했지만 결국 지상으로 추락하고 말았다. 그 결과 총 346명이 사망했다.

물론 MCAS가 쉽게 무효화될 수 있도록 만들어졌거나, 조종사들이 그것을 언제 어떻게 무효화해야 하는지 그 훈련을 충분히 받았다면 보잉 737 맥스 추락 사고는 발생하지 않았을 것이다. 어떤 사람들은 MCAS가 시스템이 시간이 지나면서 학습을 해야 한다라는 AI의 정의에 부합하지 않는다고 주장할지도 모른다.[14] 다른 많은 유형의 AI 시스템처럼 MCAS가 시간을 거치며 더 많이 학습했다면 적어도 두 번째 추락은 피할 수 있었을 것이다. 보잉 737 맥스 추락 사고는 그러한 훈련과 학습이 이루어지지 않을 경우 얼마나 많은 사람들이 목숨을 잃을 수 있는지를 상기시킨다.

이제 훈련과 학습이 충분히 이루어지고 MCAS 센서가 개선되어 시스템이 더 믿을 만해졌다고 상상해보자. 더 나아가 시스템이 확장되어 조종사로부터 더 많은 기능을 떠맡았다고 생각해보자. 이 시나리오에서는 '탈숙련화'가 실질적인 문제가 된다. 인간이 자율주행에 의존하는 시간이 길어질수록 인간의 운전 또는 조종 숙련도는 더 믿을 수 없게 된다. 게다가 긴급 상황에서의 신뢰도도 점점 줄어들 것이다. 이것은 이미 항공 산업에서 위험성이 입증된 문제다. 악천후 조건에서 엔진이 고장 난 보잉 항공기를 착륙시키는 숙련도는 조종사가 **최근** 자동화 시스템의 도움을 받지 않고 수동으로 비행기를 운전한 시간과 밀접한 상관관계가 있다.[15] 한 연구자에 따르면, "비교적 자주 연습하지 않을 경우 비행 기술은 '용인할 만한' 실력의 경계선까지 상당히 빠르게 저하된다".[16] 그 결과 많은 조종사가 자동화 시스템이 고장 났을 때 수동으로 전환하는 방법을 잊은 것으로 보인다. 오작동을 일으키거나 전원이 꺼진 자동화 시스템에 대응할 줄 모르는 조종사들도 많은 듯하다. 이와 같은 조종사의 탈숙련화 때문에 2009년 에어프랑스 447편 추락[17]과 2013년 아시아나항공 샌프란시스코 국제공항 충돌[18] 같은 사고가 발생하는 것으로 추정된다.

그렇다면 자동차는 어떨까? 일반적인 자동차 운전자에게도 연습

부족이 어떻게 비슷한 영향을 미칠지 쉽게 상상해볼 수 있다. 운전자는 긴급 상황에서 자동 차량의 실수를 바로잡지 못하게 될지 모르고, 이미 많은 사람이 그 영향을 느끼기 시작했다. 이를테면 후방 카메라 없이 평행 주차를 하는 데 불편함을 느끼는 운전자와 차선을 변경할 때 옆에 차가 있는지 알려주는 자동 표시기에 지나치게 의존하는 운전자가 늘고 있다.

또 다른 문제는 자율주행차 때문에 경각심을 늦출 수 있다는 점이다. 2018년 애리조나주에서 일레인 허츠버그가 도로를 건너다가 라파엘라 바스퀘즈가 몰던 자율주행차에 치여 사망하는 사건이 발생했다. 자율주행차의 센서는 충돌하기 5.6초 전에 보행자를 감지했지만 피해야 할 대상으로 판단하지 않고 그대로 주행했다. 40분 넘게 아무런 사고 없이 차량을 운전하던(설령 운전했다고 볼 수 없어도 적어도 탑승은 하고 있던) 바스퀘즈는 안타깝게도 충분히 주의를 기울이지 않았다. 도로에서 한눈을 팔았던 탓에 그는 제때 개입하지 못했고, 결국 허츠버그의 사망을 막지 못했다. 이 사례는 5장에서 훨씬 자세히 논의하겠지만 이곳에서도 잠깐 살펴볼 만하다. 바스퀘즈는 자동차가 알아서 안전하게 운전하리라 생각했고('지나친 신뢰'), 따라서 오랜 시간 도로를 주시하지 않았으며, 각별히 조심하지도 않았다. 주어진 환경이 달랐더라면 그는 주행 상황에 충분히 주의를 기울였을지도 모른다.[19]

여기서 다음과 같은 사실을 짚고 넘어가는 것이 중요하다. 자동차가 자율적으로 운전하는 동안 인간 운전자에게 철저한 경각심

유지를 요구하는 것은 자율주행차의 매력을 상당 부분 감소시킨다는 점이다. 출퇴근 시간에 자율주행차를 타면서 시간이나 에너지를 아끼지 못한다면 차라리 직접 운전하는 게 낫다고 결론지을 사람이 많을 것이다. 자율주행차의 목적을 고려한다면, 운전자의 경각심이 낮아진다고 해도 그리 놀랍지 않다.

이러한 이유에서 자율주행차 업계 일각에서는(가령 구글의 자회사 웨이모Waymo) 사람들이 긴급 상황에서 AI의 실수를 무효화할 만큼 충분히 경각심을 갖거나 훈련받기를 기대하는 것은 무의미하다고 주장한다. 대신 인간의 행동과 의사결정을 최대한 배제하는 자율주행차를 만들어야 한다고 역설한다. 이와 마찬가지로 수백 곳의 기업은 항공기, 드론, 자동차, 트럭, 배, 심지어 비행 자동차flying car를 완전 자율주행으로 만드는 작업에 전념하고 있다. 이러한 운송수단은 인간의 경각심과 오류 문제를 일부 극복할 수 있지만, 무효화 자체가 불가능하다면 자율주행 장치의 정확성과 신뢰성은 지금보다 높은 기준을 충족해야 한다. 하지만 매우 제한된 주행 환경을 제외하고는 자동화 시스템이 그 기준을 충족할 수 있는지 여부가 아직 불명확하다. 미국의 승차 공유 서비스 기업 리프트Lyft 임원의 말을 빌리자면, "[완전 자율주행] 자동차를 매우 안전하게 도입할 수는 있겠지만 그렇게 많은 장소를 갈 수는 없을 것"이다.[20] 물론 그렇다고 해도 사람들이 안전한 환경 밖에서도 자율주행차를 이용하려 할 가능성은 남아 있다. 우려되는 부분이 또 있다. 적어도 예비적인 증거에 따르면, 완전 자율주행차가 저지르는 실수는 피부색이 어두운 사람, 긴 드레스나 로브를 입은 사람, 휠체어나 전동 스쿠터를 탄 사람에게 불균형적으로 더 많은 영향을 미친다('해악 편향'). 왜냐하면 시스템 훈련용 데이터세트에 해당 집단의 데이터점*이 충분하지 않아서 시스템이 그들을 안정적으로 식별하지 못하기 때문이다. 21

역사적으로 운송 업계는 안전을 보장하기 위한 적절한 틀을 많이 갖추고 있었다. 특히 항공 업계는 그러한 틀을 철저하게 따랐다. 하지만 업계의 틀은 적어도 두 가지 이유로 AI 운송에는 불충분한 것으로 밝혀졌다. 첫째, 운송용 AI는 아직 새로운 기술인 탓에 개별적인 실패 경로를 모두 예측하고 비상 대책을 세우는 것이 거의 불가능하다. 둘째, 운송 규정 및 안전 산업은 AI 시스템을 적절하게 평가할 수 있는 재정이나 전문성이 부족한 경우가 많다. 최고의 운송 안전 엔지니어라고 해도 상당수는 AI 기반 택시를 평가하는 방법에 대해 특별한 교육을 받은 적이 없다. AI 기반 제트팩이나 비행 자동차, 배송 로봇에 대해서는 말할 것도 없다. 이 널리 알려진 문제를 해결하기 위해 도입된 한 가지 전략은 대부분의 안전 인증을 기술 제작자 본인에게 위임하는 것이었다. 하지만 예상 가능하게도 기술 제작자가 인증을 객관적으로 해내도록 하는 것은 두 가지 문제 때문에 난관에 부딪힌다. 자사의 기술 평가에 대한 근시안

---

*   data point. 인공지능 학습에 사용되는 데이터세트의 개별적인 데이터.

적인 관점 그리고 재정적 요인이다. 이 두 문제는 시험 조종사들이 안전 문제를 반복적으로 제기했음에도 MCAS가 안전 검사를 통과한 이유로 거론되기도 한다.[22]

AI 기반 운송의 문제는 또 있다. AI 의존도가 높을수록 해킹을 당할 위험성도 커진다는 것이다('유해한 집단의 영향력 강화'). 예를 들어보자. 2017년, 한 선의의 '화이트햇'** 해커는 자신이 테슬라 차량 전체에 접속할 수 있다는 사실을 증명했다. 차량의 위치를 찾는 것은 물론이고 차를 '소환'할 수도 있었다. 여기서 '소환'이란, 아무도 탑승하지 않은 차를 운전자가 원격으로 조종하여 좁은 공간에서 빼낼 수 있도록 테슬라가 만든 기능이다. 다행히도 해커는 정확한 해킹 방법을 테슬라에 알려주었고 이후 문제가 해결되었다.[23] 하지만 악의적인 행위자들이 비슷한 메커니즘을 악용할 몇 가지 방식을 쉽게 상상해볼 수 있다. 표적 승객이 탑승한 차를 일부러 절벽으로 몰거나 보행자 집단을 향해 돌진하도록 조작하는 식으로 말이다. 이와 같은 안전 문제는 인터넷 연결에서 비롯된다. 운송 수단이 소프트웨어 업데이트 때문에 인터넷에 연결되면(테슬라 자동차의 경우가 그렇다), 여느 컴퓨터가 받는 것과 동일한 유형의 해킹 공격을 받을 수 있다. 만일 악의적인 집단이 자동차에 접속한다면 운전자는 몸값을 지불하기 전까지 차를 몰 수 없을지도 모른다. 혹은

** white-hat. 공익을 위한 선의의 목적으로 해킹을 시도하고 대응 전략을 구상하는 해커.

더 심각한 경우 자동차가 움직이고 있는 상황에서 몸값을 내기 전까지 브레이크가 작동하지 않거나 시동이 꺼지지 않을 수도 있다.

AI는 또한 AI 자체를 표적으로 삼는 완전히 새로운 유형의 공격을 가능하게 한다. 이러한 공격을 '적대적 공격'이라고 한다('새로운 유형의 해악'). 적대적 공격은 사용자 모르게 AI를 멋대로 사용하거나 수정하고 거짓 정보를 입력하는 등의 방식으로 AI를 속이려고 시도하는 악의적 행동이다. 그 결과 원래 의도한 것과는 다른 출력이 나올 수 있다. 운송 부문에서 잘 알려진 적대적 공격 중 하나는 테슬라 모델 S와 관련되어 있다. 한 보안 연구팀은 단순히 도로에 스티커를 세 개 붙이는 것만으로도 테슬라 모델 S를 맞은편에서 가상의 자동차가 오는 차선으로 이동하도록 속일 수 있었다.[24] 자동차의 AI 시각 시스템은 차선이 왼쪽으로 꺾어진다는 의미로 스티커를 잘못 해석했는데, 잘못 해석된 차선이 사실 실제 차선 쪽으로 향한다는 사실은 감지하지 못했다. 결국 AI 제어 시스템은 잘못 해석된 차선을 따라 차를 몰았다. 지금까지 자동화 운송 시스템에 대한 적대적 공격으로 기록된 사례는 대부분 AI의 취약점을 찾아 고치려는 선의의 주체가 기술의 성공 가능성을 검증하기 위해 시도한 것이다. 하지만 이러한 적대적 공격을 본격적으로 구현하는 기술을 확보하는 것은 시간문제라는 점이 널리 받아들여지고 있다. 해당 부문에서는 적대적 공격을 실행하려는 사람들과 공격에 취약하지 않은 시스템을 만들려는 사람들 사이에서 끊임없는 군비 경쟁이 벌어질 것으로 보인다.

요컨대 AI 주도형 운송 기술은 분명 인간이 제어하는 운송 수단보다 사망과 사고를 더 많이 예방할 수 있는 잠재력이 있다. 하지만 AI가 운송 산업의 안전에 미치는 최종적인 영향이 긍정적인 것으로 널리 받아들여지려면 위에서 나열한 많은 다양한 안전 문제가 만족스러운 수준으로 해결되어야 한다.

군사 부문에서의 AI

군사 조직은 초창기부터 AI 기술을 도입하고 자금을 지원한 집단 중 하나다. AI의 군사적 이용은 강한 감정적 반응을 불러일으킬 때가 많은데, 어떻게 이용되느냐에 따라 때로는 상반되는 감정을 유발하기도 한다. 대부분의 사람들은 다음과 같은 소식을 들을 때 깊은 인상을 받는다. 인간을 대신하여 지뢰가 매설된 전쟁터를 가로질러 메시지를 전달하는 AI 주도형 로봇,[25] 인간 조종사가 적지에 착륙하여 연료를 채울 필요가 없도록 공중에서 항공기에 연료를 공급하는 AI 주도형 자율주행 운송 수단,[26] 예기치 않은 사상자를 줄일 수 있도록 정밀도를 향상한 AI 유도 무기.[27] 하지만 동시에 테러리스트가 AI 주도형 드론으로 이전보다 더 쉽고 저렴하게 민간인을 살해할 것이라는 전망은 크나큰 불안을 야기한다('유해한 집단의 영향력 강화'). AI 적용 기술은 다양한 방식으로 군사 작전의 안전성 지형을 변화시킨다. 이제부터 앞서 개괄한 몇 가지 안전 문제가 그러한 지형 변화에 어떻게 일조하는지 살펴보자.

패트리엇 시스템Patriot system은 '치명적 자율성lethal autonomy'을

지닌, 즉 인간의 직접적인 감독을 거의 받지 않고 치명적인 무력을 행사할 수 있는 능력을 처음으로 도입한 미국의 군사 시스템이다. 1980년대에 만들어진 이 시스템은 적군의 미사일 또는 항공기가 날아올 때 미사일을 발사하여 요격한다. 자율 모드에서는 지속적으로 위험한 표적을 탐색하다가 위험이 감지되면 자동으로 요격 미사일을 발사한다. 반자율 모드에서는 요격 미사일을 쏘기 전에 인간이 특정 행동을 수행해야 한다. 자율 모드는 1990년대 초 걸프 전쟁에서 '사막의 폭풍 작전' 도중에 처음 사용되어 큰 성공을 거뒀다고 알려졌다. 그에 따라 미군은 2003년 '이라크 자유 작전'에서 자율 모드를 자신 있게 재도입했다. 안타깝게도 이번에는 시스템이 비극적인 실수를 저지르고 말았다. 동맹국이었던 영국의 항공기를 미사일로 잘못 분류했던 것이다('AI의 실수'). 비록 자율 모드이긴 했지만 시스템 운용자들에게는 시스템의 공격 계획을 무효화할 수 있는 기회가 1분가량 있었다. 하지만 여러 가지 요인이 작용한 결과, 운용자들은 시스템을 신뢰하고 공격 계획의 진행을 허용하기에 이르렀다('지나친 신뢰'). 결국 영국의 항공기가 격추되었고 조종사들은 사망했다.[28]

이 사고에 대한 대응으로 미군은 모든 패트리엇 시스템의 기본 설정을 대기 모드로 바꾸었다. 대기 모드는 신속한 방어가 필요한 경우에 시스템을 자율적으로 작동 가능한 상태로 유지하지만, 인간이 의도적으로 시스템을 자율 모드로 전환해야만 자율 공격을 가한다. 이 추가적인 인간 감독 단계는 시스템이 불필요한 조치를 시행하지 않도록 방지하기 위한 것이었다. 미군과 영국군은 변경된 규정이 아군의 포격 실수를 예방하리라 확신했다. 영국군 지휘관은 다음과 같이 공표했다. "미국은 패트리엇 교전 규칙을 신속하고 신중하게 재평가했습니다. 의도적이지 않은 공격의 위험은 더이상 없다고 병사들에게 단언할 수 있습니다."[29] 그 결과는 어땠을까? 지휘관의 자신감이 정당하지 않은 것으로 판명 나지 않았다면 지금 우리가 이 이야기를 하고 있을 이유가 없다.

영국의 항공기가 격추된 지 두 주가 지났을 때, 미군 대원들은 탄도 미사일이 다가오고 있다는 패트리엇의 경고를 받았다.[30] 군의 보고에 따르면, 시스템 담당 지휘관은 시스템에 의해 식별된 대상이 실제로 미사일인지 확인하기 전에는 **공격하지 않겠다는** 의지를 표명했다. 그러면서도 확인되는 즉시 공격할 준비를 하길 원했다. 따라서 지휘관은 이렇게 명령했다. "발사기를 준비하라." 지휘관은 이 명령을 내리면 시스템이 **발사할 수 있는** 상태가 되는 것이지, 발사를 개시하는 것은 아니라고 생각했다. 하지만 시스템은 이제 자율 모드 상태였고 적군의 미사일이 날아오고 있다고 판단했기 때문에 대기 모드가 해제되자마자 요격 미사일을 발사했다('인간의 실수'). 시스템의 판단은 잘못된 것이었다. 날아오는 적군의 탄도 미사일은 전혀 없었다('AI의 실수'). 그럼에도 패트리엇은 일단 작동하면 '죽일' 대상을 찾도록 프로그래밍된 '직격 무기hit-to-kill weapon'였으므로 가장 가까이에서 찾을 수 있는 물체를 조준했다. 그 물체는 바로 미군의 항공기였다. 이번에도 항공기는 격추되었고 조종사들도 사망했다.

패트리엇 시스템은 여전히 존재하며 현재 많은 국가에서 사용되고 있다. 구형 패트리엇 시스템의 결함이 수정되었는지 여부는 여전히 논란거리다.[31] 위에서 설명한 구체적인 사례는 거의 20년 전 일이지만, 오늘날 군용 AI가 어떤 실수를 저지를 수 있는지를 보여준다.

운송 산업에서와 마찬가지로, AI가 저지르는 실수는 군용 AI가 야기하는 수많은 안전 문제 중 하나에 불과하다. 첫째, 인간 운용자가 AI를 지나치게 신뢰해서 AI가 실수할 때 효과적으로 개입하지 못할 가능성이 있다('지나친 신뢰'). 실제로 패트리엇 사고를 조사하기 위해 구성된 특별 작업반은 이렇게 결론지었다. "운용자들은 시스템 소프트웨어를 신뢰하도록 훈련받았고 시스템의 권고를 잘 따를 것으로 기대되었다."[32] 둘째, 개입해야 하는 짧은 시간 안에 인간 운용자가 AI 시스템의 결과를 정확하게 평가하는 데 필요한 정보를 습득하고 상황을 인식하길 기대하는 것은 비현실적이라는 점이 갈수록 분명해지고 있다. 때로는 어떻게 해야 인간 운용자의 관심을 충분히 빠르게 사로잡을 수 있는지가 문제가 된다. 이와 관련하여 한 미군 소장은 이렇게 말했다. "어떻게 해야 적당한 때에 경각심을 유지할 수 있을까요? 3시간 59분 동안의 지루함 끝에 1분간의 공황이 뒤따르는 상황에서 말입니다."[33] 인간의 뇌는 이러한 상황에 적합하게 설계되지 않았다. 운용 부대가 AI 시스템의 권고를 판단하기 위해 필요한 정보를 제시간에 확보하는 것이 불가능한 경우가 더 많다. 물론 이러한 문제는 AI가 사용되지 않는 군사적 상황에서도 존재하지만, AI 시스템은 우발적이거나 피할 수 있는 인명 손실에 해당 문제가 미치는 영향을 더욱 악화한다('새로운 유형의 해악'). 이것은 윤리적으로 우려할 만한 이유가 된다.

운용 부대가 경각심을 늦추지 않고 AI 시스템 관리에 필요한 정보에 접근할 수 있다고 해도 AI의 작동 방식을 충분히 이해하지 못한다면 AI를 적절하게 감독하거나 사용할 수 없다. 패트리엇 시스템의 초기 개발과 이후 실수 조사에 참여했던 미 육군 연구원 존 홀리 박사는 다음과 같이 결론지었다. "35년 동안 패트리엇을 경험하면서 힘들게 얻은 교훈 중 하나는 충분히 훈련되지 않은 병사들의 손에 들린 자동화 시스템은 사실상 완전 자동화 시스템이라는 것이다."**34** 쉽게 해결될 만한 문제라고 생각하기 쉽다. 운용자를 훈련하기만 하면 되는 것 아닌가! 하지만 군사적 상황에서 예기치 않은 위협에 대응하려면 신속하게 자원을 입수하고 동원해야 한다. 이처럼 긴박한 상황 때문에 AI 작동법을 충분히 훈련받지 못한 군인들이 이 기술을 통제할 가능성이 매우 높다. 예를 들어 2022년 러시아가 우크라이나를 전면 침공했을 때, 군사 훈련을 받은 적이 없는 수많은 우크라이나인이 징병되었다. 그리고 우크라이나군은 이전에 단 한 번도 사용해보지 않은 무기를 지원받게 되었다.**35** 이러한 상황에서 AI 주도형 군사 장비는 잘못 사용되기 쉽다.

지금까지 논의한 사례는 방어적 군사 행동과 관련된 것이다. 하지만 AI가 군사 공격에 사용될 경우 어떤 안전 문제들은 더욱 시급

해진다. AI 주도형 무기는 인간의 개입 없이 자율적으로 특정한 인물이나 물체를 표적으로 삼는다. 튀르키예의 지원을 받는 리비아 통합정부는 2020년에 드론을 사용하여 칼리파 하프타르의 군대를 '추적'했다.[36] 2021년에는 이스라엘군이 가자 지구에서 로켓을 발사하는 팔레스타인인을 공격하기 위해 AI 주도형 드론 무기를 도입했다.[37] 이러한 무기는 전 세계적으로 점점 더 많이 사용되고 있으며 그 어느 때보다 정확하고 효율적인 공격이 가능하다고 과대 광고되고 있다. AI 주도형 표적 타격은 일부 목적에서는 극도로 정확할지 모르나 다른 목적에서는(민간인과 테러리스트를 구별하는 것과 같은 일에서는) 정확도가 떨어질 수 있다. 그리고 정부 또는 다른 집단이 그다지 정확하지 않은 AI 주도형 표적 타격 기술을 사용하지 못하도록 막을 방법도 없다.[38]

더군다나 자율무기는 원격 살인을 가능하게 함으로써 적군에 대한 비인간화를 촉진할 수 있다. 그럼으로써 군사 행위자들이 명백히 비윤리적인 행위에 관여하는 것이 정당하다고 느끼도록 만든다('AI를 매개로 한 비인간화').[39] 예를 들어 AI를 적극적인 공격에 사용하면 민간인의 사망과 피해가 가중되고, 군대는 전략적으로 민간인 사상자에 대한 정보를 부인할 가능성이 높다. 2014년부터 중동에서

---

* 2024년 현재, 리비아는 서부의 리비아 통합정부GNU와, 칼리파 하프타르 장군(리비아국민군의 사령관)이 지지하는 동부의 국가안정정부GNS가 서로 대립하고 있다.

벌어진 AI 주도형 드론의 표적 공격으로 엄청난 수의 민간인이 사망하고, 미국 정부가 해당 민간인 사상자에 대한 사실을 부인하는 일이 있었다. 이러한 사태의 원인은 바로 앞서 말한 'AI를 매개로 한 비인간화' 현상이라는 주장이 제기되고 있다.[40]

누군가는 이렇게 반응할지 모른다. 민간인 사상자나 공격용 AI의 실수는 안타까운 일이지만 국가를 보호하기 위해서는 정당화될 수 있다고 말이다. 설령 이 견해에 동조하더라도 AI의 실수가 다양한 방식으로 **자국** 군대의 효율성이나 건전성까지 해칠 수 있다는 사실에 경각심을 가져야 한다. 예를 들어보자. 유출된 보고서와 군인 회고록을 보면 걸프 전쟁이 두 차례 일어나는 동안 미국 조종사들은 맞서 싸워야 할 적군의 미사일보다 아군의 자율적인 '유령 미사일'에 맞을까 봐 더 두려워했다. 이로 인해 조종사들은 임무에 집중하지 못했고('인간의 주의 분산'), 미국의 조종사들과 그들을 방어하던 미사일 부대 사이에 갈등과 불신이 생겼다.[41] AI 주도형 드론에 의한 민간인 사망은 드론 조종사에게도 심각한 심리적 부담을 가한다는 사실이 분명해졌다. 비록 대체로 피해 지역으로부터 수천 킬로미터 떨어진 곳에서 드론을 운용하지만 말이다. 미사일이 발사된 후 표적 처리는 AI가 담당하지만 인간 운용자는 여전히 AI에 누구를 언제 표적으로 삼을지 알려줘야 하므로 민간인 사망자가 발생하면 책임감을 느낄 수밖에 없다. 이러한 심리적 부담 때문에 미국 최고의 드론 조종사들조차 군에서 퇴역하는 형편이다. 최악의 경우 일평생 우울증과 외상후스트레스장애PTSD를 앓거나 자살을 하기도 한다.[42] 요컨대 군용 AI의 실수가 국가 안보에 미치는 전반적인 영향을 따져보려면 군의 단합과 군인의 정신건강 및 조직을 향한 헌신에 미치는 영향까지 고려해야 한다.

이것 말고도 자율무기의 부상에 관하여 국제적으로 크게 우려되는 점이 또 하나 있다. 자율무기가 불가피하게 테러 조직의 손에 들어감으로써('유해한 집단의 영향력 강화') 비교적 적은 재원으로 이전보다 큰 피해를 입힐 수 있다는 점이다('새로운 유형의 해악'). 걱정할 문제는 이게 다가 아니다. 전쟁 상황이 아니라고 해도 지도자가 자율무기를 운용하여 대항 세력을 살해할 수 있다는 점이다. 그 제거 대상에는 AI 주도형 얼굴 인식 또는 신체 인식을 통해 표적이 될 만한 뚜렷한 신체적 특징을 지닌 집단이 포함될 수 있다('해악 편향'). 더군다나 전쟁에서 AI가 사용되면 공격자의 군사 공격 비용이 절감되어 더 많은 공격이 이루어질 수도 있다. 예를 들어 로봇과 드론만으로 공격을 시행하는 것은 실제 시민을 지상군으로 투입하는 것보다 더 쉬운 일이다. 이렇게 간접적인 방식으로 AI는 전반적인 군사적 공격성을 높일 수 있다.

아이러니하게도 군용 AI에 대항하는 최고의 방법은 또 다른 AI일지 모른다. 이를 인식한 국가들은 군용 AI의 역량을 구축하기 위해 경쟁하고 있으며 군사적 상황에서 AI를 제한하려는 노력에 저항하고 있다. 한 자율무기 전문가는 이렇게 말했다. "인간보다 빠르게 반응하며 서로 적대시하는 알고리듬이 상황을 감시하는 장면을 상상하기란 어렵지 않습니다. … 인간으로서 우리가 더 이상 통제할 수 없는 속도로 전쟁이 진행된다면, 그것이야말로 정말 끔찍한 일입니다."[43] 기존의 자율 드론이나 탱크 사이에서 통제를 벗어난 'AI-AI 전투'가 벌어진다면 심란하지 않을 수가 없다. 더 나아가만일 전 세계에서 국가 안보에 핵탄두 제어 AI 시스템이 필요하다고 판단한다면 더 심각한 시나리오를 고려해야 할 것이다. AI와 AI의 상호작용을 통해 핵전쟁이 일어나도 인간이 도저히 멈출 수 없는 상황 말이다.

분명한 것은, 군사 전쟁에 대한 AI의 영향은 다방면에 걸쳐 있다는 점이다. AI는 국가의 이익 및 가치의 보호 의무를 다하는 군대의 능력을 증진할 수도 있고 위태롭게 할 수도 있다. 우리가 AI의 안전 문제를 충분히 해결한다면 AI가 전쟁에 미치는 최종적인 영향은 전쟁을 보다 인도적으로 만들 가능성이 있다. 하지만 만일 전세계의 군대가 AI 안전 문제를 다루지 않고 계속해서 AI 도입을 서두른다면 AI는 그 어느 때보다 전쟁을 끔찍하게 만들 것이다.

의료 부문에서의 AI

의료 분야만큼 AI의 전망이 매력적이고 고무적인 분야도 드물다. 의료는 생명을 연장하고 고통을 경감하며 환자가 행복하고 생산적인 삶을 누릴 기회를 최대화하는 것을 목표로 한다.[44] AI가 이러한 목표 중 하나라도 달성할 수 있다면 매우 흥분되는 일일 것이다. 고무적이게도 AI는 이미 의료 부문의 여러 측면을 보다 효율적이고 효과적으로 바꿀 수 있는 잠재력을 보여주었다. 이를테면 데이터 입력 간소화에서부터 질병 진단, 새로운 잠재적 치료법 발견, 인공심박조율기 모니터링 등에까지 다방면으로 활용되고 있다.[45] AI의 열렬한 옹호자인 한 사람은 이렇게 말하기도 했다. "AI가 적절하게 개발되고 사용된다면 … 끊임없는 업무량, 높은 관리 부담, 새로운 임상 데이터의 홍수에 시달리며 꼼짝 못 하는 의사들을 돕기 위해 기병대가 출동하는 것과 비슷하다."[46] 하지만 동시에 의술은 생명을 구하고 삶을 개선하는 부문이므로 다음과 같은 점을 기억하는 것이 중요하다. 의료가 인간 존재의 가장 은밀하고 취약한 부분을 건드린다는 점 말이다. 그러므로 AI가 건강관리에 미치는 영향은 유독 개인적이며, 그래서 안전에 미치는 영향도 특히 불안하게 느껴질 수 있다. 이제부터 그러한 영향을 몇 가지 살펴보자.

의료 영역에서 AI의 실수는 두 가지 현실적인 문제에서 비롯될 때가 많다. 첫째, 대부분의 의료 AI 훈련용 데이터세트에는 특정 인구 집단의 몇 안 되는 환자만이 포함된다. 데이터의 양적인 측면에서, 가장 성공적인 첨단 AI를 훈련할 때 필요한 데이터 양에 비해 턱없이 부족한 경우도 있다. 그 결과 훈련용 데이터가 비롯된 집단에서는 잘 작동하는 의료 AI가 다른 특징(연령 또는 인종)을 가진 집단에서는 형편없는 성능을 보일 때가 많다. 좀 더 일반적으로 말해서, AI가 본래 훈련된 방식이나 상황과 다른 맥락에서 사용된다면 예상보다 훨씬 떨어지는 성능을 보일 수 있다.

둘째, AI는 디지털화된 데이터에만 접근할 수 있으며 의료 데이터 전자 입력 템플릿에서 중요한 정보가 빠질 가능성이 있다. 그 결과 의료 AI는 중요한 변수가 누락된 잘못된 모형을 학습하는 경우가 많으며, 때로는 해로운 추천을 내리기도 한다. 예를 들어보자. 천식이 있으면 일반적으로 폐렴 증상이 악화된다. 그런데 환자의 입원 및 외래 여부를 추천하도록 설계된 AI는 폐렴과 천식이 둘 다 있는 환자가 외래 치료를 덜 집중적으로 받아야 한다는 반직관적인 추천을 내린다. 왜냐하면 천식과 폐렴이 모두 있는 환자는 폐렴만 있는 환자보다 사망률이 낮다는 사실을 AI가 학습했기 때문이다. 이것은 AI 훈련용 데이터세트에 실제로 존재하는 패턴이다. 하지만 이 패턴은 다음과 같은 사실 때문에 생겨난 것이다. 훈련용 데이터세트에 포함된 병원들이 천식 병력이 있는 폐렴 환자를 일반적인 치료실이 아니라 중환자실(집중치료실)로 바로 입원시켰던 것이다. 환자들은 집중치료실에서 보다 전문적인 치료를 받으면서 사망률이 약 50퍼센트나 감소했다. AI를 훈련하는 데 사용한 전자건강기록에는 이와 같은 중환자실의 자동 입원 여부를 나타내는 항목이 없었다. 그 결과 잘못된 모형을 학습한 AI는 끔찍한 결과를 초래할 만한 추천을 내리게 되었다. 폐렴과 천식 둘 다 앓고 있는 환자를 중환자실에 입원하지 않아도 되는 대상으로 자동 분류한 것이다.[47]

의료 AI가 잘못된 추천을 하더라도 임상의가 무효화한다면 피해가 크지 않을지 모른다. 하지만 시간의 압박, 불충분한 정보, AI를 향한 과신 등 많은 요인 때문에 임상의의 개입을 신뢰하기가 어려워진다('지나친 신뢰'). 의사들은 어떤 출처에서 비롯했든지 간에 부정확한 조언을 거부하는 일에 어려움을 겪고 있으며,[48] 설령 그 조언이 틀린 것으로 판명 나더라도 AI의 추천을 따르도록 법적으로 장려되고 있다.[49] 난해한 유방 촬영 영상을 판독할 때 가장 식별율이 높았던 인간 의사들의 진단 민감도는 부정확한 AI 진단이 동반되는 경우에 14퍼센트나 떨어졌는데, 아마도 위의 이유 때문인 것으로 추정된다.[50] 전공의의 심전도 진단 정확도 또한 자동화 시스템이 조언을 제공한 뒤부터 57퍼센트에서 48퍼센트로 감소했다.[51] 요컨대 임상의가 AI의 실수를 언제나 바로잡는 것은 아니며, AI의 실수는 적어도 일부 상황에서는 임상적 판단에 부정적인 영향을 미칠 수 있다.

AI와 관련된 실수는 의사의 식별 능력 저하를 동반할 때 더욱 문제가 된다('탈숙련화'). 의료 영역에서의 숙련도 저하는 특히 치명적인 영향을 미칠 수 있는데, 의료 AI는 일반적으로 인간 의사의 평가, 진단, 판단, 의견을 바탕으로 훈련되기 때문이다. 아이러니하게도 임상의의 정확도가 떨어질수록 AI도 더 부정확해진다. 의사들의 AI 실수 식별 능력이 저하되면, 의료 AI가 제공하는 의사결정 지원이 진단의 정확도를 떨어뜨리는 반직관적인 악순환의 고리가 형성된다. 그렇게 되면 부정확한 결정의 원인을 추적하고 바로잡기가 점점 더 어려워진다.

어쩌면 독자들은 이렇게 생각할지 모른다. '괜찮아, AI 시스템이 처음에 실수를 저지르더라도 모형을 완성하려면 시간이 걸리기 마련이지. 철저하게 검증될 때까지 모형을 사용하지 않으면 되잖아?'

안타깝지만 그렇지 않다. 믿기 어렵겠지만 AI 도구는 적극적으로 판매하지 않는 한 사전 테스트를 통과하지 않고도 의료 환경에서 사용될 수 있다.[52] 그 결과 심각한 실수를 저지르는 의료 AI가 이미 전 세계 최고의 의료 시스템에서 쓰이고 있다.[53] 예를 들어보자. 코로나19 팬데믹 기간에 미국 내 병원 수백 곳이 AI 주도형 모형의 도움을 받아 의료 결정을 내렸다. 하지만 식품의약청FDA의 승인을 받은 모형은 극소수에 불과했으며 규제 심사를 전혀 받지 않은 모형도 많았다.[54] 연구자들이 마침내 모형을 심사한 결과, 코로나19 팬데믹 기간에 사용된 거의 모든 AI 모형이 편향적이거나 부정확한 예측을 제공했다는 사실이 밝혀졌다. 요컨대 연구자들은 평상시에 임상적으로 쓰일 준비가 된 모형은 거의 없다는 결론을 내렸다.[55]

더군다나 AI는 전반적으로 매우 정확하더라도 특정 집단에 대해서는 편향을 강화할 수 있다('해악 편향'). AI가 가장 성공적으로 활용되는 영역 중 하나는 의료영상이다. 데이터만 적절하다면 AI는 의료 스캔 영상을 판독할 때 인간의 임상적 판단을 거의 똑같이 재현할 수 있으며 때로는 눈으로 놓칠 수 있는 의료 문제를 식별하기도 한다. 하지만 이러한 혜택은 공평하게 분배되지 않는다. X선 영상에서 진단명을 예측하는 AI를 조사한 최근 연구에 따르면, AI는 의료취약계층에서 의료 문제를 찾아내지 못할 가능성이 더 높다. 그렇다면 AI 시스템의 추천을 따를 경우 여성, 히스패닉, 흑인 집단에 속한 불균형한 수의 환자들이 필요한 치료를 받지 못할 것이다. AI가 그들에게 치료할 만한 질병이 없다는 잘못된 결정을 내릴 것이기 때문이다.[56] 중요한 점은, AI 시스템의 평가는 임상의의 진단을 바탕으로 이루어진다는 사실이다. 그러므로 임상의의 진단이 편향되어 있다면(이미 입증된 바 있다), AI는 단순히 그 편향을 그대로 반영하는 데서 그치지 않고 **증폭**시키는 결과를 낳는다.

의료 부문에서 AI의 잠재력은 매우 크며, 동시에 AI의 실수는 생사를 좌우할 수 있다. AI 시스템이 널리 도입되면 한 명의 의사 또는 의료진이 실수를 저지를 때보다 훨씬 더 많은 사람에게 해를 끼칠 수 있다('새로운 유형의 해악'). 의료 AI의 고귀한 임무는 해악보다 편익이 더 커지도록 보장하는 것이다. 그러려면 위에서 논의한 문제를 철저하게 감독하고 각 AI 시스템이 의사, 간호사, 병원 행정 관리자, 보험사, 환자에게 어떤 영향을 미치는지를 지속적으로 따져봐야 한다.

소셜미디어에서의 AI

대부분의 소셜미디어 플랫폼은 일종의 AI(실제로는 다양한 AI가 수많은 층을 이루고 있는 구조)를 사용하여 무슨 콘텐츠를 보여줄지 결정한다. 소셜미디어는 사용자들이 플랫폼에 계속 참여하길 원한다. 따라서 광고를 보여주고(일반적으로 광고 신청자는 플랫폼에 비용을 지불한다) 사용자와 관련된 데이터를 더 많이 수집하여 보다 효과적으로 표적 광고를 시행하는 것을 목표로 삼는다(물론 다른 목표도 있지만 이에 대해서는 프라이버시를 다루는 3장에서 설명하겠다). 사용자는 AI

가 보여주는 콘텐츠를 좋아할수록 플랫폼에 더 많이 참여하게 된다. 소셜미디어 AI는 어떻게 우리가 선호하는 콘텐츠를 보여주는 걸까? AI는 우리가 클릭하고 반응하고 공유하고 '좋아요'를 누르는 콘텐츠를 바탕으로 우리가 무엇을 즐기는지 학습한다. 또 우리와 비슷하다고 분류된 사람들이 무엇을 좋아하는지도 판단의 기반으로 삼는다. 소셜미디어 회사는 사용자가 다른 사람들의 게시물에 반응하고 다른 사람들이 반응할 만한 게시물을 작성하도록 유도하기 위한 방법을 마련했다. 그 결과 소셜미디어 생태계 전체가 매우 효과적으로 콘텐츠를 퍼뜨리게 되었고, 사람들은 전 세계에 콘텐츠를 확산할 동기를 갖게 되었다. 전 세계가 디지털로 연결되기 전에는 상상조차 할 수 없었던 속도로 말이다.

소셜미디어 플랫폼의 기본 취지는 훌륭하다. 사람들이 물리적으로 아무리 멀리 떨어져 있어도 함께 연결되어 있도록 하는 것. 소셜미디어는 우리 대부분이 즐기는 방식으로 그 목표를 실현하는 데 성공했다. 하지만 여태껏 여러 차례 증명되고 논의된 바와 같이, AI 주도형 소셜미디어 플랫폼은 의도하지 않은 부작용을 빈번하게 초래한다. 적어도 지금까지 설계되고 훈련된 플랫폼은 그러하다.

첫째, 가짜 정보는 진짜 정보 이상으로 빠르게 퍼질 수 있다. 한때 트위터(현 엑스) 사용자들이 진짜 이야기보다 가짜뉴스를 리트윗할 가능성은 70퍼센트나 더 높았다. 게다가 가짜뉴스는 진짜 이야기보다 더 빠르게 리트윗되었다.[57] 허위 정보는 심각한 안전 문제로 이어질 수 있다. 일례로, 2017년 인도에서는 납치범들이 아이를 유괴하여 장기를 적출한다는 소문이 소셜미디어를 중심으로 퍼졌다. 소문의 출처를 아는 사람은 아무도 없었고, 그것을 입증할 증거도 없었다. 그럼에도 인도 전역에서 무고한 사람들을 상대로 폭력적인 집단 구타가 150건 이상 발생했다.[58] 거짓 정보 유포는 대부분 왓츠앱WhatsApp 같은 플랫폼에서 개인 간의 메시지 전송을 통해 이루어졌다. 동시에 페이스북에서도 이 소식이 알려지면서 소문이 증폭되었고[59] 유튜브에서도 비슷한 영상이 계속 업로드되었다.[60] 하지만 인도 경찰도 소셜미디어 회사도 폭력 행위를 막을 수는 없었다. 한 경찰관의 말을 빌리자면 "[거짓 정보가 유포되는] 속도는 너무 빨라서 아무도 대응할 수가 없었으며, 거의 빛의 속도와 같"았다.[61] 다른 영역에서 발생한 또 하나의 사례로는 건강과 관련된 허위 정보가 있다. 소셜미디어를 중심으로 유포된 건강 허위 정보 때문에 사람들은 생명을 구할 수 있는 실제 치료법을 외면하고[62] 위험한 치료법(가령 바이러스를 죽이기 위한 표백제 섭취)을 선택하여 목숨을 잃고 말았다.[63] 많은 소셜미디어 회사가 플랫폼에서 거짓 정보를 제거하기 위해 상당한 자원을 투입했다. 그 방법 중에는 AI를 사용하는 방법도 포함되어 있었다. 하지만 애당초 대부분의 소셜미디어에서 거짓 정보가 진짜 정보보다 빠르게 확산하는 주된 이유는 여전히 AI다.

AI 주도형 소셜미디어 알고리듬의 또 다른 부작용은 '반향실echo chamber'이 자주 만들어진다는 것이다. 사용자들은 반향실 속에서 자신의 견해와 선호를 강화하고 증폭시키는 콘텐츠를 볼 가능성이

김영사의
과학책

자연현상과 인간사회를 과학의 눈으로 넓고 깊게 바라봅니다

물리학

이토록 풍부하고 단순한 세계

프랭크 윌첵 | 김희봉 옮김 | 360쪽 | 17,800원

시공간의 성질부터 물질과 에너지, 복잡성, 최전선에서 탐구 중인 미스터리까지, 세계의 물리적 기반에 대한 노벨상 수상자 프랭크 윌첵의 10가지 심오한 통찰.

단 하나의 방정식

미치오 카쿠 | 박병철 옮김 | 292쪽 | 17,800원

상대성이론과 양자역학을 결합하고 우주의 힘을 기술하여 시간과 공간의 신비를 풀어낼 단 하나의 방정식을 찾아가는 여정.

물질의 재발견

정세영 외 | 356쪽 | 19,800원

"문명의 역사는 물질의 역사다" 탄소부터 암흑물질까지, 이미 안다고 생각했던 물질들의 놀라운 반전! 각 분야 국내 최고의 학자들과 함께하는 물질물리학 오디세이.

물질의 물리학

한정훈 | 300쪽 | 15,800원

- 제61회 한국출판문화상 교양 부문 저술상
- 2021 한국과학창의재단 올해의 과학도서
- 2020 우수출판콘텐츠 선정작
- 2020 APCTP 올해의 과학도서
- 제39회 한국과학기술도서상 최우수상

탁월한 스토리텔링과 비유로 이해하는 양자 물질의 역사. 물리학의 근원적인 질문을 탐구해가는 과정에서 발견된 기묘한 물질들의 세계.

리 스몰린의 시간의 물리학

리 스몰린 | 강형구 옮김 | 492쪽 | 24,800원

모든 것은 시간 속에 존재하며, 물리법칙도 예외는 아니다! 카를로 로벨리가 인정한 맞수 리 스몰린이 최신 연구를 바탕으로 시간의 물리학을 입체적으로 탐구한다.

아인슈타인처럼 양자역학하기

리 스몰린 | 박병철 옮김 | 400쪽 | 19,800원

양자역학을 이해하기 위해 현실적인 관점을 포기할 필요는 없다! 양자중력 연구의 권위자 리 스몰린이 들려주는 과감하고 새로운 양자물리학 이야기.

한배를 탄 지구인을 위한 가이드

크리스티아나 피게레스, 톰 리빗카낵 |
홍한결 옮김 | 272쪽 | 14,800원

파리협정 체결을 이끌어낸 유엔기후변화협약 전 사무
총장이 들려주는 기후위기 극복을 위한 3가지 마음,
10가지 행동.

빌 게이츠, 기후재앙을 피하는 법

빌 게이츠 | 김민주, 이엽 옮김 | 356쪽 |
17,800원
• 2021 진중문고

빌 게이츠가 제안하는 위기 탈출 솔루션! 성장과 지구
가 양립하기 위해 각자가 할 수 있는 실현 가능한 로드
맵이자 탄소 제로를 향한 시작점.

나는 풍요로웠고, 지구는 달라졌다

호프 자런 | 김은령 옮김 | 276쪽 | 15,500원
• 2020 교보문고·문화일보·시사IN 올해의 책
• 2021 세종도서 교양부문 선정
• 2021 환경정의 올해의 환경책
• 2021 진중문고

먹고 소비하는 우리의 삶은 지난 50년간 지구를 어떻게
만들었을까? 있는 그대로의 데이터와 섬세한 언어로 들려
주는 식량, 에너지, 기후변화, 그리고 희망에 관한 이야기.

생태적 전환, 슬기로운 지구 생활을 위하여

최재천 | 176쪽 | 11,500원

굿모닝 굿나잇 시리즈. 호모 사피엔스에서 호모 심비
우스로 전환하라. 21세기 생활철학으로서 생태학 입
문하기.

기후 책

그레타 툰베리 외 | 이순희 옮김 | 기후변화행동연구소 감수 |
568쪽 | 33,000원

"희망은 우리가 진실을 말할 때만 찾아온다"

• 전 세계 최고의 전문가를 불러 모은
  그레타 툰베리의 야심찬 기획
• 토마 피케티, 마거릿 애트우드,
  나오미 클라인 등 100여 명의 지성 참여
• 과학을 기반으로 기후변화에 관한
  모든 주제를 엮은 결정판

그레타 툰베리가 전 세계 지성들과 함께 쓴 기후위기 교과서. 충격적인 그래프와 통계 자료,
연구 결과를 제시하며 현재 기후위기의 규모와 속도, 파급력을 적나라하게 전달한다. 녹아내
리는 빙상과 경제적 불평등, 패스트패션, 종의 손실, 감염병 대유행, 플라스틱 오염, 식량 위기,
탄소 예산까지 이 책은 우리 문명의 모든 영역이 기후변화와 얼마나 긴밀하게 연결되어 있는
지 보여준다.

높아진다. [64] 반향실 효과는 사용자가 최대한 플랫폼에 참여하도록 AI가 최선을 다한 결과다. 우리는 동의하는 게시물을 클릭하고 '좋아요'를 누르는 경향이 있으므로 AI는 점점 더 정확하게 사용자가 선호하는 콘텐츠를 제공하게 된다. 사람들은 특히 어떤 집단과 연결되어 있는 것처럼 느끼게 하는 콘텐츠에 끌리며, 다 함께 다른 집단을 악마화하면서 자신이 속한 집단을 더 가깝게 느끼곤 한다. 그 결과 AI는 (팔로워를 극대화하려는 인간 사용자와 힘을 합쳐) 다른 집단을 향해 부정적인 감정을 자극하는 게시물을 우선시하게 되고, 따라서 분열을 유발하는 콘텐츠가 급속도로 '바이럴'될(바이러스처럼 급속도로 퍼질—옮긴이) 가능성이 높다. [65]

반향실 효과가 안전에 문제가 되는 이유는 무엇일까? 소셜미디어 AI가 반향실을 만드는 경향은 극단적인 정치적·도덕적 견해를 가진 집단의 확산으로 이어진다. 사람들이 소셜미디어에서 급진적인 정치적·도덕적 견해에 관하여 (좋아요, 공유, 댓글 등을 통해) 긍정적인 강화를 경험할수록 다른 집단의 신체에 대한 폭력적인 발언과 생명을 위협하는 발언을 할 가능성이 높아진다. [66] 인과관계 모델링과 자연실험*을 결합한 여러 연구에 따르면, AI가 추동하고 증폭하는 폭력적 발언은 현실에서도 피해 집단을 향한 신체적 공

---

* natural experiment. 인위적으로 설계할 수 없는 환경이 급격한 사회·제도·자연의 변화를 거치면서 자연적으로 갖추어졌을 때 수행되는 실험. 준실험quasi-experiment이라고도 한다.

격성과 혐오범죄를 유발한다.[67] 다시 말해, 소셜미디어에서 특정 지역의 특정 집단을 향한 폭력적인 게시물의 강도와 빈도가 더 높을수록 동일한 지역에서 동일한 집단을 향해 폭력적인 혐오범죄가 더 많이 발생한다. 그리고 그러한 범죄는 소셜미디어 사용자 집단에서 범죄를 계획하고 조장하고 증폭하는 상황과 직접적인 연관성이 있을 수 있다. 설령 위협이 현실에서 실현되지 않는다고 해도 위협을 받는 사람들의 삶과 표적 집단의 심리적 복지에 심각한 혼란을 초래할 수 있다.

그렇다고 해서 소셜미디어 플랫폼을 비방하려는 것은 아니다. 사람들은 소셜미디어를 사용하면서 개인적으로 이득을 얻는다. 자사의 AI가 일으키는 안전 문제를 해결하고자 감탄스러울 정도로 노력하는 소셜미디어 회사도 많다. 소셜미디어는 또한 자연재해 생존자 식별에 일조하는 등 일부 안전 문제를 해결하는 데에도 중요한 역할을 한다. 이와 같은 노력과 역할을 인정하면서도 이번 장에서 소셜미디어를 강조하는 이유는 다음과 같다. 소셜미디어가 '안전 필수'로 분류되는 경우는 드물지만, AI를 바탕으로 다수에게 심각한 피해를 줄 수 있는 전형적인 사례이기 때문이다.

전반적으로 볼 때 AI의 안전 문제 중에서 가장 다루기 힘든 문제는 어쩌면 이것일지 모른다. AI의 성공은 그 자체로 파멸의 원인이 될 수 있다. AI가 삶의 많은 측면에 효과적으로 영향을 미칠 때마다 거의 항상 예상치 못한 결과가 나타나 피해를 줄 가능성이 있다. AI 기술이 발전하고 점점 더 다양한 영역으로 확장함에 따라, AI가 사람들의 안전에 미치는 예상치 못한 영향에 대비하는 것이 중요해졌다. 성공적으로 대비할 수만 있다면 이전보다 나은 시스템을 만들 수 있을지도 모른다. 예를 들어보자. 이론적으로 AI는 소셜미디어 플랫폼의 거짓 정보 확산을 식별하고 저지하는 데 쓰일 수 있다. 그렇게 된다면 소셜미디어를 통한 거짓 정보 확산은 가령 이메일을 통한 확산보다도 효과가 없을 것이다. 하지만 반대로 AI가 안전에 미치는 예상치 못한 영향에 대비하지 않는다면, 우리는 AI가 해악을 끼치기 시작할 때 준비가 안 된 상태에서 허를 찔리게 될 것이다. 그뿐 아니라 기술에 대한 사회의 신뢰를 전반적으로 위축시킴으로써 삶에 긍정적인 영향을 미칠 잠재력도 약화될 것이다.

예측 가능한 예측 불가능성

사회가 AI를 책임감 있게 도입하려면, 우리가 살면서 마주치는 AI를 신뢰할 수 있어야 한다. 안전하지 않은 것은 신뢰할 수 없고 신뢰해서도 안 된다. 지난 10여 년간 AI 혁신이 이루어지면서 한 가지 분명해진 사실이 있다. AI가 기존의 '안전 필수' 부문에서 사용되든 아니면 일반적으로 피해 위험성이 낮다고 여겨지는 부문에서 사용되든 간에, AI가 안전에 미치는 영향이 예측 불가능하다는 사실은 예측 가능하다는 점이다.

이러한 위험성을 줄이려면 우리의 논의가 기존의 안전 필수 부문에서 만들어지는 AI 제품에 국한되어서는 안 된다. 만들어지는 모든 AI 제품을 대상으로, 이번 장에서 논의한 안전 문제를 분석하고 해결해야 한다. 또한 새로운 유형의 AI 제품이 도입되는 상황에서 AI가 자체적으로 또는 인간과의 상호작용을 통해 어떤 안전 문제를 일으킬지 예측하는 것도 중요하다. AI가 더 복잡하고 정교해질수록 또 인간 사회에 더 긴밀하게 통합될수록, AI가 안전에 미치는 영향을 예측하기란 더 어려워질 것이다.

범용 AI 시스템이 도입되면 안전 문제 예측이 특히 어려워지고 그 중요성도 높아질 것이다. 대형언어모형은 개인과 회사 차원에서 그들이 발 빠르게 개척하고자 하는 다양한 목적을 위해 쓰일 수 있다. 그 적용 범위를 생각하면 흥미가 동하지만, 동시에 온갖 종류의 안전 문제도 뒤따른다. 예를 들어보자. 대형언어모형 시스템은 컴퓨터 코드를 작성할 수 있으므로 보다 효율적으로 소프트웨어를 개발하는 데 사용될 수 있다. 하지만 일부 악의를 가진 사람들이 컴퓨터 바이러스를 만들거나 해를 끼칠 목적으로 코드를 작성하는 데 사용할 가능성도 있다. 또 환자들로 하여금 의학적 진단에 관한 정보를 그 어떤 도구보다 빠르게 수집하도록 하지만, 진단에 대한 잘못된 의료 조언을 제공하고 공인된 정보를 날조하기도 하는 것으로 알려져 있다. 대형언어모형을 새롭고 창의적으로 사용하는 각종 방식은 제각기 고유한 안전상의 위협을 야기한다. 대형언어모형이 새로운 제품으로 탄생하는 방식은 무궁무진하다. 그렇다면 대형언어모형의 안전성을 어떻게 고려해야 할까? 가능한 모든 용도를 별도로 따져봐야 할까? 아니면 다양한 용도에 걸쳐 안전을 보장하는 훌륭한 일반 원칙이 존재할까?

이와 관련하여 두 가지 중요한 시사점이 있다. 첫째, AI 제품이 안전상의 위험을 초래하지 않는다는 가정에 근거한 공공·조직·규제 정책은 그 가정을 뒷받침할 만한 경험적 증거가 충분하지 않다면 일단 경계해야 한다. 둘째, 아무리 사소해 보이는 AI 제품이라도 건강과 재산 및 환경에 대한 잠재적 악영향을 염두에 두고 거의 모든 제품을 지속해서 감독해야 한다. 물론 AI가 사회를 위해 제공할 수 있는 모든 긍정적인 효과와 발전을 억제하지 않으면서 그것의 잠재적인 악영향 문제를 해결하기란 어려운 일이다. 만일 안전 문제의 유일한 해결책이 AI를 전혀 도입하지 않는 것이라면 어떨까? 그렇다면 누군가는 이렇게 말할지도 모른다. "안전하지 않은 AI 시스템이면 어때? 기꺼이 위험을 감수하면 되지." AI의 이점을 누리면서도 AI를 안전하게 유지하려면 어떻게 해야 할까? 앞으로 6장과 7장에서 이 중요한 목표를 달성하는 데 필요한 몇 가지 조치를 제안할 것이다.

AI 기술은 안전하게 사용될 수 있고 다양한 유형의 안전성을 증진하는 데 일조할 수도 있다. 하지만 그 이점과 안전상의 위험을 신중하게 비교 검토할 필요가 있다. 스티븐 호킹의 말을 빌리자면 (이번 장 첫머리에서 그의 생각을 언급했다), "우리의 미래는 점점 커져 가는 기술의 힘과 그것을 사용하는 지혜 사이의 경쟁이 될 것이다."[68] 지혜를 얻기 위해서는 AI가 인간의 삶에 통합될 때 발생할 수 있는 해악의 규모에 관하여 겸손하고 냉철하게 따져보아야 한다.

3

인공지능은 프라이버시를
존중할 수 있을까?

알베르토라는 이름으로 통하는 익명의 앱 개발자는 어릴 적 오래된 잡지에서 X선 안경 광고를 보았다. 문득 매력적인 발상이라는 생각이 들었다. X선 안경을 직접 만들어보면 어떨까? 2017년, 그에게 기회가 찾아왔다. 캘리포니아대학교 버클리캠퍼스의 연구팀이 '픽스투픽스pix2pix'라는 AI 시스템의 오픈소스 코드를 공개했던 것이다. 픽스투픽스는 생성적 대립 신경망generative adversarial network, GAN을 사용하여 입력 이미지를 출력 이미지로 매핑하는 방법을 학습한 시스템이다. 알베르토는 말했다. "GAN 신경망이 낮에 찍은 사진을 밤에 찍은 사진으로 변환할 수 있다는 사실을 알게 되었죠. 그때 깨달았어요. 옷 입은 사진을 나체 사진으로 변환할 수 있다는 걸요. 유레카. X선 안경이 정말 가능했던 거예요! 그 발견이 너무 재미있고 흥미진진해서 첫 번째 테스트를 진행했고 결국 흥미로운 결과를 얻었어요."[1] 그 결과는 바로 '딥누드DeepNude'라는 앱이었다. 사용자가 옷 입은 여성 사진을 딥누드에 업로드하면 곧바로 동일한 여성의 나체 사진이 튀어나온다. 알베르토는 여론의 뭇매를 맞고 딥누드를 삭제했다. 하지만 앱을 만드는 데 사용된 AI는 여전히 무료로 공개되어 있으며 수많은 모방 앱이 등장해 딥누드의 자리를 대신했다. 실제로 한 콘텐츠 마케팅 대행사[2]는 "최고의 딥누드 앱 7가지(누드 생성기 순위 50위)"라는 제목의 기사를 게시하기도 했다. 어떤 평론가는 이렇게 말했다. "어떤 식으로든 프라이버시를 침해할 목적이 아니라면 어느 누가 여성의 가짜 나체 사진을 (그녀가 누구인들) 소유하고 싶어 할까?"[3]

소프트웨어가 만드는 나체가 실제 여성의 몸과 정말 닮았다면, 딥누드는 프라이버시 보호를 받아야 하는 정보를 공유하는 데 AI가 어떻게 사용될 수 있는지를 극적으로 보여주는 사례다. 이 문제는 대상화, 존엄성, 괴롭힘에 대한 우려를 불러일으키기도 하지만, 여기서는 AI가 초래하는 프라이버시 위험을 중심으로 살펴보려 한다. 비교적 명백한 직접적인 위협과 예상하기 어려운 간접적인 위협을 모두 들여다볼 것이다.

프라이버시는 무엇인가?

'프라이버시'라는 단어는 여러 맥락에서 다양한 의미로 사용된다. 용례가 다양하기 때문에 프라이버시에 대한 통일된 정의를 내리기가 어렵고, 프라이버시가 정확히 무엇인지에 대한 합의도 거의 이루어져 있지 않다. 그럼에도 전문가들은 다음과 같은 정의를 제안했다.

사전: "타인에게서 분리되어 관찰되지 않도록 숨을 수 있는 능력"[4]

법: 간섭이나 개입으로부터 "벗어날" 권리[5] 또는 "사회와 문화의

감시, 판단, 가치관으로부터 분리된 정체성을 형성할 수 있는 공간을 제공하는 보호 장치"[6]

사업: "개인 또는 단체의 정보 공개 여부와 언제 누구에게 어떻게 공개할지 결정할 권리"[7]

철학: "본인의 신체적·정신적 실체를 소유할 권리이자 자기결정을 내릴 도덕적 권리"[8]

이와 달리 컴퓨터과학과 통계학 같은 분야에서 사용되는 형식적이고 수학적인 프라이버시 정의도 있다. 예를 들어 요즘 빈번하게 **쓰이는 차등 프라이버시**differential privacy라는 정의가 있다. 간단히 말하면, 데이터세트에 있는 개개인의 속성이 시스템 작동에 거의 영향을 미치지 않는다는 개념이다. 이 정의는 시스템 작동을 통해 특정 개인에 대한 정보를 추론할 수 없게끔 마련된 것이다.

모든 정의는 제각기 강조하는 부분이 다르지만 적어도 하나의 생각은 공통된다. 우리가 원한다면 숨길 수 있어야 하는 사물, 경험, 정보가 있으며, 특히 그것들이 본디 민감하고 개인적인 것이거나 착취 또는 고의적 해악에 취약한 종류일 경우 더욱 숨길 수 있어야 한다는 점이다. 그러므로 우리는 타인이 우리를 관찰하거나, 간섭하거나, 우리에 대한 특정한 정보를 알아내거나, 우리의 실체를 파악할 수 있는지 여부를 통제하는 범위 내에서 프라이버시를 갖는다. 반면 프라이버시가 없다는 것은 그러한 삶의 측면에 대한 정보를 통제할 수 없다는 뜻이다.

AI가 프라이버시 권리를 위협한다는 것은 AI로 인해 우리가 자신의 정보에 대한 통제력을 상실한다는 뜻이다. 이러한 일은 AI가 사용되는 과정에서 개인정보가 유출되는 식으로 의도치 않게 발생할 수 있다. 한편 허락 없이 또는 강압적으로 개인정보를 알아내기 위해 AI를 사용할 때 의도적으로 발생할 수도 있다.

여기서 다음과 같은 점을 인정하는 것이 중요하다. AI를 사용하여 의도적으로 개인정보를 찾아낸다고 해서 언제나 프라이버시 침해가 되는 것은 아니다. AI는 우리와 관련된 숨겨진 정보를 파악하기 위해 윤리적으로 사용될 수도 있다. 다만 정보의 학습 및 공유 여부와 그 시기를 완전히 자발적으로 통제할 수 있어야 한다. 예를 들어보자. 사람들은 흉부 영상에서 암을 찾아내는 AI 기술에 열광한다. 대부분은 영상을 보고도 암의 존재 여부를 식별하지 못하겠지만 말이다.[9] 사람들이 열광하는 이유는 방사선 영상 속 흉부의 소유자가 암을 찾아내길 원하고 의사가 AI를 통해 암 존재 여부를 판단하도록 허락했기 때문이다. 반면 컨설팅 회사가 똑같은 암 발견 AI로 흉부를 스캔함으로써 구직자가 사용할 것으로 예측되는 병가 일수에 대한 추천 정보를 미래의 고용주에게 제공한다면 대부분 분노할 것이다. 이러한 방식으로 정보를 공유하는 것은 프라이버시 침해에 해당된다. 공유되는 내용 또는 공유받는 대상을 통제할 방법이 없기 때문이다.

프라이버시에 신경을 써야 하는 이유는 무엇인가?

누군가는 다음과 같이 생각할지 모른다. '나는 내가 누구든 뭘 하든 창피하지 않아. 숨길 게 없다면 왜 프라이버시에 신경을 써야 하지?' 이 물음에는 일단 이렇게 답할 수 있다. 은행 계좌번호나 사회보장번호*처럼 누구나 자기 자신을 위하여 비공개로 유지하고 보호해야 하는 정보가 있다는 것이다. 그뿐 아니라 누군가가 겉보기에는 무해한 정보를 퍼뜨림으로써 결국 우리가 피해를 입을 가능성도 있다. 그들이 그 정보를 해석하거나 사용하는 방식에 따라서 말이다. 또 어떤 이들은 본인의 종교나 어떤 책에 대해 남긴 칭찬의 말이 문제가 된다거나 숨겨야 할 대상이라고 생각하지 않을지도 모른다. 하지만 다른 이들이 종교를 이유로 혹은 책의 내용에 동의하지 않는다는 이유로 살인 협박을 하기 시작한다면 자신의 종교와 책 선호도를 비밀에 부치고 싶을 것이다.

더군다나 지금은 공개하지 않고 싶은 정보가 없더라도 언젠가는 비밀에 부치고 싶은 (또는 공개했던 것을 다시 비공개로 돌리고 싶은) 정보가 생길 가능성도 있다. 이를테면 의료 진단을 받았는데 다른 사람에게 알리고 싶지 않거나, 동료에게 전한 메모를 상사가 읽지 않길 바라거나, 소셜미디어에 올린 사진을 삭제하고 싶을 수 있다. 더 나아가 내 개인정보가 더 많이 공개될수록 다른 사람들이 나로 하

---

*   미국 사회보장국이 미국 시민권자, 영주권자, 합법적 거주자 등에게 발급하는 아홉 자리 번호.

여금 그들의 선호에 순응하도록 강제하는 힘도 더 커진다. 자신의 솔직한 생각을 공유하는 동안 거기에 뒤따를 사회적·직업적 결과를 염려하며 스스로를 검열할 때 당신은 그 영향력을 느낄 수 있다. 그러한 힘은 의도적으로 당신에게 불리하게 사용될 수도 있고, 종교적·정치적·사회적 활동에 마음대로 참여하지 못하도록 위협하는 데 쓰일 수도 있다. 이러한 모든 방식으로 프라이버시 침해는 우리가 신념을 자유롭게 표현하고 실질적인 간섭 없이 살아가는 역량을 키우는 데 위협이 될 수 있다. 그렇기 때문에 정보 프라이버시가 중요하고, 세계인권선언에서 정보 프라이버시를 인권으로 인정하는 것도 이 때문이다.

AI는 어떻게 프라이버시를 침해하는가?

프라이버시는 AI가 발명되기 훨씬 전부터 문제였다. 하지만 AI는 프라이버시를 침해하는 새로운 방식과 프라이버시를 향한 새로운 위협을 추가하고 있다. 몇 가지 사례를 살펴보자.

AI는 개인정보를 알아낼 수 있다

AI가 개인정보를 식별하고 유포하는 가장 명확한 방식부터 살펴보자. 대부분의 AI는 구체적인 목적을 달성하기 위해 설계된다는 점을 떠올려보라. AI 제작자가 개인정보를 직접 발굴한다는 목표를 설정하는 것을 막을 방법은 없다. 예를 들어보자. 대부분의 사람들은 자신의 성적 지향을 누구에게 밝히고 누구에게 숨길지를 통제할 수 있어야 한다고 믿는다. 그러므로 동성애자 여부를 예측하도록 설계된 AI가 당사자의 허락도 없이 그 정보를 알아내는 것은 개인정보 보호 권리를 직접적으로 침해하는 것이다. 이는 AI가 완벽하게 정확하지 않더라도 마찬가지다. 또한 AI 제작자가 개인정보 침해와 관련된 인공지능의 잠재적인 위험성을 환기시키기 위해 이와 같은 AI를 만들었을 뿐이라고 주장하더라도 그것이 프라이버시 침해라는 사실은 달라지지 않는다(실제로 어떤 AI 제작자들이 이렇게 주장한 적이 있었다).**10**

그 자체로는 프라이버시 침해를 목적으로 설계되지 않았더라도 프라이버시 침해에 쉽게 활용될 수 있는 AI도 있다. 가장 두드러지는 예시는 바로 얼굴 인식 AI다. 물론 사진 속 인물의 이름을 확인한다고 해서 반드시 프라이버시 침해인 것은 아니다. 사람들의 이름은 수많은 용인 가능한 환경(가령 졸업 앨범)에서 사진과 연결되어 있다. 게다가 얼굴 인식 AI는 사람들이 기꺼이 자신의 프라이버시 일부를 포기 및 인정하는 방식으로 사용될 수 있다. 예를 들어 많은 사람들이 소셜미디어에 게시한 사진에 자동으로 친구를 태그하거나**11** 버튼을 누르지 않고도 휴대폰에 로그인하는**12** 등의 방식으로 AI의 편리함을 누리고 있다.

프라이버시 문제는, 얼굴 인식 기술이 당사자도 모르는 사이에 (또는 당사자의 승인도 없이) 그의 개인정보를 알아냄으로써 개인정보에 대한 통제력을 무너뜨릴 때 발생한다. 이러한 통제력 상실이

야말로 많은 사람들이 프라이버시를 침해당했다고 느끼는 근거다. 가령 탑승권 없이 탑승객을 항공기에 태우거나[13], 정치 집회 또는 범죄율이 높은 지역을 감시하거나[14], 카지노에서 잠재적 사기꾼을 색출하고 블랙리스트에 오른 도박꾼의 출입을 거부하기 위해[15] 자신도 모르게 얼굴 인식 AI가 사용되고 있다는 사실을 알면 사람들은 프라이버시를 침해받았다고 느낀다. 또한 특정한 상황에서 정보 프라이버시 위협은 앞서 언급한 프라이버시의 두 가지 측면도 위험에 빠뜨린다. 바로 간섭이나 개입으로부터 "벗어날" 권리와 "사회와 문화의 감시, 판단, 가치관으로부터 분리된 정체성을 형성할" 권리다. 예를 들어보자. 뉴올리언스 시정부가 얼굴 인식 AI와 범죄 예측 AI를 결합한 '예방적 사회 개입 프로그램'에 참여하도록 요구하자 뉴올리언스 시민은 지나친 스트레스와 불편을 겪었다고 보고했다.[16] 범죄를 아직 저지르지도 않은 일부 시민이 AI의 예측 때문에 이와 같은 개입 프로그램에 참여해야 한다는 요구(또는 "상당한 압박")를 받았다.[17] 뉴올리언스 시민은 분명 간섭이나 개입으로부터 '벗어나' 있다고 느끼지 않았다. 정부가 얼굴 인식을 통해 자신을 추적하고 처벌할 수 있다는 사실을 알게 된 사람들은 시위와 종교 행사에 섣불리 참여하지 못했다고 보고하기도 했다.[18] 이처럼 행사 참여를 두려워하는 이들은 "사회와 문화의 감시, 판단, 가치관으로부터 분리된 정체성을 형성"하는 데 자유롭지 못함이 분명하다.

어쩌면 누군가는 이렇게 생각할지 모른다. 원래 당신이 공공장소에 있을 때에는 프라이버시 권리를 포기하지 않나? 당신이 공공 도로를 걷거나 쇼핑몰에 있다면, 다른 사람들이 당신의 프라이버시를 침해하지 않고도 나의 얼굴을 인식하고 위치를 파악하고 어떤 종류의 옷을 입었는지 알아낼 수 있으니 말이다. 그렇다면 AI라고 해서 무엇이 다르단 말인가? 이것은 논쟁의 여지가 있는 중요한 문제다. 적어도 미국에서는 정치적 분파를 막론하고 모든 전문가가 동의하는 점이 있다. 사람들이 공공장소에 있을 때 **일부** 유형의 프라이버시 권리를 포기하는 것은 맞지만 공공장소에 있다고 해서 **모든** 종류의 프라이버시 권리를 포기하지는 않는다는 것이다.[19] '미국 대 카츠 판결United States v. Katz'에서 법원은 "[개인이] 사적인 것으로 유지하고자 하는 정보는 공적으로 접근 가능한 영역이라고 해도 헌법에 의해 보호를 받는다"라고 판시했다.[20] 이후의 판결과 분석에서는 다음과 같은 경우 공공장소에서 프라이버시 보호에 대한 합리적인 기대를 가진다는 점을 명확히 했다. 바로 "[우리가] 어떠한 행동을 통해 프라이버시에 대한 [주관적인] 기대를 실제로 보여주었을" 경우 그리고 "프라이버시에 대한 [우리의] 주관적인 기대가 사회에서 합리적인 것으로 인정받을 준비가 되어 있는" 경우였다.[21]

이러한 기준은 매우 모호한 것이 분명하다. 그러므로 세상이 갈수록 기술 중심으로 돌아가며 프라이버시에 대한 기대가 끊임없이 변하는 상황에서 그 기준을 어떻게 적용할 것인지에 대해 많은 논쟁이 벌어지고 있다고 해도 그리 놀랍지 않다. 그렇지만 적어도 한 가지 주된 고려사항은 거의 모든 논쟁에서 반복되는 논의에 큰 영향을 미치고 있다. 사회는 공공장소에서 어느 정도 '실질적 익명성'을 기대한다는 것이다. 실질적 익명성에는 인간의 신체적·인지적·자원적 제한 덕분에 가능해지는 프라이버시 보호가 포함된다. 이게 무슨 뜻일까? 우리는 길을 걸을 때 사람들이 우리 얼굴을 보고 어쩌면 우리를 알아볼 수도 있다는 것을 알고 있다. 하지만 우리 옆을 지나치는 모든 사람이 우리의 이름, 주소, 직업, 이민자 신분 상태, 범죄 경력까지 알 것이라고 생각하지는 않는다. 대부분이 자연스럽게 경험하는바, 그러한 정보의 접근권을 다른 사람에게 줄 가능성은 거의 없기 때문이다. 하지만 얼굴 인식 AI는 식별하는 모든 얼굴마다 상세한 정보 목록을 자동으로 덧붙인다. 인간이라면 결코 견주지 못할 연산 능력과 정보 집합을 사용하면서 말이다. 이 경우 우리가 실질적 익명성을 유지하는 것은 근본적으로 불가능해진다.[22]

더군다나 얼굴 인식 AI는 장기간 지속해서 사람을 추적하는 데 적합하다. 미국의 사법 제도에 따라 경찰은 피고인에게 한 달 동안 24시간 추적 장치를 부착하려면 영장을 발부받아야 한다. "제3자가 모든 움직임을 관찰할 가능성은 단지 희박한 정도가 아니라 기본적으로 전무하다"라는 이유에서다. 추적 장치는 이런 방식으로 우리가 '실질적 익명성'을 누릴 권리를 위협한다고 볼 수 있으며, 따라서 반드시 사안별로 정당화되어야 한다.[23] 추적 장치가 광범위한 얼굴 인식 기술에 필적하는 수준으로 우리의 행방을 장기간 지속해서 추적할 수 있다면, 얼굴 인식 기술 또한 특별한 정당성이 요구되는 프라이버시 침해로 간주하는 것이 합리적이다.

마찬가지로, 다양한 AI 기술을 결합할 경우 일반적인 인간 관찰자는 이용하지 못하는 온갖 유형의 정보를 어느 정도로 발굴할 수 있는지 파악하는 것도 중요하다. 예를 들어 우울증을 앓는 사람들은 일반적으로 우울증을 앓지 않는 사람들보다 덜 돌아다니고 사회적 교류도 적다는 증거를 생각해보자. 만일 얼굴 인식 AI가 위치 추적 기술과 결합한다면 공공장소에 있는 사람의 이름만이 아니라 임상적으로 우울증을 앓고 있는지 여부를 알아내는 데 사용될 수도 있다. 이와 같은 시스템 중 하나는 77퍼센트의 참긍정률(누군가가 우울증이 있다는 예측이 77퍼센트 정확하다는 뜻)과 91퍼센트의 참부정률(누군가가 우울증이 없다는 예측이 91퍼센트 정확하다는 뜻)을 달성했다고 주장한다.[24] 단순히 길거리에서 목격하는 것만으로 그처럼 민감한 의료 정보를 알아낼 수 있는 능력은 사람에게는 없다.

이와 같은 모든 방식으로 AI 얼굴 인식 및 추적 기술은 공공장소에서 실질적 익명성을 보호하는 능력을 크게 약화시킨다.[25] 설령 우리에게 실질적 익명성에 대한 권리가 있는지에 대한 대중의 의견이나 법적 견해가 바뀌기 시작한다고 해도, 그러한 변화가 과거에 우리가 가졌던 프라이버시 권리에 대한 심각한 축소를 의미한다는 사실을 인식하는 것이 중요하다.

AI는 극도로 효과적인 프라이버시 사기에 악용될 수 있다

지금까지 살펴본 예시는 적어도 일부 장소에서는 합법적인 AI에 관한 것이다. AI가 프라이버시에 미치는 심각한 위협 중 하나는 놀라울 정도로 성공적인 불법 행위를 통해 사람들을 속여 개인정보 공유를 유도하는 것이다. 예를 들어보자. AI 딥페이크(사람을 모방하도록 설계된 봇, 동영상, 녹음, 사진)가 진짜 은행이나 국세청 직원이라고 생각하고 은행 계좌 정보나 사회보장번호를 공유하는 일이 생길 수 있다.

이와 같은 사기 행위를 '피싱' 공격이라고 한다. 피싱 공격은 합법적인 인물이 보낸 것처럼 가장한 이메일, 전화, 문자를 통하여 피해자를 속임으로써 개인정보를 공유하게 한다. 혹시 이런 내용의 이메일을 받아본 적이 있는가? "계정의 결제 설정이 곧 만료됩니다! 이 웹사이트로 들어가서 결제 세부 정보를 업데이트해야 서비스를 계속 이용할 수 있습니다." 이 이메일이 개인 금융 정보를 도용하려 드는 조직의 웹사이트로 연결된다면, 바로 그것이 피싱 공격이다.

물론 AI가 없어도 효과적인 피싱 공격을 구상할 수 있다. 하지만 AI로 실현되는 피싱 공격은 규모가 훨씬 더 크고 강력하다. 예를 들어, 싱가포르 정부 기술청은 누구나 (유료 또는 무료로) 사용 가능한 AI 제품을 통해 대상자의 성격과 선호에 맞는 맞춤형 피싱 이메일을 생성할 수 있음을 보여주었다. 사람들은 인간이 작성한 피싱 이메일보다 AI가 작성한 피싱 이메일에 속을 가능성이 훨씬 더 높았다.[26] AI를 이용한 사기는 AI 기술이 발전함에 따라 점점 더 효과적으로 바뀌고, 탐지하거나 예방하기가 더 어려워질 것이다.

AI는 새로운 종류의 프라이버시 취약성을 야기한다

많은 사람들은 AI의 작동 및 훈련 방식이 새로운 종류의 프라이버시 침해 가능성을 높인다는 사실을 의식하지 못한다. 설령 AI의 목표 자체는 프라이버시와 무관하다고 해도 말이다. 여기서 새로운 유형의 프라이버시 취약성을 전부, 자세하게 설명할 수는 없다. 하지만 몇 가지 사례만 살펴봐도 그러한 취약성이 얼마나 예상과 다르고 직관적이지 않은지 알 수 있을 것이다.

새로운 프라이버시 침해 유형 중에 '모형전도공격model inversion attack'이라는 특이한 기법이 있다. 모형전도공격은 미가공 데이터가 없는 경우에도 AI 모형의 학습용 데이터(또는 데이터의 특성)를 복구할 수 있게 해준다. 연구자들은 얼굴 인식 모형 훈련용 데이터에 포함된 인물의 이미지를 재구성하는 데 모형전도공격이 사용될 수 있음을 보여주었다. 더 나아가 다소 덜 성공적이긴 하지만 얼굴 인식 모형 훈련용 데이터에 포함되지 않은 인물의 흐릿한 사진을 통해 신원을 확인할 수도 있었다.[27] 동일한 연구자들은 또한 모형전도공격을 통해 AI 모형에 접근하는 것만으로도 AI 훈련용 원본 데이터세트에 포함된 인물의 외도 여부를 86퍼센트의 정확도로 판단할 수 있었다. AI 모형의 목표는 외도를 예측하는 것과 전혀 관계가 없었지만, 연구자들은 그저 학습된 AI 모형에 접근함으로써 개인정보를 복구할 수 있었다. 이것이 가능했던 이유는 훈련용 데이터에 미국인의 스테이크 굽기 선호도를 "담배를 피우십니까?" 또는 "바람을 피운 적이 있습니까?" 같은 질문에 대한 답변과 연관시키

기 위해 수집한 공개 데이터세트가 포함되어 있었기 때문이다.[28]

매우 걱정스러운 이야기 같지만, 사람들이 타인의 AI 모형에 접근하는 일이 얼마나 자주 발생한다고 이렇게까지 호들갑일까? 사실 꽤 자주 일어난다. 실제로 서비스형 인공지능AIaaS 산업 전체는 AI 모형을 공유하고 관련된 서비스를 제공하면서 발전했다. 해당 업계의 주된 거물로는 마이크로소프트 애저 머신러닝 스튜디오, 아마존 웹서비스 머신러닝, IBM 왓슨 머신러닝, 구글 클라우드 머신러닝 엔진, 빅ML처럼 유명한 서비스가 있다. AIaaS의 기본 개념은 개인이나 기업이 심도 있는 전문 기술 지식이나 대규모의 자원이 없더라도 AI의 이점을 누릴 수 있어야 한다는 것이다. AIaaS 회사는 흔히 유용하게 쓰이는 AI 모형, 가령 얼굴 인식이나 텍스트 완성 또는 챗봇 시스템 등을 훈련한다. 그런 다음 시스템 사용자에게 모형 접근 권한을 주거나 사용자의 자체 데이터에 모형을 적용하는 대가로 비용을 받는다. 어떤 경우에는 AIaaS 회사가 자사의 자원 사용 권한을 다른 회사에 부여함으로써 그 회사가 자체적인 AIaaS 서비스를 개발할 때 자원을 사용하도록 허용한다. 예를 들어보자. AIaaS 기업 A는 AIaaS 기업 B의 감정 인식 시스템 접근 권한을 구매함으로써 또 다른 AIaaS 시스템(가령 직원의 업무 만족도를 예측하는 시스템)에 감정 예측 서비스를 통합시킬 수 있다. 그렇다는 것은, 기업들이 수시로 다층적인 AI 모형 접근 권한을 얻는다는 뜻이다. 그렇다면 누가 AI 모형에 최종적으로 접근했는지 또는 AI 모형이 최종적으로 어떻게 사용되었는지 추적하는 것은 매우 어려울 수 있다.

확실히, 모형전도공격은 AI 모형 접근 권한과 상당한 전문 지식이 있어야 시행할 수 있다. 반면 새로운 프라이버시 취약성의 두 번째 유형은 접근 권한과 전문 지식이 필요하지 않다. 두 번째 취약성은 AI 모형의 '망각불능inability to forget'으로 알려져 있다. 망각불능 현상이 일어나는 이유는 AI 모형이 정확한 예측을 하기 위한 최선의 방법이 훈련용 데이터의 특정 측면을 '기억'하는 것일 때가 있기 때문이다. 특히 그 측면이 상대적으로 자주 등장하지 않는 경우가 그렇다.[29] 그 결과 프롬프트를 적절하게 입력하면 AI를 속여서 AI가 암기한 내용을 알려주도록 할 수 있다. 심지어 모형에 대한 접근 권한이 없더라도 말이다. 문자 메시지 또는 이메일에서 문장을 자동 완성하도록 설계된 AI를 떠올려보라. 그리고 미국의 기업 엔론이 연방에너지규제위원회의 조사를 받는 과정에서 공개된 '엔론 이메일 데이터세트'를 바탕으로 자동 완성 AI가 훈련을 받았다고 상상해보자. 이 데이터세트는 엔론 직원들이 주고받은 이메일 텍스트 수십만 건으로 이루어져 있다. 알고 보니 실제로 일부 직원들은 데이터세트에 포함된 이메일을 통해 사회보장번호와 신용카드 번호처럼 민감한 개인정보를 전송했다. 데이터세트 원본이 공개된 지 2년이 지난 후 그 사실이 밝혀졌고, 사회보장번호와 신용카드 번호는 공개 데이터세트에서 제거되어 더 이상 쉽게 입수할 수 없게 되었다.[30] 하지만 개인정보가 제거되지 않은 엔론 이메일 데이터 원본으로 훈련받은 AI에 "내 이름은 [엔론 직원의 이름]

이야. 내 사회보장번호는…" 같은 문구를 프롬프트로 입력하면 AI 가 해당 직원의 실제 사회보장번호로 문장을 완성할 수 있다. 아니 면 "내 사회보장번호는…"을 프롬프트로 입력해서 누군가의 번호 를 받고 "내 사회보장번호는 [첫 번째 프롬프트에서 모형이 제공한 번호] 이니까, 내 이름은…"을 입력하면 AI 모형이 번호와 연관된 사람의 이름을 출력할 수 있다. 이런 방식으로 AI는 프라이버시 침해를 바 로잡거나 어떤 정보를 공유하고 싶은지에 대해 사람들이 생각을 바 꾸는 것을 매우 어렵게 한다.

방대한 데이터로 훈련된 챗GPT 같은 시스템은 이러한 우려가 얼마나 빠르게 눈덩이처럼 불어날 수 있는지 보여준다. 차기 버전 의 챗GPT가 이전 버전의 챗GPT와 사용자 사이의 상호작용을 바 탕으로 훈련을 받는다고 해보자. 그렇다면 임의의 사용자가 과거 의 상호작용에 대한 정보를 복구할 수 없다고 보장할 수 있을까? 챗GPT는 우리가 한번 입력한 질문을 영원히 기억할까? 그래서 다 른 사람들이 그 질문을 우리와 연관시킬 수 있을까? 실제로 마이 크로소프트와 아마존은 직원들에게 챗GPT에 민감한 정보를 공유 하지 말라고 경고하기도 했다. 언젠가 출력되는 내용에 해당 정보 가 포함될지도 모르기 때문이다. 요컨대 이러한 종류의 프라이버 시 침해는 발생 가능하며 심지어 그럴 가능성이 높다는 사실이 널 리 받아들여지고 있다.[31]

연구자들은 AI 모형과 그것을 둘러싼 기술 인프라(기반구조)가 프 라이버시 위협을 야기하는 새로운 방식들을 꾸준히 보고하고 있다.[32] 여기서 다음과 같은 점을 명심해야 한다. 이처럼 새로운 유형의 기술 취약성이 존재하며, 앞의 두 절에서 설명한 기법 또는 현상과 달리 대부분의 기술 취약성은 개인정보를 알아내기 위해 노골적으로 AI를 사용하거나 설계한 결과라기보다는 뜻하지 않게 우연히 발생한 부작용이라는 점 말이다.

AI 생태계는 개인 데이터의 비축과 판매를 조장한다

지금까지는 AI의 직접적인 프라이버시 위협에 초점을 맞추었다. 하지만 AI를 활용하기 위해 진화한 생태계와 시장을 통해 AI가 프라이버시에 가하는 간접적인 위협을 관리하는 것도 그에 못지않게 중요하다. 한 저술가의 말에 따르면, AI 생태계는 "최대한 많은 개인 데이터를 수집하고, 영구적으로 저장하고, 최고 입찰자에게 판매하는 것을 바탕으로 돌아간다".[33] 그 이유는 무엇일까?

개인 데이터 수집을 위한 경쟁

기업들은 AI 기술을 선도하고 미래에 쓰일 다양한 AI 활용 방식으로부터 이득을 얻기 위해 치열하게 경쟁하고 있다. AI 훈련용 데이터가 다양하고 방대할수록 AI의 정확도가 높아지고 성공적으로 예측할 수 있는 내용도 많아진다는 것은 널리 알려진 사실이다.

그 이유를 이해하기 위해 다음의 경우를 생각해보자. 당신의 동선을 개별적으로 추적한다면 연애 생활에 대해 많은 것을 알아낼 수 없다(자주 가는 위치가 특정한 성적 지향을 가진 집단에 맞춰진 장소라는 사실을 우연히 알게 되는 경우가 아니라면 말이다). 하지만 세상 모든 사람의 동선을 추적한다면 당신의 위치와 다른 사람의 위치가 야간에 겹치는 곳을 찾음으로써 누구와 얼마나 자주 잘 가능성이 큰지 꽤 정확하게 예측할 수 있다. 이러한 방식으로 여러 사람의 데이터를 모으면 한 사람의 데이터만으로는 확보하지 못하는, 근본적으로 새로운 통찰을 얻을 수 있다.

AI도 이와 동일한 방법으로 이점을 얻는다. 어떤 사람이 한 웹사이트에서 스키 장비를 구매하고 다른 웹사이트에서는 덴버행 항공권을 구매한다고 해보자. 두 가지 상호작용을 알고 있는 AI는 덴버 인근에 위치한 스키 리조트에 대한 광고를 띄우면 구매 유도에 성공할 가능성이 높다고 예측한다. 따라서 회사들은 AI가 (또는 다른 유형의 분석 도구가) 궁극적으로 데이터를 통해 수익을 창출하거나 데이터를 철저하게 가치 있는 것으로 만들기를 바라며 최대한 많은 데이터를 수집할 강한 동기를 갖게 된다. 설령 그 데이터가 사적인 것일지라도 말이다(때로는 데이터가 개인정보일 경우 유독 수집 동기가 강해진다).[34] 〈이코노미스트〉의 기사 제목이 선언한 것처럼 "세계에서 가장 귀중한 자원은 더 이상 석유가 아니라 데이터다."[35]

더 많은 데이터를 향한 갈망이 어떻게 프라이버시 상실로 이어지는 걸까? 방대하고 다양한 데이터를 수집하는 효과적인 방식 중 하나는 개인에게 데이터를 공유받는 대가로 무료 서비스를 제공하는 것이다. 수집되는 데이터는 심지어 서비스와 관련이 없을 수도 있다. 우리가 그 대상이 되는 개인이라고 생각해보자. 대부분은 기업이 개인 데이터를 수집하고 있다는 사실을 전혀 의식하지 못한 채 해당 업체의 플랫폼, 앱, 장치를 기꺼이 사용한다. 우리가 그러한 사실을 모르고 있는 이유는, 실제로 데이터가 수집된다는 사실을 전혀 듣지 못했거나, 이해할 수 없고 어차피 읽지도 않는 이용약관 동의서를 통해 데이터 수집에 동의했기 때문일 수 있다.

데이터 수집이 얼마나 흔한 현상인지 이해하려면 다음의 연구를 살펴보는 것이 좋다. 연구 결과에 따르면, 조사 대상의 휴대폰 앱 21개 중에서 19개가 600여 개의 서로 다른 기본 도메인과 외부 도메인(제3자 도메인)으로 개인 데이터를 보내고 있었다. 그중 일부는 앱이 사용되지 않을 때에도 지속적으로 데이터를 전송했다.[36] 매사추세츠 공과대학교의 헤이스택 프로젝트에서 또 다른 연구를 진행한 결과, 평가 대상 앱의 70퍼센트 이상은 한 개 이상의 데이터 추적기와 연결되어 있었고 15퍼센트는 다섯 개 이상의 추적기와 연결되어 있었다. 데이터 추적기의 25퍼센트는 고유 단말 식별자(가령 전화번호)를 하나 이상 수집했다. 추적기의 60퍼센트 이상은 국민을 상대로 대중 감시를 시행하는 국가들의 서버로 정보를 전송했으며, 해당 국가의 정부에서 그 공유된 정보에 접근 가능한지를 두고 의문이 제기되었다.[37] 웹사이트도 앱보다 많이는 아닐지언정 그에 못지않은 데이터를 공유한다. 대략 웹사이트 열에 아홉은 평균적으로 아홉 군데의 외부 웹사이트로 사용자 데이터를 전송하는데, 사용자가 의식하지 못하는 경우가 많다.[38]

중요한 점은, 회사나 웹사이트 또는 앱이 외부와 공유하는 데이터에 사람들이 일반적으로 비공개로 유지하길 원하고 그렇게 되어 있다고 간주하는 정보가 포함될 때가 많다는 것이다. 예를 들어보자. 2018년, 기자들은 소셜 네트워킹 앱이자 데이팅 앱인 그라인더Grindr가 사용자의 HIV 감염 여부 정보를 앱티마이즈Apptimize(앱 최적화 회사)와 로컬리틱스Localytics(앱 마케팅 플랫폼)에 공유했다는 사실을 폭로했다.[39] 여기서 끝이 아니다. 구글 지메일 사용자들은 개인정보가 담긴 이메일까지 포함하여 제3자가 이메일을 읽을 수 있다는 항목에 동의했다는 점을 모를 것이다. 이메일 인텔리전스* 기업 이데이터소스 주식회사eDataSource Inc.의 최고기술책임자는 이렇게 말한 바 있다. "어떤 사람들은 감추고 싶은 더러운 비밀이라고 생각할 수도 있습니다. … [하지만] 이건 현실입니다."[40]

개인 데이터를 대규모로 수집하고 공유하는 데 반드시 AI가 사용되는 것은 아니다. 하지만 AI의 전망이 밝다는 보편적 인식으로 인해 큰 동기가 생겨나는 것도 사실이다.[41] 한 블로그 작성자의 말처럼, "데이터가 없다면 AI는 무용지물이다. 그리고 AI가 없다면 데이터 정복은 불가능하다".[42]

---

*   email intelligence. 사용자의 이메일을 분석하여 행동, 선호, 경향 등에 대한 통찰을 이끌어낸다는 개념.

개인 데이터 예측을 위한 경쟁

기업이 사용자의 개인정보를 직접 수집하지 않거나 그것에 바로 접근할 수 없더라도, 데이터가 많을수록 개인정보를 정확하게 예측하는 능력은 더 좋아진다. 특히 AI를 사용하여 예측할 때가 그렇다. 정확한 개인정보 예측은 여러 목적을 위해 유용하게 쓰인다. 소매업체는 개인정보 예측을 통해 개인 맞춤형 마케팅 효과를 향상할 수 있다. 이를테면 임신부를 표적으로 육아용품 판촉 활동을 하거나 당뇨병 환자를 표적으로 건강관리 기구 판촉을 진행할 수 있다. 케임브리지 애널리티카 같은 회사는 사람들의 성격 유형과 선호를 예측함으로써 정치 단체가 맞춤형 메시지를 전달하여 투표 행동에 미치는 영향을 극대화하도록 돕는다.[43] 보험 회사는 고객의 행동이나 개인 건강 정보의 다양한 측면을 예측하여 건강 보험료를 최적화하길 바란다.[44] 금융 회사는 대출 승인 여부를 결정할 때 고액의 병원비가 발생할 가능성이 있는지 예측하길 원한다.[45] 임신 중단에 반대하는 정부는 어떤 시민이 임신 중단을 원할 가능성이 큰지 예측하려 할 수 있다.[46] AI는 이러한 유형의 개인정보를 대규모 데이터세트에서 더 정확하게 예측하는 일에 점점 더 많이 사용되고 있다. 특히 AI의 접근성이 높아짐에 따라 앞으로 훨씬 더 많이 쓰일 가능성이 크다.

개인 데이터 판매 및 공유 시장

데이터는 다른 귀중한 자원과 마찬가지로 사용 방법만 매력적인 것이 아니다. 데이터를 판매할 때 얻을 수 있는 수익도 매력적이다. 2000억 달러가 넘는 규모로 발전한 '데이터 브로커' 산업은 사람들의 과거 데이터를 구매 및 종합하고 다른 기업에 판매하고 있다.[47] 브로커가 판매하는 데이터, 가령 사람들의 프로필 데이터에는 미가공 데이터만 포함될 수도 있고 데이터 브로커가 사람들을 상대로 생성한 예측이 들어 있을 수도 있다(예측 정확도는 그때그때 다르다). 데이터세트에는 매우 개인적인 정보가 포함될 때가 많다. 예를 들어 의료 데이터 브로커인 메드베이스 200 MEDbase 200은 강간 피해자, 발기부전 환자, HIV 환자의 명단을 판매한 것으로 알려져 있다.[48] 게다가 개인정보는 놀라울 만큼 저렴하게 판매되고 있다. 메드베이스는 의료 개인정보를 1000명당 79달러에 판매했다고 한다.[49] 요컨대 누구나 쉽고 저렴하게 개인정보를 구매할 수 있게 되었으며, 기업과 단체는 어김없이 기회를 놓치지 않고 이득을 얻고 있다.[50]

공식적인 데이터 브로커로 간주되지 않는 기업도 금융 비즈니스 모델의 일환으로 사용자의 데이터를 수집하는 경우가 많다. 데이터 브로커와 마찬가지로 이들 기업은 수집한 데이터점을 바탕으로 미가공 데이터나 프로필 데이터를 생성하여 판매한다. 예를 들어보자. 웨더채널*은 금융 사업과 무관하다고 생각할지 모르겠다.

* The Weather Channe. 기상 예보 서비스를 제공하는 미국의 기업.

142

하지만 웨더채널은 자사의 날씨 정보 앱으로 위치 데이터를 수집하여 헤지펀드에 판매한다. 그럼으로써 앱이 다양한 사업장 위치에 따라 기록해둔 유동인구 수를 바탕으로 헤지펀드가 각 사업들의 가치를 평가하는 것을 돕는다.[51]

기업들은 사업 서비스를 제공하거나 고객에게 접근하거나 광고를 계약하기 위해 개인 데이터를 거래하기도 한다. 페이스북, 트위터, 틱톡은 페이팔과 마찬가지로 개인 데이터 거래를 하는 일이 흔하다.[52] 대규모 데이터 공유는 삶을 편리하게 해준다. 어떻게 구글 계정을 통해 구글과 전혀 무관한 웹사이트에 로그인할 수 있는지 궁금했던 적이 있는가? 이와 같은 편리함을 누릴 수 있는 이유는 사업 동업자들 사이에서 개인 데이터가 공유되기 때문이다. 문제는, 고객이 생각하는 것보다 훨씬 더 많은 데이터가 개인정보 동의를 통해 공유될 수 있다는 점이다. 예를 들어보자. 사용자가 페이팔과 어떤 웹사이트의 통합을 동의하면 페이팔은 (많은 정보들 가운데 특히) 쇼핑 내역, 개인별 취향, 사진, 장애 상태를 그 웹사이트와 공유하게 되는데, 사용자는 이 사실을 전혀 모를 수 있다.[53] 이러한 관행 때문에 사람들은 "당사는 귀하의 개인 데이터를 판매하지 않습니다"라고 명시된 개인정보 처리방침을 잘못 해석하게 된다. 왜냐하면 기업이 데이터를 **판매**하지 않는다고 해서 우리가 잘 알지 못하는 다른 수많은 기업과 데이터를 **공유**하지 않는다는 뜻은 아니기 때문이다.

요컨대 대량의 개인정보가 쉽게 수집·예측·결합되는 방대한 생태계가 형성된 책임은 적어도 부분적으로는 AI에 대한 기대감에 있다. 우리에 관한 정보가 더 많이 허용될수록, AI는 의도했든 의도하지 않았든 우리에 대한 개인정보를 학습하는 데 더 자주 사용되고, 누군가 그 개인정보를 바탕으로 우리를 조종하거나 강요하거나 겁을 줌으로써 우리에게 개인적인 피해를 끼칠 법한 행동을 하도록 만들 수 있다.

AI의 위협으로부터 프라이버시를 보호하려면
어떻게 해야 할까?

AI와 AI 생태계가 수많은 프라이버시 위협을 촉진한다는 사실은 이제 분명해 보인다. 이런 상황에서 우리는 무엇을 할 수 있을까? 사람들이 가장 흔히 고려하는 전략부터 살펴보자.

동의 요구

프라이버시는 정보를 영구적으로 숨기는 것이 아니라 **통제**하는 것이다. 여성이 성폭행을 당한 경우, 해당 정보는 어떤 사람들이 얼마나 자세하게 사건에 대해 인지하도록 할지를 통제하는 정도만큼 개인적이다. 강압이나 속임수를 통해 피해 사실을 공유하도록 하면 안 되겠지만, 본인이 원한다면 피해 사실의 공유 여부와 공유할 정보의 양을 선택할 수 있다. 이러한 점을 고려하면 인공지능이나 AI 생태계로부터 개인정보를 보호하는 직접적인 방법은 정보가 수집되거나 공유되기 전에 동의를 받도록 하는 것이다. 동의 요구 조치를 통해 우리는 통제력을 유지할 수 있다. 공유하길 원하는 경우 동의하고, 원치 않을 경우 동의하지 않을 수 있다. 또 대체로는 타인이 우리의 개인정보를 습득하게 할지 말지의 수락 여부와 그 시기를 결정할 수 있다. 아, 인생이 이렇게 단순하다면 얼마나 좋겠는가!

'이용약관'과 '개인정보 처리방침' 동의서는 개인 데이터가 어떻게 사용되는지 설명해야 한다. 따라서 우리가 동의서에 서명하면, 동의서에 명시된 회사의 개인 데이터 사용 방식을 승인한 것으로 간주되고 그러한 사용이 프라이버시 권리를 침해하지 않는 것으로 여겨진다. 그러나 이 생각에는 명백한 문제가 있다.

첫째, 거의 모든 사람은 동의서 또는 이용약관 화면에서 그들이 무엇을 동의하는지 읽지도 않고 시간을 절약하기 위해 그냥 동의 버튼을 클릭한다. 대부분의 개인정보 처리방침은 읽는 데 대략 8~12분이 걸리고[54] 심지어 전문가도 이해하기 힘든 언어로 쓰여 있다.[55] 그러니 대부분 읽지 않고 넘어간다고 해도 놀랍지 않다. 한 연구에 따르면, 참가자의 74퍼센트가 가상으로 도입한 소셜미디어 회사의 개인정보 처리방침과 이용약관을 읽지 않았다. 동의서를 읽었다고 응답한 사람들조차 1분가량만 읽은 것으로 나타났는데, 이 가상 회사의 개인정보 처리방침을 모두 읽는다고 했을 때 원래는 30분, 이용약관 동의서의 경우에는 16분이 걸린다. 연구 결과, 93퍼센트 이상의 참가자가 연구에서 제시된 처리방침에 동의했다. 하지만 처리방침에 동의할 경우 데이터를 국가안보국(미국의

정보기관)과 공유하고 첫째 아이를 소셜미디어 회사에 기증하도록
되어 있었다.[56] 이 연구가 분명히 보여주는바, 참가자들이 동의서
에 서명한다고 해서 실제로 동의서를 읽었다는 뜻은 아니다.

둘째, 사람들이 제품에 대한 이용약관 방침을 대부분 읽으리라
고 기대하는 것은 합리적이지 않다. 방침을 읽는 데 얼마나 오랜
시간이 걸리는지 생각해보라. 플랫폼 또는 앱이 제3자와 데이터를
공유한다고 알릴 경우, 개인 데이터에 어떤 일이 생기는지 완전히
이해하려면 제3자의 이용약관 방침까지 (그리고 제3자가 데이터를 공
유하는 또 다른 외부 관계자의 방침까지) 모두 읽어야 한다. 결과적으로
미국인들이 디지털 제품의 개인정보 처리방침을 모두 읽으려면 연
간 약 244시간이 소요될 것으로 추정된다.[57] 이는 대부분의 소비
자에게 요구할 수 있는 시간의 양으로는 현실적이지 않다.

사람들이 이용약관 방침을 읽는다고 해도 이해할 가능성은 거의
없다. 앞서 지적했듯이 많은 방침은 일반 사용자가 파악하기 어려
운 법률 용어와 전문 용어로 쓰여 있다.[58] 더군다나 데이터 공유·
판매·예측 생태계는 너무 복잡해져서 대부분은 데이터 공유 방침
의 영향을 이해할 수 있는 배경 지식이 충분하지 않다. 여기에 더
해 많은 기업들이 의도적으로 '다크 디자인'*을 사용하여 인간의
인지적 편향을 노골적으로 악용하는 인터페이스를 만들고 있다.

---

* 　사용자를 의도적으로 속여서 특정 행동을 하도록 유도하는 사용자 인터페이
스 설계를 가리킨다. '다크 패턴dark pattern'이라고도 한다.

그에 따라 사용자는 정보 공유에 동의할 가능성이 더욱 커진다.[59] 동의서를 검토하지 않고 넘어가기로 선택하는 것은 물론 우리의 책임이다. 그러나 본인의 선택이 무슨 의미인지 현실적으로 알 수 없거나 사실상 약관의 방침에 동의하도록 조작되어 있다면, 동의는 결코 프라이버시를 보호하지 못한다.

이용약관을 통한 동의가 프라이버시를 보호하는지 의심할 만한 세 번째 근거도 있다. 이는 논란의 여지가 더 클 수 있다. 데이터 사용 방식을 완전히 통제하려면 비교적 큰 대가를 치르지 않고 데이터를 비공개로 유지할 수 있어야 한다. 그런데 데이터 유지 대가가 점차 커지고 있다는 점이 우려스럽다. 예를 들어, 학교는 아이들에게 태블릿 또는 컴퓨터의 웹브라우저나 앱을 통해 숙제를 완료하도록 요구하고, 학생들은 이를 해내지 못하면 낙제한다. 이때 웹브라우저와 앱은 아이들이 무엇을 검색하고 어떻게 숙제를 수행했는지를 추적해서 공유한다.[60] 회사 직원들은 고용주가 제공한 지메일 계정이나 생체인식 보안기술을 이용해야 할 때가 많다. 설령 구글이 제3자에게 이메일 접근을 허용하고[61] 보안업체가 개인정보를 수집하기 위해 생체 정보를 채굴한다고 해도[62] 고용 상태를 유지하려면 동의할 수밖에 없다. 어린이집이 제공하는 서비스를 받으려면 앱을 다운로드해서 자녀의 출입을 인증해야 하는데, 해당 앱은 아이들의 사진과 정보를 외부와 공유하기도 한다.[63] 이처럼 일상에서 필수로 처리해야 하는 일들을 생각하면, 사람들에게 정말로 데이터 추적이나 프라이버시를 위협하는 기술을 거부할 자유가 있는지 강한 의구심이 든다. 동의하지 않을 경우 닥칠 결과에 대한 합리적인 두려움 때문에 동의할 수밖에 없다면, 동의는 결코 프라이버시를 보호하지 못한다.

요컨대 정보 공유에 대한 충분한 설명과 자유로운 동의를 요구하는 것은 프라이버시 보호를 위한 중요한 방편이다. 하지만 안타깝게도 이것만으로는 프라이버시를 보호할 수 없다.

데이터 익명화

그렇다면 공유된 데이터를 익명화하면 문제가 해결되지 않을까? 안타깝게도 그렇지 않다.

우선 익명화가 무엇인지부터 명확히 하자. 데이터 익명화란, 데이터가 표현하는 개개인을 직접 식별할 수 있는 정보를 제거하거나 대체하는 과정을 말한다. 이름을 무작위적인 난수 문자열로 대체하거나 주소를 아예 제거하는 것이다(가령 데이터세트 자체에 이름이 포함되어 있지 않더라도 누군가가 공개 웹사이트를 통해 주소 데이터에 접근하여 누가 사는지 검색한 다음 동일한 세트의 나머지 데이터가 누구와 연관되어 있는지 알아낼 수 있다. 하지만 위와 같이 조치하면 이를 막을 수 있다). 이것은 데이터세트에 포함된 사람들의 프라이버시를 보호하기 위한 좋은 출발점이다. 하지만 오늘날의 데이터 생태계에서 이것만으로는 결코 충분하지 않다. 중요한 점은, 데이터세트가 익명이라고 해도 여러 세트를 결합하면 개개인을 쉽게 재식별할 수 있다는 것이다. 거기에 더해 AI를 사용하면 재식별이 훨씬 더 효과적이고 정확하게 이루어진다.

재식별 과정은 대략 다음과 같다. 고객 ID, 우편번호, 생년월일, 성별로 이루어진 데이터세트를 상상해보자. 고객 ID는 임의의 수이므로 ID만으로는 고객이 누구인지 알아낼 수가 없다. 그런데 고객 중 한 명이 인구가 적은 우편번호 지역에 살고 있고, 알고 보니 동일한 우편번호 지역에서 해당 생년월일에 태어난 유일한 남성이라고 해보자. 그 결과 고객의 이름이 데이터세트에 명시적으로 포함되어 있지 않더라도 우편번호, 생년월일, 성별의 값을 통해 데이터세트에서 고객을 '재식별'할 수 있게 된다. 소도시 주민에게만 해당되는 문제는 아니다. 미국 인구의 87퍼센트는 생년월일, 성별, 우편번호 다섯 자리를 조합하는 것만으로도 고유하게 식별된다.[64] 물론 개개인을 재식별하려면 도움을 받아야 한다. 이웃을 훤히 꿰고 있는 마을 주민에게 묻거나 20달러에 구매 가능한 유권자 등록 명부를 입수하는 식으로 말이다.[65] 하지만 그 대신 앞서 논의한 데이터 공유 경제의 도움을 받을 수도 있다. 사람들이 공개적으로 제공하는 데이터(가령 링크드인에 올라와 있는 데이터) 또는 방대한 데이터 공유 및 구매 생태계를 활용하면 재식별에 필요한 추가 정보에 매우 쉽게 접근할 수 있다. 미국인의 99.98퍼센트는 그들이 어떤 데이터세트에 포함되어 있든 간에 15가지 인구통계 속성을 사용하여 정확하게 재식별된다.[66] 속성이 15가지나 필요하다니, 수집해야 할 변수치고는 많아 보일 수 있다. 하지만 대부분의 데이터 브로커는 각 개인에 대해 수천 개의 데이터점을 보유하고 있으며, 마찬가지로 기업도 최소 수백 개는 보유하고 있다. 그러므로 데이터 브로커 또는 기업이 익명의 데이터세트를 구매하거나 접근 권한을 확보한다면 해당 데이터세트에 포함된 많은 사람을 거의 확실하게 재식별할 수 있다.

해당 분야의 한 연구자는 이렇게 말하기도 한다. "재식별이 힘든 척하는 것은 편리하죠. 하지만 사실 쉽습니다. [익명의 데이터세트에서 사람들을 재식별하기 위해] 우리가 하는 일은 데이터과학을 배우는 1학년 학생이라면 누구나 할 수 있어요."[67] 현재 병원과 의료 서비스 제공자들은 '익명' 데이터를 구글, 애플, 마이크로소프트, IBM 과 공유하고 있다. 회사들은 이미 수백 가지의 인구통계 변수를 보유하고 있을 가능성이 높다. 이를 고려하면 대부분의 익명 의료 서비스 데이터는 데이터 구매자에 의해 재식별될 수 있다고 간주하는 것이 합리적이다. 설령 프라이버시 관련 법규가 있더라도 말이다.[68]

소셜미디어 게시물의 타임스탬프(시간 표기) 또는 구매 거래 내역처럼 시점이 많이 포함된 데이터세트는 특히 재식별에 취약하다. 예를 들어보자. 연구자들은 1만 명의 트위터 사용자 집단에서 96.7퍼센트의 정확도로 사용자를 재식별할 수 있었다. 겉보기에 익명이고 무해한 게시물의 '메타데이터'(이를테면 게시물 작성 시점, 작성자가 현재 팔로우하는 사람의 수, 작성자가 글을 작성한 총 횟수)를 분석한 결과였다.[69] 여기서 중요한 사실은, 본인의 서비스를 트위터와 통합하려 하는 모든 개발자는 응용 프로그래밍 인터페이스application programming interface, API를 통해 위와 같은 메타데이터 대부분에 접근할 수 있다는 점이다. API를 활용하면 앱과 웹사이트 간의 정보 교류가 가능해져서 사용자 경험을 보다 원활하게 구축할 수 있으므로 많은 개발자들이 그 방법을 선호하는 형편이다.

AI의 도움을 받으면 익명의 지리적 위치 데이터도 쉽게 재식별된다. AI 전문가들이 입증한 바에 따르면, 시간별 GPS 데이터가 포함된 대규모 데이터세트에서 단 네 개의 GPS 시공간 지점만으로도 95퍼센트의 개인을 식별할 수 있다.[70] 그러므로 GPS 데이터양이 비교적 적더라도 AI가 군중 속에서 사람들을 식별하고 동선을 추적하는 것은 그리 어려운 일이 아니다.

다음의 상황을 고려하면 AI의 힘은 더 우려할 만하다. 안드로이드 앱의 절반과 애플 앱의 4분의 1가량이 휴대폰의 GPS 기능을 통해 사용자가 특정 시각에 어디 있는지 정확하게 기록하고 그 정보를 수많은 제3자와 공유하거나 아예 공개하고 있다.[71] 일례로 군대에서 많이 사용하는 피트니스 앱 폴라Polar가 있다. 폴라를 쓰면 소셜미디어에 운동 경로를 편리하게 공유할 수 있다. 언론인들은 군인들이 미국 국가안보국 본부, 비밀경호국 근거지, 자택 부근에서 운동하는 경로를 조사함으로써 폴라의 공개 데이터와 소셜미디어의 공개 게시물을 상호 참조할 수 있었고, 이를 통해 총 69개국에서 장교 6500여 명의 신원을 쉽게 식별할 수 있었다. 그중에는 국가 안보와 관련된 장소(가령 북한 국경 인근의 군 주둔지)에서 복무하는 사람들도 다수 있었다.[72] 이러한 종류의 정보는 분명 극단주의자 또는 국가정보기관에 의해 위험하게 사용될 수 있다. 특히 일부 데이터가 핵무기 보관 시설 요원들에 대한 것이라는 점을 고려하면 그러한 가능성은 더욱 우려스럽다. AI는 익명의 지리적 위치 데이터에서 위와 같은 정보를 기자들보다 더 효과적이고 빠르게 발굴할 수 있다.

요컨대 언론인 칼 보드의 말을 빌리자면, "프라이버시 보호 업계에서 '익명화'가 마법의 주문처럼 쓰이는 걸 막기 위해 얼마나 많은 연구가 수행되어야 하는지는 분명하지 않다".[73] 낙관적으로 본다고 하더라도 데이터 익명화는 극도로 어려울뿐더러 익명성을 보장하기 위한 적절한 조치가 이루어지지 않을 때도 많다. 회의적으로 보면, 사용 가능한 데이터가 너무나 많으므로 진정한 의미의 데이터세트 익명화는 더 이상 불가능하다.

새로운 기술

AI 기술은 프라이버시에 관한 새로운 문제를 수없이 야기했다. 그렇다면 반대로 기술이, 특히 인공지능 기술이 일부 프라이버시 문제를 해결하는 데 쓰일 수도 있지 않을까? 이번에는 좋은 소식을 전할 수 있겠다. 그렇다. 그것은 가능하다!

통계 분석을 통한 개인정보 복구를 방지할 수 있는 한 가지 방법은 모든 사람의 식별 데이터를 '흐리게' 만드는 것이다. 다시 말해, 특정 개인의 데이터가 분석에 포함되었는지의 여부와 관계없이 분석 결과가 똑같이 나오도록 하는 것이다. 이 개념은 이미 이번 장

서두에서 언급한 바 있다. 바로 '차등 프라이버시'다.[74] 차등 프라이버시 개념과 연관된 방법은, 실제 데이터와 동일한 특성을 가지면서도 가짜 세부 정보가 포함된 합성 데이터세트를 사용하는 것이다.[75] 또 다른 전도유망한 접근법으로는 '동형암호homomorphic encryption'가 있다. 이 방법을 사용하면 암호화되지 않은 데이터 대신 암호화된 데이터로 AI 알고리듬을 훈련할 수 있다.[76] 또한 딥페이크나 피싱 공격을 식별하여 그것들을 스팸 메일함으로 보내고 경고 문구를 첨부하는 AI를 설계할 수도 있다.

지금까지 설명한 방법은 AI 생태계 또는 알고리듬에 프라이버시 보호 기능을 구현할 수 있는 방법 중 몇 가지에 불과하다. 연구자들과 업계 종사자들은 다양한 방법을 개발하기 위해 힘쓰고 있으며, 우리는 그중 일부가 성공하리라 낙관한다. 단 하나의 프라이버시 강화 기술만으로는 프라이버시의 모든 형태를 보호할 수 없다. 그러나 다양한 프라이버시 강화 기술이 함께 사용되고 해당 기술의 이용을 의무화하는 법이 뒷받침된다면 프라이버시 보호가 성공할 가능성은 남아 있다.

우리는 프라이버시를 소중히 여기는가?

앞선 절에서 우리는 낙관론의 근거를 제시하고자 했다. 동시에 다음과 같은 점을 분명히 하는 것도 중요하다. 우리는 AI와 AI 생태계가 발생시키는 모든 프라이버시 문제를 기술만으로 해결할 수 있다고 생각하지 않는다. 마찬가지로 해결해야 할 사회적·상황적·실용적 문제가 많다. 이러한 문제 몇 가지는 7장에서 개괄할 것이다. 하지만 그 전에 중요한 사회적 문제 하나를 이곳에서 살펴보려 한다. 바로 '프라이버시 역설privacy paradox'이다.[77]

마케터나 데이터 수집 업체의 주장에 따르면, 사람들은 개인 데이터 공유가 개인별 맞춤 서비스를 위한 공정 거래라고 생각한다.[78] 하지만 퓨연구센터Pew Research Center의 설문조사에 따르면, 대중의 81퍼센트는 기업의 데이터 수집으로 발생하는 위험이 혜택보다 크며 자신에게 기업의 데이터 사용 방식에 대한 통제력이 거의 없다고 생각한다.[79] 다시 말해, 적어도 지금 당장은 사람들이 여전히 프라이버시를 소중히 여긴다는 뜻이다. 하지만 바로 여기에 역설이 있다. 사람들은 대부분 데이터가 공유된다는 사실에 짜증과 불편을 느끼면서도 동의 없이 데이터를 공유하는 앱이나 기술의 사용을 중단하려 하지 않는다. 이러한 잘 알려진 패턴은 '프라이버시 단념privacy resignation'[80] 또는 '프라이버시 냉소주의privacy cynicism'[81]라고 불린다. 패턴의 원인은 적어도 두 가지 이유 때문이라고 볼 수 있다.

첫째, 오늘날은 프라이버시에 대한 욕구가 다른 중요한 삶의 필요 및 의무와 상충하기 때문에 그 필요와 의무를 우선시해야 한다는 결론을 내릴 때가 많다. 예를 들어보자. 사람들은 AI 기반 고용 플랫폼이 개인정보를 예측하고 그 정보를 제3자와 공유한다면 질색할 수 있다. 하지만 그러면서도 해당 플랫폼의 사용을 요구하는 일자리에 지원할 수밖에 없는데, 생계를 꾸리려면 수입을 확보할 수 있는 기회를 최대한 활용해야 하기 때문이다. 마찬가지로 프라이버시 보호 기능이 뛰어나서 더 선호할 만한 대안적인 소셜미디어 플랫폼이 있더라도 친구와 가족이 모두 다른 플랫폼을 쓰고 있다면 별 의미가 없다.

둘째, 프라이버시 보호를 위한 모든 노력이 무용지물이라고 생각하기 쉽다. 이번 장에서 설명한 것과 같은 현상을 어디선가 학습하거나 개인적으로 경험한 후에는, 데이터 통제력을 앗아가는 힘이 너무 강력해서 나 혼자서는 아무것도 할 수 없다고 느낄 수 있다.

프라이버시 역설은 AI의 프라이버시 위협 중에서 가장 강력할지 모른다. AI의 밝은 전망에 대한 기대감은 프라이버시를 침해하는 문화 생태계의 형성에 기여했다. 프라이버시 침해가 워낙 지속적으로 이루어진 탓에 수많은 사회 구성원이 이를 막기 위해 별다른 노력을 기울이지 않고 있다. 이러한 경향은 중대한 위험을 초래한다. 프라이버시는 보호할 가치가 있다. 프라이버시 보호는 착취를 방지하고 중요한 심리적·기능적 편익을 제공함으로써 우리의 자율성, 개성, 창의성, 사회적 관계를 유지하도록 해준다. 오늘날은 프라이버시 침해가 일상화되어 마치 이를 자연스러운 일처럼 여기고 있지만, 그렇다고 해서 프라이버시 침해가 AI 사용에 따르는 불가피한 결과는 결코 아니다. 프라이버시를 지식의 추구 및 혁신과 대립하는 것으로 바라보는 문화는 받아들일 필요가 없다. AI와 프라이버시는 혁신만이 아니라 인간의 존엄성과 자율성을 추구하는 사회에서 공존할 수 있다. 그러기 위해서 우리는 이 가치들이 모두 충분히 존중될 수 있도록 기꺼이 노력해야 한다.

4

인공지능은
공정할 수 있을까?

영국의 학생들은 대학교에 입학하려면 A레벨 시험을 치러야 한다. 시험 점수는 입학 가능한 대학교의 선택지를 늘리는 데 엄청난 영향을 미친다. 그런데 2020년 팬데믹 동안 사회적 거리두기 규제로 인해 영국의 많은 학생이 직접 A레벨 시험을 볼 수가 없었다. 따라서 영국 정부는 기존의 시험 점수 대신 알고리듬을 통해 학점을 부여하기로 결정했다. 알고리듬은 교사의 평가, 모의고사 성적 그리고 (지금 우리의 논의에서 제일 중요한) 소속 학교의 역대 학업 능력을 바탕으로 학점을 매겼다. 여기서 마지막 기준의 목적은 학점 인플레이션을 '보정'하고 전국적으로 결과를 표준화하는 것이었다. 그래서 어떻게 되었을까? 학생들의 40퍼센트 이상이 본인이나 교사가 예상한 것보다 낮은 시험 학점을 받게 되었고, 그에 따라 전국에서 항의가 빗발쳤다. 문제는 더 심각했다. 학점 하락 현상은 부유하지 않은 지역 출신의 학생들에게 훨씬 빈번하게 나타났는데, 소속 학교의 역대 학업 능력 때문이었다. 예상보다 낮은 학점을 받아서 대학교 입학이 취소된 학생들도 많았다.[1] 한 기사에 따르면, "과거에 성취가 부진했던 학교 출신의 우수한 학생들이 본인과 전혀 상관없는 학교 기록 때문에 학점이 때로는 두세 등급이나 급격히 하락했다".[2]

이것은 AI 세상에서 예외적인 사례가 아니다. 다양한 이유로 AI

가 취약계층에게 공정하지 않다는 머리기사가 자주 올라온다.[3] 채용과 해고, 승진, 주택 융자, 사업자금 대출에 흔히 사용되는 AI는 특히 흑인, 여성, 이민자, 빈곤층, 장애인, 신경다양인 지원자에게 불리하게 작용하는 경우가 많다. 피부암 탐지 AI는 어두운 피부를 대상으로는 잘 작동하지 않는다. 따라서 인공지능에 의존하는 의사들은 피부가 어두운 사람들을 제때 치료하지 못할 가능성이 크다.[4] 그리고 앞으로 살펴보겠지만 범죄 예측 AI는 취약계층 출신 피고인의 재판 전 석방과 보석 신청을 거부할 가능성이 더 크다. 이러한 모든 실행 패턴은 특정 집단에게 불균형적으로 좋거나 나쁜 결과를 초래한다는 점에서 편향되어 있다. 이 결과들은 이미 불리한 집단에는 해를 끼치고 이미 특권을 누리고 있는 집단에는 혜택을 주는 형태로 나타난다. 이와 같은 편향이 정당화되지 않는 경우(대체로 그렇다) 불공정하거나 부정不正한 것으로 간주된다(앞으로 불공정과 부정이라는 용어를 번갈아가며 사용할 것이다).

하지만 AI가 그토록 '지능적'이라면, 편향에 빠지지 않고 더 잘 알고 있어야 하는 것 아닐까? AI 기술이 수많은 놀라운 발전을 이루긴 했지만, 편향성은 AI가 반복해서 어려움에 처하는 영역이다. 특히 기계학습이 자주 편향을 보이는 근본적인 이유가 있다. 그중 하나는 모든 인구통계 집단과 이해관계가 동등하게 대표되는 데이터세트를 모으는 것이 매우 어렵고(또한 비용이 많이 들 때가 많다), 훈련을 받은 AI가 데이터에서 잘 대표되는 집단에 대한 예측을 그렇지 않은 집단보다 더 정확하게 수행하기 때문이다. 얼굴 인식 AI의 정확도가 밝은 얼굴보다 어두운 얼굴에서 더 낮은 이유도 그래서다. 수많은 얼굴 훈련용 데이터세트가 거의 백인으로 이루어져 있다.[5]

AI가 편향을 보이는 더 일반적인 이유는 다음과 같다. 인간과 사회 구조가 편향된 경우가 많고, 인간이 설계하고 제작하는 AI에 그러한 편향이 쉽게 내장되기 때문이다. 어떤 데이터를 수집할지 결정하고, 데이터점에 라벨링을 하고, AI 알고리듬에 어떤 정보를 넣을지 선택하고, AI 모형의 성능을 평가할 방법을 선정하고, AI의 예측에 어떻게 반응할지 결정할 때마다 인간의 편향이 AI에 반영될 여지가 생긴다. 결과적으로 AI는 다양한 경로를 통해 인간 제작자와 그 제작자가 처한 상황을 반영하게 된다. 요컨대 일부 사람들의 말처럼 "편향이 입력되면 편향이 출력된다".

이와 같은 AI 편향의 두 가지 원인은 굉장히 만연해 있고 해결하기도 어렵다. 따라서 대부분의 전문가들은 기술을 얼마나 낙관적으로 보든 간에 AI 시스템이 완벽하게 공정하거나 정의로울 가능성은 (마치 인간처럼) 거의 없다고 말한다. 이는 중요한 질문을 제기한다. AI가 부정의不正義에 기여할 수 있다는 사실을 알면서도 AI를 사용해야 할까? AI 시스템을 만듦으로써 현재 AI가 전혀 사용되지 않는 환경에서까지 부정의 수준을 경감해줄 희망적인 가능성이 있지는 않을까? 이번 장에서는 이런 질문들을 탐구할 것이다. 우선 정의의 본질과 종류부터 간단하게 살펴보자.

정의란 무엇인가?

적어도 아리스토텔레스[6] 이후로 철학자들은 가정, 사회, 법에 적용되는 정의 또는 공정을 몇 가지 영역이나 종류로 구분해왔다.

분배적 정의distributive justice는 개인과 집단 사이에서 부담과 혜택이 어떻게 분배되는지에 관한 것이다. 기업이 비호의적 집단의 지원자 채용을 거부하거나, 지방자치단체가 호의적 집단에게 더 좋은 학교 또는 더 많은 경찰 보호를 제공하거나, 국가가 일부 집단에게만 군 복무를 요구하거나 허용하는 것은 불공정하거나 부정한 것으로 여겨진다. 이러한 행동은 특정 상황에서는 타당할 수 있지만 그와 같은 불평등을 정당화하려면 적어도 특별한 이유가 있어야 한다.

응보적 정의retributive justice는 처벌이 범죄 행위에 적절한지 혹은 더 일반적으로는 사람들이 마땅히 받아야 할 죗값을 받는지에 대한 것이다. 처벌이 너무 가혹하거나 너무 관대하면 공정하지 않을 수 있다. 차량 절도범에게 종신형을 선고하는 것은 불공정해 보이는데, 범죄 행위에 비해 처벌이 너무 가혹하기 때문이다. 반면 강간범에게 징역 하루만을 선고하는 것도 공정하지 않다. 끔찍한 범죄에 비해 너무 관대하고 경미한 처벌이기 때문이다.

절차적 정의procedural justice는 분배적 정의나 응보적 정의와 다르다. 절차적 정의는 혜택과 부담을 분배하는 방법을 결정하는 과정이나 절차가 공정한지 아닌지에 관한 것이다. 유죄가 분명하고 자백까지 한 살인범이더라도 공정한 재판을 받을 권리가 있다. 마찬가지로 정치 지도자의 선출 절차에서 특정 인종이나 성별 집단이 투표권을 박탈당한다면, 이러나저러나 똑같은 후보가 당선된다 해도 그 절차는 공정하지 않을 것이다.

요컨대 사건들이 공정하지 않거나 부정한 이유는 각기 다를 수 있다. 정의에는 더 다양한 종류가 있지만,[7] 세 가지 정의(분배적 정의, 응보적 정의, 절차적 정의)만으로도 할 이야기가 넘친다. 이제부터 사법 제도에서의 AI 활용 사례를 중심으로 세 가지 유형의 정의와 관련된 AI 공정성 문제를 살펴보기로 하자.

누가 재판 전에 감옥에 가는가?

미국 경찰의 체포 건수는 매년 700만 건이 넘는다.[8] 체포 및 입건* 후에는 기소사실 인정절차가 진행되는데, 형사 피고인이 법정에 출석하여 혐의를 듣고 답변을 제출한다. 일반적으로 기소사실 인정절차는 피고인이 다음 심리나 재판을 기다리는 동안 머물 곳

---

* booking. 범죄 용의자가 체포된 후 경찰서나 교도소 시스템에 정보가 입력되는 과정.

을 결정하는 보석 심리와 함께 이루어진다. 판사는 다음 공판 기일에 출석하겠다는 서면 약속만으로 피고인을 집으로 (또는 원하는 곳으로) 보내도록 결정할 수 있다. 반대로 출석하지 않거나 범죄를 저지를 가능성이 있다고 판단되면 해당 기간에 구치소에 머물도록 명령할 수 있다. 그 중간에 해당하는 선택지도 있다. 다음 법정 출두일까지 집에 머물되 예정된 공판 기일에 돌아오겠다는 보장으로 일정 금액을 지불하게 하는 것이다. 보증금은 법정의 요구에 따라 피고인이 법정에 출석하면 반환되지만, 만일 예정된 공판 기일에 출석하지 않으면 법원에서 보관한다. 이와 같은 금전적 안전장치가 되는 돈은 '보석금'이라고 불리기도 한다. 하지만 '보석'이라는 용어는, 비단 보석금이 요구되지 않더라도, 재판 출석이 약속된 재판 전 석방을 더 폭넓게 지칭하기도 한다. 재판을 기다리는 동안 피고인이 어떤 조건에서 어디에 머물러야 하는지에 대한 결정을 우리는 '보석 결정'이라고 부를 것이다.

보석 결정은 많은 사람에게 심각한 결과를 초래한다. 보석금을 지불할 여유가 있어서 보석을 허가받은 피고인은 재판을 기다리는 동안 가족이나 친구에게 그리고 직장으로 돌아갈 수 있다. 이는 피고인의 정신 건강과 재정 상태만이 아니라 가족의 정신 건강과 재정 상태에도 긍정적인 영향을 미친다. 반대로 보석 신청이 기각된 피고인은 재판이 열릴 때까지 어쩌면 수개월 동안이나 구치소에 수감되어야 한다. 이러한 구금은 신체적 자유의 상실로만 이어지지 않는다. 감옥에 있는 동안 일을 쉬거나 집세를 내지 못할 경우,

직장과 집을 잃는 일과 같은 개인적인 비용 지출을 초래하기도 한다. 이를 비롯한 여러 방식으로 피고인과 그들의 가족은 설령 무죄 판결이 내려지더라도 막대한 대가를 치르게 된다.

이처럼 보석 기각은 막대한 비용을 초래하지만 법원에는 보석 기각이라는 선택지가 필요하다. 가령 보석으로 석방된 피고인이 도주하거나 증인을 위협 또는 살해한다면 사람들은 그 피고인의 보석이 기각되었어야 했다고 생각할 것이다. 반대로 보석 기간에 피고인이 추가 범죄를 저지를 위험이 거의 없으며 훗날 재판에 출석할 가능성과 (가족을 부양하기 위해 일하는 등) 보석 기간을 생산적으로 보낼 가능성이 매우 높다면, 보석 기각으로 인한 비용은 피고인에게 너무 가혹해 보일 것이다.

중요한 점은, 미국 판사들의 경우 피고인이 유죄라고 생각하는지 아닌지에 따라 보석 결정을 내려서는 안 된다는 것이다. 유죄 여부에 대한 판단은 훗날 재판에서 이루어진다. 그 대신 판사들은 피고인이 석방될 경우 두 가지 항목에 대해 어떤 행동을 할지 예측하여 보석 결정을 내린다. 피고인이 도주하여 재판에 출석하지 않을 것인가? 피고인이 보석 기간에 또 다른 범죄를 저지를 것인가?

물론 문제는 보석으로 석방된 피고인이 어떤 행동을 할지 아무도 확실하게 예측할 수 없다는 점이다. 그렇지만 판사는 피고인이 재판을 기다리는 동안 머물 장소를 결정해야 하며, 이러한 결정은 대체로 매우 신속하게 내려져야 한다. 뉴욕시의 기소사실 인정절차는 평균적으로 단 6분 만에 이루어지는 것으로 추정된다. 기소사실 인정절차를 진행하는 판사의 수가 적은 반면 그들이 담당하는 사건의 수는 많기 때문이다. 이와 같은 시간 압박 때문에 판사들이 각 사건의 세부사항을 모두 숙고하거나 숙지하는 것은 비현실적이다. 또 이런 시간 압박으로 인해 판사들이 결정을 내릴 때 특정 집단에 대한 암묵적인 편향에 의존할 가능성이 커질 수 있다.[9] 이런 이유로 미국 전역의 법정은 AI의 도움을 받고 있다. AI가 복잡한 정보를 분석하여 '더 정확한 예측'을 내리고, 인간보다 '덜 편향되어 있다'고 보기 때문이다.[10] 지금부터 이 중요한 두 가지 주장을 모두 살펴보자.

인간 판사 대 AI: 누가 더 정확한가?

판사들도 미래의 범죄를 예측할 때 많은 실수를 저지른다는 사실을 인정한다. 동료들이 선출한 저명한 판사, 변호사, 법학 교수로 이루어진 미국법률협회ALI는 '판결'에 대해 다음과 같이 언급했다.

검사부터 판사, 가석방 담당관까지 양형 제도를 책임지는 모든 행위자들은 … 범죄자들의 재범 위험성에 대해 항상 판단을 내린다. 그들의 판단은 광범위하게 이루어지지만 불완전한 것으로 악명이 높다. 일반적으로 인간 행동과학에 대한 전문적인 훈련을 충분하게 받지 않은 개별 의사결정자들이 자신의 직관과 능력을 바탕으로 판단을 내리는 경우가 많다.

··· 객관적인 기준에서 도출되는 계리적(통계적) 위험 예측은 인간 예측자의 전문 훈련, 경험, 판단에 기반한 임상적 예측 보다 우수한 것으로 밝혀졌다.[11]

이 저명한 법률 전문가들은 통계가 판사보다 미래 범죄의 위험성을 더 잘 예측하며 AI 예측이 통계를 바탕으로 이루어진다고 믿는다. 물론 그들의 입장은 보석 결정보다는 양형에 대한 것이다. 그렇다면 보석에 대해서는 어떨까?

보석 위반을 예측할 때 인간과 AI 중에서 누가 더 정확한지 확인하려면 그것을 판단할 방법이 필요하다. 이것은 보기보다 어려운 일인데, 재판 전에 구금된 피고인이 혹시 그 전에 석방되었더라면 충실히 재판에 임했을지, 도주하거나 범죄를 저질렀을지 여부를 사전에 알 수 없기 때문이다. 하지만 과거의 법정 기록을 검토하는 것은 가능하다. 보석을 받은 피고인 중에서 재판에 출석하지 않았거나 보석 기간에 범죄를 저지른 사례를 파악하고 동일한 피고인에 대한 AI의 평가를 비교함으로써 판사가 보석 위반을 얼마나 잘 예측하는지 어느 정도 확인할 수 있다.

뉴욕시의 보석 결정을 살펴본 한 연구에 따르면,[12] 인공지능(1장에서 제안한 폭넓은 정의의 AI)이 위험하다고 분류한 피고인의 56퍼센트가 재판에 출석하지 않았고 63퍼센트는 새로운 범죄를 저질렀으며 5퍼센트는 심지어 심각한 범죄(살인, 강간, 강도)를 저지른 것으로 나타났다. 모두 AI가 위험하다고 분류하지 않은 피고인에 비해 훨씬 높은 수치였다. 여기서 주의할 점은 통계 자체가 편향되어 있을 가능성도 있다는 것이다. 예를 들어보자. 실제로 얼마나 많은 피고인이 새로운 범죄를 저질렀는지는 알 수 없다. 우리가 아는 것은 새로운 범죄를 저지른 사람 중에서 **잡힌** 이들의 숫자뿐이다. 만일 경찰이 불균형적으로 한 집단에서 범죄자를 색출한다면 해당 집단에서 불균형적으로 많은 범죄자가 잡힐 가능성이 크다. 더군다나 그러한 집단의 사람들이 실제로 저지르지 않은 범죄로 유죄 판결을 받는 경우도 많을 수 있는데, 알고 보니 그 유죄를 받은 사람이 결백했다는 사실은 그 AI 훈련용 데이터에 포함되지 않는다. 그러나 이와 같은 매우 중요한 사항을 염두에 두더라도 AI가 고위험군으로 식별한 피고인 중 일부는 실제로 위험을 초래하는 것으로 보인다. 그럼에도 인간 판사들은 통계적 예측 AI가 상위 1퍼센트 위험군으로 평가한 피고인 중 48퍼센트를 석방했다. 요컨대 보석 원칙을 위반한 수많은 고위험군 피고인을 마치 저위험군인 것처럼 취급했다. 또한 판사들은 통계적 예측 AI가 저위험군으로 평가한 수많은 결백한 피고인의 보석 신청을 기각하기도 했다(또는 피고인이 감당할 수 없는 보석금을 명령했다). 따라서 AI는 인간 판사가 잘못 분류하는 일부 사례를 더 정확하게 분류하는 것으로 보인다.

판사들 본인은 통계에서 누락된 피고인의 중요한 특징에 근거하여 보석 결정을 내린다고 맞받아칠지 모른다. 이를테면 판사는 갱 문신이 있어서 범죄 위험이 높다고 예측되는 피고인의 보석을 기각할 수 있다. 설령 AI 훈련용 데이터베이스에 문신 항목이 없더라도 말이다. 또 피고인 가족의 법정 출석을 하나의 신호로 받아들임으로써 피고인이 사회적 지원을 받고 있으므로 재범 가능성이 낮을 것이라고 판단할 수도 있다. 반면 대부분의 보석 결정 AI는 가족의 지원 여부를 고려하지 않는다. 판사들이 정말로 대부분의 사건에서 이러한 '추적되지 않은' 특징을 활용하는지는 알 수 없고, 그 특징이 판사의 예측 실수를 전부 설명하는 것도 아니다. 특히 갱 문신이 있고 가족이 재판에 참석하지 않은 범죄자를 비롯한 고위험군 범죄자를 석방하는 실수는 설명하지 못한다. 인간 판사들이 보석 위반자를 정확하게 예측하지 못하는 현상에 대한 보다 간명한 설명은 다음과 같다. 많은 판사가 실제로는 예측을 뒷받침하지 않는 요인에 근거하여 결정을 내릴 소지가 있다는 것이다.

그게 사실이라면 위의 현상을 이해할 수 있다. 수많은 행동과학 연구에 따르면 아무리 의도가 좋고 잘 훈련되어 있는 인간 의사결정자라고 해도 중요하다고 잘못 판단한 정보 때문에 옳지 못한 결정을 내릴 수 있다.[13] 따라서 판사들이 보통 사람보다 보석 위반을 더 정확하게 예측한다고 해도, 여전히 잘못된 결정을 내릴 때가 많다는 것은 그리 놀라운 일이 아니다. 그렇다면 이런 질문이 떠오른다. AI는 훨씬 더 많은 데이터를 훨씬 더 빠르게 처리함으로써 인간 판사보다 더 정확해질 수 있을까?

질문에 대한 답은 적어도 어느 정도는 '그렇다'로 보인다. 앞서 설명한 결과는 뉴욕시의 보석 결정에 국한된 것이었다. 하지만 미국의 전국 데이터세트에서 보석 결정을 분석한 결과도 비슷했다.

해당 데이터세트는 미국 전역의 40개 대도시 카운티에서 1990년부터 2009년까지 체포된 중범죄 피고인 15만 1,461명이 포함된 것이었다. 재현 결과에 따르면, AI를 바탕으로 보석을 결정할 경우 범죄율이 19퍼센트 감소하거나(석방률은 일정하게 유지했을 경우) 아니면 수감률이 24퍼센트 감소할 수 있었다(범죄율은 일정하게 유지했을 경우). 다른 연구들에서도 재범 예측 알고리듬의 정확도가 꽤 높다는 사실이 밝혀졌으니,[14] 이는 좋은 소식으로 보인다.

물론 AI가 인간보다 더 정확할 것이라고 그냥 수긍하면 안 된다. AI가 일부 상황에서 더 정확하다고 해서, 새로운 요인이 중요해지는 다른 상황이나 다른 시점에서도 인간보다 더 정확하다는 뜻은 아니다.[15] 실제 성능의 정확도를 넘어서까지 AI를 신뢰하면 큰 문제가 발생할 수 있다. 그럼에도 위에서 언급한 연구들과 유사한 정확도를 다른 데이터세트와 전국의 다양한 상황에서도 달성할 수 있다면, AI는 보다 정확한 보석 결정을 내리는 데 유용한 도구로 쓰일 수 있을 것이다.

공정성을 명시하기

AI 예측 도구의 보석 결정 정확도가 기대할 만하더라도 우려스러운 점은 또 있다. AI의 예측이 불균형적으로 취약계층에게 해로운 영향을 미칠 수 있다는 점이다. 여기서는 재범 예측 AI가 인종 집단에 따라 공정한지에 초점을 맞출 것이다. 예를 들어보자. 범죄 위험성 평가 도구인 컴퍼스Correctional Offender Management Profiling for Alternative Sanctions, COMPAS(대안 제재를 위한 범죄자 교정 관리 프로파일링)는 어떤 피고인에게 약물 치료 프로그램이나 갱생 서비스 같은 대안 제재를 받게 할지에 대한 판사의 결정을 돕기 위해 만들어졌다. 컴퍼스는 이제 형사 사법 제도의 다른 부문, 즉 보석과 판결 및 가석방 결정에도 쓰이고 있다. 컴퍼스 알고리듬은 독점적이기 때문에 피고인의 어떤 특징을 고려하는지는 알려져 있지만, 알고리듬의 정확한 작동 방식이나 시간에 따른 학습 여부는 분명하지 않다. 그래도 우리가 책에서 제시한 폭넓은 정의에 따르면 AI로 분류되는 것으로 보인다. 우리가 묻고 싶은 중요한 질문은 이것이다. 컴퍼스는 다양한 피고인 집단에게 공정한가? 여기서는 흑인 피고인에게 초점을 맞추겠지만, 이 문제는 다른 인구통계 집단(가령 젠더 집단)에도 적용된다.

비영리 탐사보도 매체 프로퍼블리카ProPublica는 오늘날 널리 알려진 분석을 통해 플로리다주 브로워드 카운티의 흑인 피고인 재범에 대한 컴퍼스의 예측을 살펴보고 다음과 같이 결론지었다.

알고리듬은 재범을 예측하면서 흑인 피고인과 백인 피고인에 대해 거의 같은 비율로 실수를 저질렀지만 그 양상은 매우 달랐다.
- 알고리듬의 수학 공식은 특히 흑인 피고인을 장래의 범죄자로 잘못 표시할 가능성이 컸다. 흑인 피고인이 이렇게

잘못 분류될 가능성은 백인 피고인보다 거의 두 배나 높았다.

- 백인 피고인이 저위험군으로 잘못 분류될 가능성은 흑인 피고인보다 높았다.

이 불균형은 피고인의 이전 범죄 전력이나 범죄 유형으로 설명될 수 있을까? 그럴 수 없다. 우리는 범죄 전력과 재범률은 물론이고 피고인의 나이와 성별로부터 인종의 영향을 분리하는 통계 검정을 실시했다. 그 결과 흑인 피고인은 향후 강력 범죄를 저지를 위험도가 큰 대상으로 분류될 가능성이 77퍼센트 더 높았고, 향후 어떤 종류로든 범죄를 저지를 가능성이 45퍼센트 더 높게 예측되었다.[16]

여기서 첫 번째 항목은 컴퍼스의 거짓긍정률(실제로는 재범을 저지르지 않았는데 재범을 예측한 비율)이 백인 피고인보다 흑인 피고인에게서 더 높다는 뜻이다. 두 번째 항목은 컴퍼스의 거짓부정률(실제로는 재범을 저질렀는데 재범을 예측하지 않은 비율)이 흑인 피고인보다 백인 피고인에게서 더 높다는 의미다. 두 가지 불평등 모두 흑인 피고인에게 불공정해 보인다.

컴퍼스의 제작사 노스포인트Northpointe는 실수 비율의 차이를 인정했다. 하지만 그러면서도 컴퍼스의 예측은 평균적인 정확도가 흑인과 백인 피고인 모두에게 여전히 똑같다고 답했다.[17] 그리고 두 집단에 대한 동일한 예측 정확도는 거짓긍정률과 거짓부정률의 차이로 이어지며, 이 결과는 그저 두 집단의 기본 재범률이 다르기 때문일 뿐이라고 주장했다. 이를 근거로 노스포인트는 컴퍼스가 흑인 피고인에게도 공정하다고 결론지었다.

이 복잡한 논쟁을 이해하기 위해 다음과 같은 상황을 상상해보자. 복역하다가 석방된 남성 1만 명과 여성 1만 명의 데이터가 있다. 그중에서 남성은 8000명이, 여성은 2000명이 재범을 저질렀다. 이제 데이터세트에 없는 남성 10명과 여성 10명이 유죄 판결을 받았다고 하자. 형벌을 결정하기 위해 법원은 20명 중에서 누가 출소 후 재범을 저지를 가능성이 큰지 우리에게 예측해달라고 요청한다. 다른 증거가 없다면 남성이 재범을 저지를 확률은 0.8(80퍼센트)이고 여성이 재범을 저지를 확률은 0.2(20퍼센트)라고 추정하는 것이 합리적으로 보인다. 왜냐하면 바로 이것이 데이터에 포함된 더 큰 집단의 과거 재범률이기 때문이다. 따라서 유죄 판결을 받은 남성 중에서는 8명, 여성 중에서는 2명이 교도소에 수감되지 않는다면 향후 재범을 저지를 것이라고 예측할 수 있다. 이제 거짓긍정률과 거짓부정률을 고려해보자. 남성 10명은 각각 위험 점수로 0.8을 받기 때문에 모두 재범을 저지를 것이라 예측되지만, 그중에서 실제로 재범을 저지르는 사람은 8명이므로 거짓긍정은 2건이고 거짓부정은 0건이다. 여성 10명은 각각 위험 점수로 0.2를 받기 때문에 모두 재범을 저지르지 않을 것이라 예측되지만, 그중에서 재범을 저지르는 사람은 2명이므로 거짓긍정은 0건이고 거짓부정은 2건이다. 따라서 두 집단에 대한 예측 정확도가 똑같더라도 남성의 경우 거짓긍정이 더 많고 여성의 경우 거짓부정이 더 많다. 어떻게 이럴 수 있을까? 바로 데이터에 포함된 남성 80퍼센트와 여성 20퍼센트의 과거 기본 재범률 때문이다. 과거의 기본 재범률이 똑같다면, 동일한 예측 정확도는 동일한 거짓긍정률과 거짓부정률로 이어진다. 반면 데이터에 포함된 과거 기본 재범률이 똑같지 않다면, 두 집단에 대한 예측 정확도는 동일하다고 해도 훗날 벌어질 사건의 거짓긍정률과 거짓부정률은 동일하지 않다.

우리가 살펴본 가상의 세상은 컴퍼스의 예측이 잘 보정되어 흑인과 백인 피고인 모두에게 똑같이 정확하면서도(노스포인트의 지적) 동시에 어떻게 흑인 피고인에게 거짓긍정이 더 많고 백인 피고인에게 거짓부정이 더 많을 수 있는지(프로퍼블리카의 지적)를 보여준다. 그 이유는 바로 해당 지역의 기본 범죄율이 백인보다 흑인에게서 더 높기 때문이다. 프로퍼블리카를 비롯한 컴퍼스 비판자들은 두 집단에서 거짓긍정률과 거짓부정률이 다를 경우 백인 피고인보다 흑인 피고인이 상당한 불이익을 당한다고 응수한다(그리고 이처럼 비율이 다른 이유는 두 집단의 기본 범죄율이 다르기 때문인데, 이것은 재범을 저지를 것이라고 예측된 특정 피고인의 잘못은 아니라고 주장한다). 요컨대 컴퍼스의 전반적인 공정성에 대한 양측의 평가는 어떤 공정성 기준을 적용하는지에 따라 달라진다.

논쟁의 쟁점은 정책 방향 제시에 적절한 '공정성' 개념이란 과연 무엇인지와 관련이 있다. 컴퍼스의 정의에 따르면, AI의 예측이 공정하다는 것은 두 집단에 대한 정확도가 동일하다는 뜻이다. 이에 반해 프로퍼블리카와 다른 비판자들은 혜택과 부담을 받는 대상이 누구인지에 따라 공정성을 정의한다. 한 정의에 따르면, AI의 사용이 '공정한' 경우는 오직 서로 다른 집단에게 생기는 **나쁜** 결과의 비율(가령 보석, 집행유예, 가석방, 형량 단축 신청이 **기각**되는 경우)이 동일할 때뿐이다. 또 다른 정의에 따르면, 서로 다른 집단에게 나쁜 결과가 **잘못** 부과되는 비율(가령 보석을 받을 만한 사람의 보석 신청이 **기각**되는 경우)이 동일할 때에만 '공정'하다. 세 번째 정의는 "관련 집단들에게 할당되는 평균적인 위험 점수 간의 차이가 해당 집단들의 (예상) 기본 범죄율 간의 차이와 같아야 한다"라고 주장한다.[18] 공정성 정의의 목록은 여기서 끝나지 않는다. 믿기 힘들겠지만 공정성에 대한 수학적 정의는 무려 스무 가지가 넘는다![19]

중요한 점은, 각 집단의 기본 범죄율이 서로 다르다면 위의 정의들이 모두 동시에 만족될 수는 없다는 것이다.[20] 제각기 나름의 장단점이 있는데, 특히 범죄를 줄이는 방법을 고려할 때 두드러진다.[21] 각 정의의 장단점은 서로 다른 인종과 인구통계 집단마다 다른 정도로 영향을 미칠 수 있다.

현재 AI 자체는 어느 공정성 기준을 정책에 반영하는 것이 옳은지 알려주지 않는다. 그럼에도 AI에 공정성을 반영하기 위해 '공정성'을 수학 용어로 정의하려는 시도는 다양한 공정성 기준이 서로 충돌한다는 사실을 드러낸다. 그리고 여러 분야의 연구자들로 하여금 다양한 상황에서 한 종류의 공정성을 다른 종류보다 우선시하는 것이 어떤 영향을 미치는지 더욱 명확하게 파악하도록 해준다. 더 나아가 AI 제작자들이 공정성의 정의를 구체적으로 명시한다면, 다양한 공동체가 해당 공정성 기준이 추구할 만한 것인지 판단하고 피드백을 제시하는 것이 더 쉬워질 것이다. 이러한 문제를 신중하고 개방적으로 검토한다면 공정성의 기준과 목표를 숨기고 논의하지 않을 때보다 더욱 정의로운 결과를 가져올 수 있을 것이다.

인간 판사 대 AI: 누구의 편향이 더 심한가?

예측 AI가 어떤 면에서 불공정할 수밖에 없다고 하더라도, AI의 예측과 인간 판사의 예측을 비교하는 것은 여전히 중요하다. 예를 들어보자. AI를 사용하지 않는다고 해도 현행 사법 제도에서 흑인이 불이익을 받는다는 사실은 잘 알려져 있다. 인간 판사는 저마다 인종에 대한 (그리고 피고인의 다른 인구통계 특성에 대한) 암묵적·명시적 편향을 갖고 있다.[22] 그렇기 때문에 불편부당함을 목적으로 최선을 다할 때조차 판결에 영향을 받을 수 있다.[23] 그렇다면 AI는 인간 판사보다 더 나을까? 프로퍼블리카 기사에 달린 토론 댓글은 이 문제를 다음과 같은 관점으로 바라보았다.

> 댓글 작성자 B: 여기서 무서운 건 [브로워드 카운티에서 컴퍼스를 사용한] 프로그램의 결과가 (심지어 특정 인종들의 범죄율 차이까지 고려했는데도) 부정확하고 인종적으로 편향되어 있다는 것임.

댓글 작성자 K: 더 무서운 게 있음. 전국에서 만 명이나 되는 판사가 그들 머릿속에 있는 '알고리듬'과 편향에 대해 아무도 알지 못하는 상황에서 결정을 내리고 있다는 것임. 판사들이 부정의를 영속시키는 걸 우리는 그냥 내버려두고 있고. 난 모두가 보고 연구하고 고치려고 할 수 있는 알고리듬이 [판사보다] 더 낫다고 본다. 판사가 편향을 갖고 의사결정을 내리지 않길 바라면서 그들을 훈련하는 것보다 알고리듬을 수정하고 테스트하는 게 더 쉽지.[24]

지금으로서는 인간 판사와 AI 시스템 중에서 누가 더 편향적인지 확실하게 결론지을 수 있는 증거가 충분하지 않다. 더군다나 둘 사이의 비교는 맥락과 AI의 발전에 따라 달라질 수 있다.

더 나아가 AI가 덜 편향적이라고 하더라도 인간 판사는 여전히 AI의 추천을 자기 나름대로 편향적으로 수용하거나 거부할 수 있다. 켄터키주의 사례가 대표적이다. 켄터키주에서 보석 위반 알고리듬 예측을 도입한 결과, 흑인 피고인보다 백인 피고인에게 보석금을 받지 않고 석방 판결을 내릴 가능성이 더 크다는 예상치 못한 상관관계가 발생했다. 왜냐하면 피고인이 흑인일 경우 판사들이 중등도 위험(저위험군과 고위험군의 중간) 피고인에 대한 알고리듬 예측을 거부할 가능성이 더 높았기 때문이다.[25] 하지만 '댓글 작성자 K'가 제안한 것처럼, 인간이 AI를 적절하게 사용한다면 인종과 관련된 분배적 공정성을 추구하는 데 있어서 AI의 사용은 어느 정도 이점을 제공할 수 있다.

투명성의 실현 가능성

컴퍼스의 시스템은 독점적이므로 판사와 변호사, 피고인은 피고인의 특징들이 어떻게 결합되어 재범 예측에 사용되는지 알 도리가 없다. 더군다나 1장에서 언급했듯이 수많은 AI 시스템은 '블랙박스'처럼 기능한다. 따라서 AI가 특정한 예측을 내리는 이유를 파악하는 것은 불가능하진 않더라도 매우 어렵다. 이러한 이유로 AI 예측은 이따금 불투명해진다.

그렇지만 어떤 AI 시스템은 설명과 해석이 가능하면서도 여전히 우수한 성능의 예측을 제공한다.[26] 해석 가능한 AI가 법정 의사결정에 사용된다면, 비록 AI 전문가들의 해석은 여전히 필요하겠지만 어떤 요인이 어떻게 결정에 영향을 미치는지를 명확히 파악할 수 있다. 그럼으로써 요인을 면밀히 검토하고 이의를 제기하면서 문제를 해결할 수 있다. 댓글 작성자 K가 제안한 것처럼, 이 나름의 투명성은 공식적으로 인정되지 않는 인간 편향의 영향을 크게 받는 법정 의사결정에 비해 유리한 면이 있는 것으로 보인다. 이 점에 대해서는 잠시 후에 더 자세히 다룰 것이다.

명시적 편견과 간접적 대리

AI를 사용하여 재범을 예측하면 또 다른 장점도 있다. 인간 판사는 일반적으로 피고인의 인종을 알게 되지만 AI는 재범을 예측할 때 인종 또는 다른 인구통계 범주를 무시하도록 의도적으로 설계할 수 있다는 점이다. 이러한 방식으로 설계된 AI는 재범을 예측하면서 인종 범주를 사용하지 않기 때문에, 비록 대부분의 인간 판사가 정말로 불편부당함을 추구하더라도 지니고 있을지 모를 명시적인 인종 편견의 패턴을 일부 회피할 수 있다.

하지만 안타깝게도 문제는 남아 있다. 인종 정보를 AI에 직접 제공하지 않더라도 AI가 분석하는 데이터는 여전히 인종 범주와 높은 상관관계가 있는 다른 범주에 대한 정보를 포함할 수 있다(그런 범주를 대리 범주proxy 또는 대리 변수라고 한다). 예를 들어보자. 거의 모든 재범 예측 알고리듬은 범죄 데이터가 아니라 체포 데이터로 학습한다. 경찰은 때때로 특정 인종 집단을 더 면밀히 감시함으로써 해당 집단에서 더 많은 이들을 불균형적으로 체포한다. 그중 상당수가 범죄 혐의로 기소되지 않고 풀려나더라도 말이다. 그 결과 인종 범주를 명시적으로 사용하진 않더라도 체포율을 학습한 AI 시스템(가령 컴퍼스)은 소외된 인종 집단에 속한 피고인에게 지나치게 높은 재범 위험도를 부여할 수 있다. 이 문제는 이번 장 서두에서 논의한 '편향이 입력되면 편향이 출력된다'라는 악명 높은 문제의 한 사례다. 다시 말해, 사회 구조와 경찰 수사 절차의 편향은 AI 학습용 데이터의 편향으로 이어지고('편향이 입력되면'), 결과적으로 AI 알고리듬이 특정한 취약계층 구성원을 대상으로 지나치게 높게 재범 위험도를 예측하게 한다('편향이 출력된다').

이러한 종류의 간접 차별은 부정한 사회 구조 또는 위계를 공고히 함으로써 변화를 어렵게 만든다. 미국의 전 연방법무부장관 에릭 홀더는 다음과 같이 말했다. "피고인의 교육 수준과 사회경제적 배경 또는 지역과 같은 정적인 요인과 불변의 특성을 근거로 형량을 결정함으로써 이미 형사 사법 제도와 우리 사회에 널리 퍼진 부당하고 부정한 격차를 더욱 악화할 수 있다."[27] 불평등을 악화하는 방식으로 피고인에게 판결을 내리는 것은 분명 공정하지 않아 보인다. 하지만 기술적 발전과 신중하게 설계된 시스템을 결합하면 AI가 유해한 편향을 방지하는 데 도움이 될 수 있다는 희망은 여전히 남아 있다. 이제 이러한 가능성에 대해 논의해보자.

보정과 보호 계층

이론적으로 볼 때 AI 알고리듬은 세상에 대한 정량적 모형을 활용하여 불공정한 결과를 적어도 어느 정도는 통계적으로 보정할 수 있어야 한다. 이러한 보정을 목적으로 다양한 기술 전략이 개발되고 있다.[28] 전략들이 어떻게 작동하는지 살펴보기 위해 직관적인 접근 방식 하나를 설명하고자 한다. 이 접근 방식은 세 가지 단계로 진행된다. 첫째, 인종 및 기타 인구통계 범주를 비롯해 관련성이 있다고 생각되는 모든 정보를 사용하여 관심 있는 사항(가령 보석 위반이나 재범)을 예측하기 위해 대규모 데이터세트로 통계 모형을 훈련한다. 모형은 인종과 같은 '보호' 특징을 포함하여 각 특징에 대한 '가중치'를 학습하게 된다. 둘째, 모형에서 예측에 사용되는 다른 특징들로부터 보호 범주의 영향을 통계적으로 제거한다.

인종의 경우, 그 결과는 '인종 중립race-blind' 가중치다. 데이터에서 가중치는 인종만이 아니라 그 어떤 인구통계 범주에 대해서도 '중립적인blind' 것으로 만들어질 수 있다. 셋째, 구체적인 사례에 대한 예측은 기존의 가중치 대신 '인종 중립' 가중치를 통해 이루어지며 인종적 특징이 반영된 가중치는 완전히 제거된다.[29] 결과적으로 인종이 예측에 미치는 통계적 영향이 (상당 부분) 제거된 인종적 편향 '보정' 예측이 생성된다.

이러한 방식으로 '보정'된 위험 평가 알고리듬을 옹호하는 이들은 다음과 같이 주장한다. 보정된 알고리듬을 사용하면 인종 이외에는 모든 조건이 동일한 흑인과 백인이 모두 똑같은 위험 점수나 예측을 받을 가능성이 더 높아진다고 말이다. 그들의 말에 따르면, 보정된 알고리듬을 통해 소외된 소수자 집단에 대한 알고리듬의 부정적인 차별적 영향을 감소시킬 수 있다. 일례로 뉴욕시 보석 결정에 편향성 보정 방법을 사용하여 시뮬레이션한 결과, 편향성을 보정하지 않고 결정을 내렸을 때보다 흑인 피고인이 1700명 더 석방되었다. 재판에 출석하지 않은 사람은 불과 8명 더 많았다.[30]

일부 비판자들은 인종과 같은 보호 표시를 명시적으로 사용하는 이러한 예측 방법에 반대한다. 왜냐하면 인종 분류에 의존하는 것 자체를 차별의 한 형태로 보기 때문이다. 이에 대한 응답으로 어떤 이들은 이렇게 주장한다. 보호 표시된 집단 사이의 불공정한 격차를 줄인다는 목표 및 효과를 위해 보호 범주를 사용하는 것은 허용 가능할 뿐만 아니라 칭찬할 만한 일이라고 말이다. 더군다나 앞서 설명한 것과 같은 방법은 오직 모형 훈련이나 전처리 단계*에서만 보호 범주를 사용하며, 특정한 개인에 대한 예측을 내리는 최종 단계에서는 보호 범주를 사용하지 않는다. 이를 근거로 많은 법학자는 해당 접근 방식이 시민권을 침해하지 않으며 오히려 시민의 권리를 보호하는 데 도움이 된다고 주장한다.[31]

절차적 정의는 어떨까?

지금까지는 AI가 서로 다른 집단에 특정 혜택과 부담을 공정하게 분배할 수 있는가 하는 문제에 초점을 맞추었다. 여기서 공정성은 이번 장 서두에서 설명한 세 가지 정의 중 첫 번째인 분배적 정의에 해당한다. 두 번째 정의인 응보적 정의도 중요할 때가 있다. 예측의 결과로 범죄에 비해 너무 가혹하거나 관대한 판결을 받는 경우다. 세 번째 정의도 중요하다. 피고인이 정확하게 유죄 판결을 받고 적절한 형을 선고받고 인구통계 집단 간에 처벌이 공정하게 분배된다고 해도 재판 **절차**가 공정하지 않다면 피고인은 여전히 다른 의미에서 불공정한 대우를 받는다고 볼 수 있다. 그렇다면 이제 우리는 이렇게 물어야 한다. 인공지능 낙관론자들이 승리하여 결국 사법 제도가 분배적으로 또 응보적으로 충분히 공정한 것으

---

* pre-processing step. 데이터를 원하는 형태로 가공하는 과정.

로 입증된 AI를 사용하게 되었다고 하자. 그럴 때에도 인공지능은 여전히 절차적으로 부정하거나 불공정할 수 있을까?

사법 제도에서 절차적 정의는 대체로 양측이 상대방의 증인을 반대신문 하고 더 일반적으로는 상대방의 증거에 대해 의문을 제기할 권리가 있다는 뜻으로 간주된다(물론 불편부당한 판사에게 판결을 받을 권리와 재판을 신속하게 받을 권리도 있다[**]). 반대신문이 효과적으로 이루어지려면 양측 모두 상대방의 증인과 증거를 반드시 이해해야 한다. 이러한 의문 제기 능력은 AI 예측이 사법적인 결정의 근거가 될 때 중요한 문제가 된다. 예측을 생성하는 AI를 인공지능 전문가 말고는 아무도 이해할 수 없다면 또는 심지어 전문가조차 이해하는 것이 불가능하다면, 변호 제도는 효과적으로 대응할 능력을 잃게 된다. 그렇다면 법정 절차는 결국 공정성을 상실할 것이다.

절차적 정의 논쟁은 '루미스 대 위스콘신 판결Loomis v. Wisconsin'에서 AI에 바탕을 둔 (보석 결정이 아닌) 형량 결정을 두고 제기되었다.[32] 에릭 루미스는 '주행 중 총격'에 가담한 혐의로 기소되었다. 루미스는 총격 사실은 부인했지만 "교통경찰에게서 도주하려고 시도했고 소유주 동의 없이 차량을 운전했다"는 혐의는 인정했다. 루미스 사건에 컴퍼스 점수가 도입되기 전, 검찰과 피고 측 변호인은

[**]   수많은 형법 제도에 반영된 절차적 정의의 또 다른 측면은 동료 배심원단jury of our peers을 꾸릴 권리다(동료 배심원단이란 피고인의 동료로 간주될 수 있는 시민으로 배심원단을 공정하게 꾸릴 수 있는 권리를 의미한다—옮긴이). AI는 우리의 동료일까? 책에서는 이 문제를 다루지 않겠지만, 조만간 가까운 법원에 도입될지도 모른다—원주.

카운티 감옥에서 1년간 보호관찰을 받는 양형거래*에 동의했다. 하지만 선고 공판에서 한 보호관찰관이 루미스의 재범 가능성이 높다는 컴퍼스 AI의 예측을 공유했다. 1심 판사는 이렇게 말했다. "피고는 컴퍼스 평가를 통해 공동체에 큰 위협이 되는 인물로 확인되었다. 여러 요인을 종합적으로 고려할 때, 피고의 경력과 보호관찰 기록 및 위험성 평가 도구를 근거로 재범 위험이 극도로 높다고 판단되며 범죄의 심각성이 높으므로 보호관찰을 기각한다."[33] 결국 루미스는 징역 6년과 5년간의 연장 보호관찰을 선고받았다.

루미스는 양형 결정에 항소했다. 루미스의 핵심 주장은 다음의 이유로 재판이 불공정하다는 것이었다. 컴퍼스는 특정 집단에 불공정할 뿐만 아니라 컴퍼스의 예측 모형이 독점적이고 복잡해서 (137가지 질문을 기반으로 한다) 루미스와 그의 변호인이 컴퍼스가 해당 위험성 예측에 도달한 경로 또는 이유를 알거나 그 예측을 대상으로 반대심문하고 대응하고 이해할 수 있는 현실적인 방법이 없었다는 것이다. 루미스는 결국 항소심에서 패소했다. 그러나 많은 법학자는 특히 절차적 논거를 이유로 루미스가 승소했어야 한다고 생각한다.

컴퍼스가 어떤 평가 대상을 왜 그리고 어떻게 '재범 가능성 높은 인물'로 분류하는지 알 수 있는 절차적 권리는 피고인에게만 중

---

* plea deal. 피고인이 유죄를 인정하면 형량을 줄이거나 혐의 일부를 면제하는 제도를 말한다. 형량거래 또는 사법거래로도 번역된다.

요한 것이 아니다. 컴퍼스의 내부 작동 방식은 판사에게도 중요하다.[34] 루미스 사건의 1심 판사는 루미스의 "재범 위험이 극도로 높다"라는 판단을 정당화하려면 컴퍼스의 예측을 언제 (그리고 얼마나) 신뢰해야 하는지에 대해 현명한 판단을 내릴 수 있어야 했다. 이러한 지식이 없다면 판사는 알고리듬의 예측을 맹목적으로 수용하거나 거부하게 될 것이며, 예측을 신뢰하지 못하는 상황에서도 예측을 그대로 따르게 될 수 있다. 항소법원 판사도 같은 입장에 처해 있다. 왜냐하면 1심 법원 판사가 컴퍼스의 예측을 따름으로써 실수를 저질렀는지 파악할 방법과 그 실수를 바로잡을 방법이 없기 때문이다. 입법자 또한 컴퍼스가 시스템 내부에서 무슨 일을 벌이는지, 그리고 서로 다른 집단을 대상으로 어떻게 작동하는지 충분히 알 필요가 있다. 사법 제도의 컴퍼스 사용 방식에 관해 새로운 입법이 필요하지는 않은지 파악하기 위해서 말이다. 심지어 일반 시민도 법과 정치 개혁을 옹호할지 판단하기 위해 관련 지식이 필요하다. 독점적이고 설명되지 않으며 불투명하고 블랙박스 같은 AI를 정확성 검증도 없이 사법적으로 사용한다면, 사법 제도의 절차는 이러한 모든 방식으로 불공정하고 불공평해질 것이다. 심지어 AI 알고리듬이 처벌과 편익을 공정하게 분배한다고 할지라도 말이다.

해석 가능성이 문제를 해결해줄까?

알고리듬이 결과를 산출한 근거를 인간이 파악할 수 있을 때 알고리듬은 해석 가능한 것으로 간주된다. 사법 제도에서 사용되는 모든 AI를 해석 가능하게 만들고 인공지능 개발자들에게 AI의 훈련 및 작동 방식을 공유하라고 요구한다면 인공지능의 절차적 정의에 대한 우려는 전부 사라질까?

그렇게 하면 많은 도움이 되겠지만 여전히 몇 가지 과제는 남는다. 그 처리 과정이 깜깜이인 블랙박스 심층학습 AI가 인기를 끄는 이유는 대체로 다른 AI 기술보다 성능이 뛰어나기 때문이다. 해석 가능한 알고리듬은 해석 불가능한 알고리듬보다 정확도가 떨어질 때가 있는데, 이러한 부정확성은 수감 여부 및 기간에 영향을 미칠 수 있는 결정을 내릴 때 특히 중요해진다. 좋은 소식은, 해석 가능한 알고리듬 기술 분야는 성공한 전례가 있고 앞으로 성장할 여지도 많다는 것이다. 일부 저명한 컴퓨터과학자의 주장에 따르면, 적절하게 구축된 '해석 가능한' 알고리듬은 이 책에서 고려한 거의 모든 예시에 대해 블랙박스 알고리듬과 동일하거나 거의 비슷한 성능을 발휘할 수 있다. 상당한 양의 연구가 이 견해를 뒷받침한다.[35] 해당 연구에 더 많은 에너지와 자금이 투입된다면 블랙박스만큼 또는 그와 엇비슷하게 정확성이 높은 해석 가능한 AI가 많이 만들어질 것이라고 현실적으로 기대할 수 있다.

복잡한 문제가 하나 더 있다. '해석 가능성'은 사람마다 다른 의미를 지닌다는 점이다.[36] 해석 가능한 알고리듬이 어떻게 작동할지를 컴퓨터과학자가 이해하고 예측한다고 해서 일반적인 변호사나 피고인이 알고리듬의 작동 방식을 이해하거나 예측할 수 있다는 뜻은 아니다. 공정한 사법 제도를 구축하려면 어떤 종류의, 또어느 정도 수준의 해석 가능성이 필요할까? 제도 내부에서 수행되는 모든 역할과 모든 사람에게 딱 맞는 답은 없다. AI 개발자는 AI가 예측을 생성하는 방식과 훈련용 데이터의 세부 내용을 깊게 이해해야 한다. 그와 같은 지식이 있어야 AI가 공정하고 충분히 정확한 예측을 내릴 수 있도록 직접 수정하거나 요청할 수 있다. 반면판사와 입법자는 AI의 작동 및 훈련 방식에 대해 조금만 알면 된다. 하지만 사법 제도에서 AI의 목적이 무엇인지는 알아야 그 목적이 얼마나 잘 달성되고 있는지 평가할 수 있고, 필요할 경우에 수정을 요청할 수 있다. 요컨대 어느 AI 알고리듬이 선택되든 간에다양한 주체들이 다양한 방식으로 이해할 수 있도록 만들어져야한다.

이해관계자들이 파악할 수 있는 방식으로 AI 모형에 대한 정보를 제시하고 설명하는 방법을 마련하는 것은 매우 어려운 일이다. 더군다나 의사결정을 할 때 AI 모형이 항상 예상되는 방법으로 사용되는 것도 아니다. 일례로 켄터키주 판사들이 편향된 방식으로 AI 추천을 기각함으로써 **더욱** 편향된 보석 결정을 내린 사례를 떠올려보라.[37] 게다가 AI 알고리듬 작동 방식에 대한 설명을 제공한다고 해서 사람들이 AI의 잘못된 예측을 더 정확히 식별하는 것도 아니다.[38] 요컨대 인공지능을 평가해야 하는 모든 사람들이 '해석 가능한' AI의 결정을 충분히 이해할 수 있도록 하기까지는 아직 갈 길이 멀다. 진척이 된다고 하더라도 절차적 불공정의 일부 유형 은 해결되지 않을 가능성이 크다. 그럼에도 AI 알고리듬을 최대한 해석 가능하고 투명하게 만드는 것은 절차적으로 공정한, 그리고 다른 의미에서도 공정한 인공지능을 마련하기 위해 중요한 해결책 이 될 것이다.

공정한 AI

지금까지는 형법의 인종 범주와 관련된 AI 불공정성에 초점을 맞춤으로써 AI가 정의와 공정성을 위협하거나 강화할 수 있는 다 양한 방식을 살펴보았다. 물론 AI는 법 안팎의 다른 수많은 영역 에도 비슷한 영향을 미칠 수 있다. 민사법원에서 미래의 손해배상 금을 산정할 때, 은행에서 대출 신청인의 채무 불이행 여부를 예측 할 때, 고용주가 노동자의 채용·해고·승진·상여금 지급을 결정할 때, 학교에서 지원자를 선별할 때, 웹사이트가 어떤 상품을 사용자 에게 추천해야 할지 예측할 때, 이 모든 경우에 인공지능이 사용될 수 있다. 그럴 때마다 공정성이 문제가 될 수 있으며, 취약계층에게 종속화 및 낙인찍기와 같은 유해한 위험이 발생할 수 있다. 더군다 나 차별은 사회적으로 돌출된 집단을 향하기 마련이다. 이를테면 민족·성 정체성·성적 지향성에 따라 규정되는 사람들, 빈곤층과 홈리스, 노인과 장애인 등이 그러한 집단에 포함된다. AI는 수많은 인구통계 집단 전반에 걸쳐서 공정해야 한다. 물론 쉽지 않은 일이며, AI 제작자들은 AI 공정성 문제에 대해 끊임없이 경각심을 갖고 AI 시스템이 잠재적 편향을 보이는지를 계속해서 감독해야 한다.

이렇게 문제가 많지만 희망의 조짐도 있다. 삶의 다양한 측면에 AI가 도입되면서 인간이 전통적으로 내려왔던 결정에서 수많은 형태의 부정의를 더 많이 인식하게 되었다는 것이다. 우리는 아직 모든 상황에서 AI를 공정하게 적용하는 방법을 찾지 못했다. 하지만 적어도 AI는 해결되어야 할 불공정성이 무엇인지를 드러내고 있다.

더군다나 AI의 공정성은 앞으로 다루기가 더 쉬워질 수도 있다. AI 불공정성을 안정적으로 해결하고 완화하는 데 도움이 될 만한 '공정한 AI' 기술 도구 개발에 이미 진척이 있었다. 인공지능의 '공정성, 책임성, 투명성'을 다루는 연례 컨퍼런스는 해당 분야에 얼마나 많은 헌신과 추진력이 들어가고 있는지 보여준다. 현재 개발되고 있는 도구를 간단하게 살펴보자. 앞서 언급한 기술적 보정 기법 외에도 데이터세트에서 취약 집단의 대표성을 검사하는 도구가 제작되었다.[39] 또 다양한 인구통계 집단을 용인 가능한 수준으로 대표한다고 확인된 '공정한' 데이터세트를 여러 기관에서 생성함으로써 다른 단체에서 사용할 수 있도록 하고 있다.[40] 그리고 AI 모형이 사용된 후에도 여러 집단에 적용된 결과를 감독하기 위한 검사 도구 및 서비스가 개발됨으로써 불공정한 영향을 확인하고 효과적으로 대처할 수 있게 되었다.[41] 더 나아가 AI 제품팀이 AI 제품에서 예상치 못하게 발생한 공정성 문제를 해결할 때 활용할 수 있는 다양한 틀과 체크리스트, 조직적 접근 방식이 마련되어 있다.[42] 심지어 AI 제품팀이 AI 사용에 가장 적합한 공정성의 수학적 정의를 파악하는 데 도움을 주는 AI도 있다.[43] 다시 말하지만, 이것들은 현재 개발 중인 '공정한 AI'를 위한 기술적 접근 방식의 일부에 불과하며 여러 조직과 정부가 이런 도구들을 점점 더 많이 도입하고 있다.[44]

물론 기술적인 도구만으로는 AI의 불공정성이 대두되는 모든 문제를 충분히 해결할 수 없다. 상당수 도구는 사용하기가 어렵거나 구체적인 사례에 적용하는 방법을 파악하기가 쉽지 않다. 도구가 제공하는 내용과 사람들이 도구를 성공적으로 사용하는 데 필요한 조건 사이에는 여전히 상당한 간극이 있다.[45] 더 근본적으로 말해서 AI 기술 도구를 올바르게 사용하려면 수많은 사회적·조직적 과제가 해결되어야 한다(이에 대해서는 7장에서 살펴볼 것이다).[46] 그럼에도 AI에는 인간의 편향을 개선할 수 있는 잠재력이 있다. AI가 공정성에 미치는 위험은 심각하지만 관리하지 못할 정도는 아니며, 이는 AI를 적절하게 사용한다면 사회에 도움이 될 수 있다는 점을 시사한다.

5

인공지능에
(혹은 AI 제작자와 사용자에게)
책임을 물을 수 있을까?

2018년 3월 18일 일요일 오후 9시 58분경, 49세의 일레인 허츠버그는 한밤중에 자전거를 타고 조명이 어둡게 드리운 애리조나주 템피의 밀가街를 가로지르고 있었다. 한쪽에서는 테스트 드라이버로 일하고 있던 44세의 라파엘라 바스퀘즈가 텔레비전 탤런트쇼 〈더 보이스〉를 틀어놓고 우버 소유의 자율주행차 볼보 XC90 운전석에 앉아 같은 도로를 시속 69킬로미터로 달리고 있었다. 차량의 센서와 AI 인식 시스템은 일레인 허츠버그를 인간 보행자로 인식하지 못했고, 결국 브레이크가 충분히 또는 빠르게 작동하지 않아 허츠버그를 피하는 데 실패했다. 바스퀘즈는 브레이크를 직접 세게 밟았어야 했지만 허츠버그가 충돌로 사망하기 몇 초 전부터 도로에서 한눈을 팔고 있었다.[1]

허츠버그의 죽음에 책임이 있는 대상은 누구일까? 허츠버그일까? 아니면 바스퀘즈? 그것도 아니면 자동차? 우버? 우버의 안전 관리자? 우버의 엔지니어? 우버가 템피에서 차를 시험하게 허락해준 애리조나주 공무원? 아니면 전부 다? 혹은 아무에게도 책임이 없을까?

우리가 이 문제에 관심을 가져야 하는 이유가 있다. 허츠버그의 죽음은 2장에서 논의한 AI 안전 문제 유형, 즉 줄이지 못하면 사회에 부정적인 파급 효과를 미칠 수 있는 문제의 전형이다. 아무도 책임지지 않거나 처벌받지 않는다면 앞으로 유사한 사고를 예방하기 위한 AI 기술 발전에 기여하는 사람들은 동인을 거의 잃을 것이다.

그와 같은 바람직하지 않은 결과를 방지하려면 AI와 관련된 사고와 해악에 책임이 있는 대상이 누구인지 파악해야 한다. 문제는 그 방법이 전혀 명확하지 않다는 점이다. 이것이 얼마나 어려운 과제인지 감을 잡기 위해서 허츠버그 사망 사고에 책임을 져야 하는 대상이 누구인지 생각해보자.

책임이란 무엇인가?

기근이 닥쳐서 부모가 식량을 구하기 위해 아이들을 놔두고 다른 마을로 갔다고 상상해보자. 그런데 부모가 자리를 비운 동안 아이들이 굶어서 죽고 말았다. 누군가는 이렇게 말할 것이다. "기근에 **책임**이 있는 건 가뭄이야. 물론 부모는 자식을 먹일 **책임**이 있지. 그래도 법원은 부모에게 **법적** 책임을 묻지 않을 거야. 그렇지만 아이들의 죽음에 대한 **도덕적** 책임은 있지." 첫 번째 문장은 단순히 기근의 **원인**은 가뭄이라는 뜻이다. 두 번째 문장은 (아마도 부모라는 역할 때문에) 부모에게는 자식을 먹일 **의무**나 **도리**가 있다는 의미다. 세 번째 문장은 법원이 민사 **손해배상** 또는 형사 **처벌**을 (어쩌면 부과할 수 있거나 그래야 할지도 모르지만) 부과하지 않을 것이라는 뜻이다. 마지막 문장은 부모가 비난이나 분노와 같은 부정적인 도덕적 **제재**

를 받아야 한다거나 받을 책임이 있다는 의미다. 이것들은 모두 다른 책임 개념이다.

두 번째 개념(의무와 도리로서의 책임)은 책임지지 않고 빠져나갈 수 있다는 사실을 알면서도 도덕적으로 행동하고자 하는 선의의 AI 연구자 또는 개발자에게 중요하다. 두 번째 의미의 책임을 더 잘 이행할 수 있도록 사람들을 훈련하고 제도를 구조화하는 몇 가지 방법은 마지막 장에서 논의할 것이다.

이번 장에서는 세 번째와 네 번째 유형의 책임(법적 처벌 또는 도덕적 제재를 받을 책임)에 초점을 맞출 것이다. AI가 사회에 미치는 총영향이 긍정적이려면 안정적인 피해 최소화 제도가 있어야 하고, 제재는 회사로 하여금 피해를 방지하도록 유도하는 주요 수단이기 때문이다. 그러므로 앞서 우리의 논의에서 등장하는 처음 두 종류의 책임(가령 기근의 '원인'과 자식을 먹일 '의무')은 오직 처벌 및 제재를 받을 책임에 영향을 미치는 경우에만 고려할 것이다.

법적 책임과 도덕적 책임의 차이는 무엇일까? 법적 책임은 특별한 법적 구속력을 가진 당국이 규정하는 처벌(가령 벌금이나 징역)을 받을 책임이 있는지에 대한 것이다. 반면 도덕적 책임은 특별한 당국에 의해 만들어지지 않은 규칙에 따라 특별한 지위가 없는 사람들이 적용하는 것이다. 도덕적 제재는 대중의 비난, 사회적 배척 또는 기업 배척, (피해자와 목격자의) 도덕적 분노 등의 형태로 나타난다. 존 스튜어트 밀을 비롯한 몇몇 철학자는 행위자 본인의 수치심, 죄책감, 사과해야 하는 의무감도 '내적인' 도덕적 제재에 포함한다.

사법 제도가 도덕적 책임을 근거로 사람들을 처벌하는 경우도 많으며, 일부 사법 제도는 도덕적 책임이 없는 것으로 보이는 사람에게 법적 제재를 가하기도 한다(이를테면 판매자가 불량품을 팔았는데 판매자는 정말로 품질이 괜찮다고 생각했을 경우). 반대로 합법적인 일에 대해서도 도덕적인 책임을 물을 수 있다(이를테면 친구에게 거짓말을 했을 경우). 법과 도덕을 구분하는 것이 중요한 이유가 바로 이런 점들 때문이다.

정리하자면, AI와 관련된 피해의 책임이 누구에게 있는지 묻는다는 것은 제재를 받을 책임이 어떤 대상에게 있는지 묻는다는 뜻이며, 이때 그 제재는 법적일 수도 도덕적일 수도 있다. 중요한 점은 수많은 주체에게 동시에 책임이 있을 수 있다는 것이다. 게다가 다양한 주체에게 각기 다른 이유로, 다른 방식으로, 다른 정도로 책임이 있을 수 있다. 부분적인 책임만 있는 경우 일부 제재만 받고 다른 제재는 피할 수 있다. 예를 들어 대중의 비판은 받을 만하지만 법적 처벌의 대상은 아니거나 또는 사적인 비판은 받을 만하지만 여론의 비난을 받을 만한 대상은 아닐 수 있다. 그리고 책임이 부분적이라는 것은 행위자가 피해로 인한 손해의 전부가 아닌 일부만 보상할 책임이 있다는 뜻일 수 있다. 이와 같은 구분을 염두에 둔다면, 이제 우리는 2018년 3월 18일 허츠버그의 사망에 대한 책임이 누구에게 있는지 따져볼 준비가 되었다.

인간 운전자에게 책임이 있을까?

어떤 사람들은 일레인 허츠버그의 죽음에 책임이 있는 대상이 라파엘라 바스퀘즈라고 믿는다. 왜냐하면 바스퀘즈가 자율주행차 운전석에 앉아 있었고, 테스트 드라이버로 일하고 있었으며, 필요한 경우 주의를 기울이고 차를 제어하라는 지시를 받았고, 허츠버그가 길을 건널 때 도로에서 한눈을 팔지 않았더라면 좀 더 일찍 브레이크를 밟을 수 있었기 때문이다. 바스퀘즈는 차 앞에 사람이나 사물이 나타날 위험이 있다는 것을 알고 있었지만 (또는 알고 있어야 했지만) 그 위험에 충분히 주의를 기울이지 않았다. 결과적으로 충돌하기 몇 초 전부터 도로를 주시하지 않았던 바스퀘즈는 허츠버그를 보지 못했거나 제때 브레이크를 밟지 않아 생명을 구하지 못했다. 이 모든 것이 바스퀘즈의 책임인 것으로 보인다.

바스퀘즈는 어떻게 항변할 수 있을까? 사고는 한순간에 일어났으므로 설령 도로에 충분히 주의를 기울였더라도 사고를 막을 수 없었을 것이라고 주장할 수 있다. 이 주장은 영상에 의해 어느 정도 뒷받침된다. 왜냐하면 허츠버그는 충돌하기 1초에서 2초 전에야 전조등 속에서 모습을 드러냈기 때문이다. 하지만 충돌이 완전히 불가피했는지는 분명하지 않다. 적어도 한 경찰 분석에 따르면, 바스퀘즈가 도로를 주시하고 적절하게 대응했을 경우 허츠버그가 있는 곳으로부터 13미터 앞에서 멈출 수 있었다고 한다.[2] 그러나 일반 차량 운전자가 비슷한 상황에서 라디오를 조절하느라 몇 초 동안 도로에서 한눈을 팔았을 때에도 책임이 있는지는 여전히 분명하지 않다.

　바스퀘즈의 변호사는 또 다른 변론도 제기했다. 회사가 바스퀘즈에게 슬랙 채널*과 자동차 진단 장치를 모니터링하라고 요구했고,[3] 그 일을 하느라 사건 직전 몇 초 동안 도로를 주시하지 못했다는 것이다. 바스퀘즈의 변호사에 따르면, 사고 당시 그녀는 〈더 보이스〉를 듣고 있었을 뿐 화면을 보지는 않았다. 라디오 소리를 들을 때처럼 배경 소음에 불과했다는 것이다. 블랙박스 영상을 바탕으로 바스퀘즈 측은 〈더 보이스〉가 조수석 쪽에 놓인 개인 휴대폰에서 재생되고 있었고 바스퀘즈는 사고 직전 휴대폰이 아니라 센터콘솔**에 위치한 업무 관련 화면을 보고 있었다고 주장했다. 우버는 운전자들이 업무용 슬랙 채널을 상시 확인하도록 되어 있다고 인정했지만 휴식 시간이나 정차 시에만 확인하도록 지시했다고 주장했다. 반면 바스퀘즈는 운전자들이 슬랙 채널을 실시간으로 모니터링해야 했다고 받아쳤다. 요컨대 바스퀘즈의 주장은 고용주가 시키는 대로 한 결과 이 끔찍한 사고가 발생했다는 것이다.[4]

　바스퀘즈는 또한 고용주가 자동차 브레이크에 대한 잘못된 정보를 전달했다고 주장한다. 우버가 자율주행차로 사용하는 기본 차

---

*　슬랙Slack은 디지털 인스턴트 메시징 플랫폼이고, 슬랙 채널은 특정 그룹의 사람들을 위한 전용 채팅 공간이다 — 원주.

**　운전석과 조수석 사이에 위치한 수납 및 기타 제어 공간.

종은 볼보이며, 자동차 회사가 자체 제작한 자동 제동 기능이 탑재되어 있다. 이 기능은 차량의 충돌이 예상될 경우 자동으로 브레이크를 작동한다. 하지만 우버의 AI 소프트웨어와 간섭을 일으킬 가능성 때문에 우버의 엔지니어가 이 기능을 무효화한 상태였다. 하지만 바스퀘즈의 변호사에 따르면, 그녀의 고용주는 그녀가 몰았던 자율주행차의 보조 안전 시스템으로 여전히 자동 제동 기능이 활성화되어 있다고 말했다고 한다. 우버에서 누가 실제로 그렇게 말했는지는 확실하지 않다. 그러나 만일 바스퀘즈가 정말로 볼보의 충돌 방지 시스템이 활성화되어 있다고 믿었다면, 아마도 그녀가 몇 초 동안 도로를 주시하지 않아도 될 만큼 자동차를 신뢰한 것은 정당화될 수 있을지 모른다. 특히 직장을 유지하기 위해 회사의 슬랙 메시지를 계속 확인해야 한다고 생각했다면 그러한 여지가 더욱 커진다.

바스퀘즈는 AI가 운전하는 차의 고유한 특성을 고려하여 또 다른 변론을 펼 수도 있다. 설령 바스퀘즈가 허츠버그를 볼 수 있었다고 해도 바스퀘즈는 본인이 실제 운전자가 아니라고 주장할 수 있다. 자율주행차는 스스로 운전하기 때문이다. 다르게 말해서, 바스퀘즈는 택시 기사라기보다는 택시 승객과 더 비슷했을지 모른다. 일반적으로 택시 운전자가 보행자를 치었을 경우 승객에게는 책임이 없다. 택시 사례를 바탕으로 유추하자면, AI 시스템이 보행자를 치었을 경우 바스퀘즈에게도 책임이 없을지 모른다. 이 논변이 제기될 때 당연히 나올 만한 반응은 바스퀘즈는 단순한 승객이 아니라는 것이다. 자동차의 제어권을 넘겨받을 수 있었고, 위험한 상황에서 차를 인계받도록 지시를 받았으며, 그 대가로 급료를 받았기 때문이다. 하지만 누구를 비난해야 할지 모르기 때문에 바스퀘즈에게 책임을 묻는 경향이 있는 것은 아닌지 생각해볼 필요가 있다.

또한 자율주행차가 실수를 저지를 때마다 인간 운전자가 조금도 방심하지 않고 개입하거나 매 순간 도로를 주시하라는 지시를 따르리라 기대하는 것이 과연 현실적인지도 고려해볼 문제다. 일이 잘못되는 경우가 드문 상황에서 사람이 모니터링 임무에 온전히 집중하기란 거의 불가능하다. 이러한 이유로 우버의 자율주행차 경쟁사 중 하나인 웨이모는 인간이 조금이라도 자율주행차에 개입하는 것 자체가 너무 위험한 일이라고 판단했다. 따라서 웨이모는 AI 주도형 자동차를 완전 자율주행차로 만든다는 전략적인 결정을 내렸다.[5] 아마도 우버 또한 같은 결정을 내려야 할 책임이 있었는지도 모른다. 요컨대 사람들 대다수가 더 나은 선택을 내리지 못할 만한 상황을 두고 바스퀘즈만 비난하는 것은 공정하지 않다.

우리는 모두 '자동화 안주'에 매우 취약하다. 임무의 일부가 자동화되면 머지않아 인간 감독자는 자동화 시스템이 임무를 완수할 것이라고 생각하고 주의를 기울이지 않는다. 바스퀘즈가 자율주행차를 몰고 같은 장소까지 아무 사고 없이 이동한 적이 있다는 점을 고려하면, 자율주행차가 충분히 안전하다고 믿고 도로에서 몇 초 동안 한눈을 팔았던 것은 이해할 만한 일이다. 만일 대부분의 사람들이 그녀가 처했던 상황에서 똑같이 행동한다면 바스퀘즈는 아마도 사고에 책임이 있다기보단 그저 운이 나쁜 것이었을지도 모른다.

분명 바스퀘즈는 스스로를 변호하기 위해 다양한 논변을 제시할 수 있다. 하지만 바스퀘즈가 고용주에게 무슨 말을 들었는지, 어떤 훈련을 받았는지, 서명한 계약서에 어떤 조항이 들어 있는지에 따라 많은 사항이 결정될 것이다. 시스템이 매우 믿을 만해서 가끔씩만 모니터링하면 된다는 말을 들었다면, 매 순간 도로에 시선을 고정하라는 말을 들었을 때보다 책임이 덜할 것이다. 우버가 운전 도중에 회사 채팅을 모니터링하라고 지시했는지 또는 운전을 하면서 회사 채팅을 모니터링하면 보상이 지급되는 회사 문화가 있었는지에 대한 의문도 마찬가지다. 이러한 정보가 없다면 바스퀘즈에게 있는 책임의 정도나 범위에 대한 결론을 확실하게 내리기는 어렵다.

보행자에게 책임이 있을까?

바스퀘즈에게 어느 정도 책임이 있다고 하더라도 일레인 허츠버그에게도 사고가 일어나기 전에 보행자로서 안전하지 않은 방식으로 행동한 책임이 있을 수 있다. 허츠버그는 길을 건널 때 어두운 옷을 입고 있었으며 빛 반사 소재의 의류도 착용하지 않았다. 자전거에는 앞뒤로 반사경이 달려 있었고 전조등도 부착되어 있었지만, 그녀가 길을 건너는 동안 측면에서 오는 자동차에서는 보이지 않았다. 더군다나 허츠버그는 횡단보도가 없는 곳에서 무단횡단을 하기로 결정했다. 110미터 정도만 가면 횡단보도가 있고, 보행자는 오직 횡단보도에서만 길을 건널 수 있다는 표지판이 4개나 있었는데도 말이다. 위험 요소는 이게 끝이 아니었다. 우버 자동차 블랙박스에 찍힌 영상을 보면, 허츠버그는 충돌 직전까지 옆에서 차가 오는지 살피지 않고 자전거를 끌며 천천히 걷고 있었다. 허츠버그와 그녀의 딸은 사고 발생 지역에서 자주 길을 건넌 것으로 알려졌다. 해당 지역에서 노숙을 곧잘 했는데, 근처 전기 콘센트에서 휴대폰을 충전하느라 도로를 건너곤 했던 것이다. 여기에 더해 허츠버그가 사망한 후 혈액에서 메스암페타민(필로폰)이 검출된 것으로 알려지기도 했다. 만일 메스암페타민을 복용하지 않았더라면 허츠버그는 다른 선택을 내렸을지도 모른다.[6]

모든 것을 종합해보면, 허츠버그는 자전거를 끌고 길을 건널 때 여러 차례 위험한 선택을 내렸으므로 적어도 부분적으로는 위험한 결과에 책임이 있는 것으로 보인다. 그렇지만 사고에 대한 모든 책임을 혼자 떠맡지 않아도 된다는 점은 분명하다. 특히 정확히 이런 유형의 사고를 방지할 수 있다는 것이 자율주행차가 약속하는 원대한 포부 중 하나라는 점을 고려하면 말이다.

AI 관여자들에게 책임이 있을까?

어쩌면 책임자는 볼보 자동차를 자율주행차로 바꾼 사람들, 특히 센서를 선택하고 설치한 사람들과 센서의 신호를 해석하고 그에 따라 자동차를 제어하는 AI를 만든 사람들일지 모른다. 우리는 앞으로 이들을 우버의 AI 관여자라고 부를 것이다. 기억하는지 모르겠지만, AI 시스템은 다양한 유형의 기술 관여자 및 비기술 관여자에 의해 만들어진다. 모든 관여자는 시스템의 각 부분을 서로 다른 수준으로 이해하고 있다. AI 시스템의 일부 부품은 제3자에게서 구매했을 수 있으며, 따라서 우버의 담당팀은 구매한 구성 요소의 작동 방식에 대한 세부사항을 전부 알지 못할 수도 있다. 하지만 AI 관여자들이 바스퀘즈가 몰았던 차의 센서나 AI가 용인 불가능한 수준의 위험한 방식으로 오작동을 일으킬 가능성이 있다는 사실을 **알았다**고 해보자. 그렇다면 관여자들은 시스템이 용인 가능한 수준의 성능을 보일 때까지 우버의 자율주행차가 공공도로에 투입되지 않도록 막아야 했다. 법률 용어를 빌리자면, 관여자들은 '무모함'* 으로 인한 책임이 있는 것으로 보인다. 왜냐하면 위험성을 알면서도 우버 자율주행차의 도로 투입에 계속 의도적으로 관여했고, 이는 타인의 안전에 대한 관심이 불충분했다는 뜻이기 때문이다. 즉,

---

* recklessness. '무모함' 또는 '무모성'은 영미형법상의 주요 개념 중 하나로 한국의 형법에는 존재하지 않는 개념이다. 일반적으로 무모함은 "자신의 행위가 중대하고 정당화될 수 없는 위험을 초래한다는 사실을 알면서도 '의식적으로 무시하면서' 실행 행위로 나아가는 것을 의미한다고 본다."(김종구, 〈고의와 과실의 중간 개념에 관한 비교법적 고찰: 영미법상 무모성을 중심으로〉, 《형사법의 신동향》 통권 57호 [2017], 10쪽) 무모함은 미필적 고의와 인식 있는 과실의 중간에 해당하는 개념이라고 볼 수 있다.

타인의 안전에 대한 관심이 불충분했다는 점에서 음주운전과 다를 바 없다는 것이다.

한 우버 직원은 사고가 발생하기 며칠 전 경영진에게 이메일을 보냈다. "자동차 사고가 나서 피해가 발생하는 일이 자주 생기고 있습니다. 운전자의 잘못된 조작이나 AV 기술[자율주행차 기술]의 오작동 때문인 경우가 대부분입니다. 2월에는 차량 파손이 거의 격일로 발생했습니다. 2만 4000킬로미터마다 이런 사고가 일어나서는 안 됩니다."[7] 이 경고문은 다음과 같은 점을 강력하게 시사한다. 우버의 자율주행차 관여자들 중 상당수는 차량이 안전하지 않은 방식으로 작동하거나 사고가 자주 발생할 수 있다는 사실을 알고 있었음이 분명하다. 그런데도 차량이 도로에 투입되는 것을 막으려 하지 않았고, 심지어 차량을 안전하지 않은 상태로 도로에 투입시키는 과정에 적극적으로 관여했다. 그렇다면 자동차의 위험성을 충분히 인식하고 자동차가 보다 안전하게 사용되도록 할 권한이 있었던 관여자들은 허츠버그의 사고에 적어도 부분적인 책임이 있다. 비록 어떤 관여자가 그러한 기준에 부합하는지 파악하기 어렵고 그들에게 법적으로 책임을 묻는 것이 비현실적이라고 해도 말이다.

우버의 AI 관여자들에게 책임을 물을 수 있는 또 다른 방법은 과실을 통해서다. 즉, 그들이 동일한 상황에서 동일한 역할을 맡은 사람에게 기대되는 지원과 관심의 수준에 맞게 행동하지 않았다고 보는 것이다. 무모함은 일반적으로 타인의 안전에 대하여 '합당한 이유 없는 무분별한 고의적 무시'가 동반되어야 하는 반면, 과실은 그보다 기준이 낮다. 과실의 경우, 범죄자가 용납 불가한 수준의 '작위 또는 부작위'* 행위를 저지르기만 하면 과실에 해당하며, 위험이 얼마나 심각한지 알았더라면 방지하려고 노력했을 상황에서 위험을 충분히 인식하지 못한 것이라고 본다.

우버 자율주행차를 둘러싼 여러 정황을 고려하면 회사의 엔지니어와 관여자에게 (경영진과 변호사 및 다른 이들과 더불어) 과실로 인한 책임이 있다고 볼 수 있다. 우선 자동차 사고는 목숨을 앗아갈 수 있다. 따라서 생명에 위협이 될 만한 시스템을 설계하거나 투입하는 사람들은 일반적으로 높은 수준의 주의와 관심을 기울일 것이고, 설령 드물게만 발생하더라도 모든 종류의 위험을 예측할 것으로 기대된다. 그렇지만 미국 연방교통안전위원회의 조사에 따르면, 우버의 시스템은 보행자가 무단횡단을 할 가능성, 즉 횡단보도를 벗어난 곳에서 길을 건널 가능성을 염두에 두고 설계되지 않았다(이는 우버에 의해서도 확인되었다). 마찬가지로 자전거를 끌고 길을 건너는 상황도 고려되지 않았다. 이러한 간과 때문에 자동차가 일레인 허츠버그를 자전거를 끌고 횡단하는 인간 보행자로 식별하지

---

* 　기본적으로 작위란 '하지 않을 것으로 기대되는 행위를 한다'는 뜻이며, 반대로 부작위란 '할 것으로 기대되는 행위를 하지 않는다'는 뜻이다. 법규범은 크게 금지규범과 명령규범으로 나뉜다. 금지규범은 어떤 행위를 하는 것을 금지하고, 명령규범은 어떤 행위를 하지 않으면 법규범을 위반하는 것으로 본다. 따라서 금지규범에 위배되는 행위는 작위이며 반대로 명령규범에 위배되는 행위는 부작위다. 형법상 특정 행위가 작위인지 부작위인지 구분하는 것은 매우 중요하다.

못했고, 그 결과 사물이 감지되었을 때 즉시 속도를 줄이는 대신 전방에 있는 사물이 무엇인지 결정하는 일에만 신경을 쓰고 말았다.[8]

사람들은 언제든 무단횡단을 하고 자전거를 끌며 길을 건넌다. 엔지니어들이 이러한 일반 도로, 특히 도심에 위치한 도로를 운전하도록 시스템을 설계하면서 기본적인 인간 행동을 고려하지 않았다는 것은 이상한 일이다. 심지어 자율주행차 업계에서 최소한의 능력만 갖춘 전문가라고 하더라도 위와 같은 시나리오를 스스로 예상할 줄 알아야 한다. 그러지 못했다고 해도 자동차의 성능을 합리적으로 검토함으로써 자동차가 안전하게 주행할 수 있어야 하는 시나리오에 무단횡단과 자전거 보행을 포함해야 했다. 미국 연방교통안전위원회의 보고서에 따르면, 우버의 테스트 드라이버들은 바스퀘즈가 사고 당일 운전했던 곳과 정확히 똑같은 도로에서 무단횡단자를 목격하고 보고하기도 했다. 그러므로 허츠버그가 보인 것과 같은 보행자 행동에 대비하여 우버가 자동화 시스템을 준비하고 평가하지 않은 것을 정당화하기는 어렵다.

더군다나 우버의 자율주행 시스템은 전방의 사물을 식별하고 브레이크를 작동해서 장애물을 완전히 피할 수 있다고 판단하지 않는 한 브레이크를 완전히 밟지 않도록 의도적으로 설계되었다. 자동차가 급제동을 하기로 결정할 경우 실제로 브레이크를 작동하기 전에 1초쯤 기다리는데, 이는 시스템이 비상 상황을 확인하고 오경보로 인한 불편을 최소화하며 인간 운전자에게 자동차 조작을 인계하기 위한 시간으로 알려져 있다. 우버가 이러한 목표를 달성하기 위해 '1초 지연 방식'을 어떻게 사용했는지 설명하는 문서는 찾을 수 없었다. 만일 자동차가 전방 장애물을 완전히 피할 수 **없다**고 판단한다면, 충돌 전에 급제동을 걸어 최대한 차를 멈추려 하는 대신 서서히 속도를 늦추면서 운전자에게 경고만 한다.[9]

이 이야기를 들은 많은 이들이 자율주행 시스템이 왜 이렇게 설계되었는지 의아할 것이다. 자율주행차를 이렇게 설계하기로 선택한 것은 좋게 말해야 특이하고 어쩌면 부주의함의 극치라고 할 만하다. 물론 자동차 설계자들이 브레이크 작동 시점에 제한을 둔 계기가 됐을 법한 시나리오를 상상해볼 수는 있다. 이를테면 인간 운전자가 자동 제동에 너무 놀라서 운전대를 위험한 방향으로 과잉 조정한다고 해보자. 그렇다면 처음에는 브레이크를 부드럽게 작동시킴으로써 인간 운전자가 덜 불안해하는 상태에서 개입할 수 있도록 하는 것이 더 안전할지 모른다. 그러나 무언가와 충돌하기 전에 인간의 개입이 필요하도록 자율주행차를 설계하는 것이 합리적이라고 보기는 어렵다. 우버의 AI 관여자들이 이러한 선택에 법적인 책임이 없다고 해도 허츠버그의 사고에서 안전 문제를 소홀히 여긴 것에 대해 적어도 도덕적인 책임은 있는 것으로 보인다.

또 다른 문제도 있다. 앞선 장들의 다른 사례에서 보았듯이 일부 AI 시스템의 알고리듬은 AI 개발자들도 설명하고 해석할 수 없는 (다른 AI 관여자들은 말할 것도 없다) 블랙박스 모형이 되었다. 최고 성능의 AI, 특히 심층학습 AI의 상당수가 이러한 유형의 모형을 사용한다는 1장의 내용을 떠올려보라. 우버의 AI 관여자들이 설명도 해석도 불가능한 블랙박스 모형을 사용했는지는 분명하지 않다. 만약 사용했다면 모형이 언제 실수를 저지를지 예측하지 못했을 수도 있다. 아니면 횡단보도 밖에서 자전거를 끌고 길을 건너는 사람을 분류하지 못하는 경우를 포함하여 자율주행차가 실수를 저지른 이유를 이해하지 못했을 수도 있다. 그랬을 경우, 설명 가능한 또는 해석 가능한 AI를 도입하기로 했다면 문제가 완화될 수 있었을 것이다.

그렇지만 AI 모형의 불투명성은 특정한 피해에 대한 책임과 관련하여 오직 관련자들이 그 피해 발생을 예측하기 위해 모형이 어떻게 작동하는지 세부사항을 알 필요가 있는 경우에만 문제가 된다. 모형의 불투명성이 우버 사례와 관련이 있는지는 명확하지 않다. 왜냐하면 경영진이 받은 이메일과 이후 내부 고발자의 설명에 따르면 우버의 많은 AI 관여자들은 차량이 자주 사고를 일으켜 피해가 발생한다는 사실을 알고 있었기 때문이다. 이를 고려하면 우버의 자율주행차 담당팀은 우버 자동차의 실수를 예측하고 지속적으로 모니터링했어야 했다. 그럼에도 AI 시스템의 불투명성은 여전히 허츠버그의 사망 또는 다른 자율주행차 사고 사례에 대한 AI 관여자들의 책임 소재에 영향을 미칠 수 있다.

우버의 AI 관여자들이 허츠버그의 죽음에 어떤 식으로든 도덕적 책임이 있다고 생각한다고 해도, 그 관여자들이 기소될 가능성은 거의 없다. 우버가 당사자 간 합의를 통해 문제를 종결했기 때문이다.[10] 일반적으로 기술 관여자 개인이 기술적 피해나 실패에 법적인 책임을 지는 일은 드물다. 고용 계약을 위반하거나 회사의 윤리 지침을 위배하거나 기업이 피해 방지를 위해 마련한 조치를 회피하지 않았다면 말이다. 그 대신 AI 엔지니어와 AI 기술 관여자를 고용한 회사가 법적 책임을 지는 경우가 일반적이다. 이와 같이 책임을 묻는 방식에는 여러 장점이 있다. 이는 특정 관여자가 정확히 어떤 역할을 했는지 파악하는 어려운 과정을 우회하도록 도와주고, 기술 관여자 개개인이 법적 책임을 지나치게 염려하지 않고 혁신을 이룰 수 있게 하며, 피해 발생 시 피해자에게 보상할 수 있는 더 풍부한 자금원을 마련하도록 한다.

우버에 책임이 있을까?

위에서 언급한 이유 때문에 회사나 고용주는 대체로 직원의 행위에 법적 책임을 진다. 직원의 고용 계약서에 다르게 명시되어 있지 않고, 직원이 회사에서 맡은 역할의 수단과 범위 내에서 행동하는 한 말이다. 심지어 회사의 경영진이 직원의 업무에 대한 기술적 세부사항을 알지 못하더라도 마찬가지다. 라파엘라 바스퀘즈는 사고 당시 우버에서 일하고 있었으므로 우버는 해당 사고에 대해 법적 책임을 져야 했을 수 있다.

허츠버그의 죽음에 우버의 책임이 있다고 생각할 만한 이유는 많다. 회사 경영진이 자율주행차로 피해를 입힐 의도가 없었고 사고 발생의 정확한 시각 또는 장소를 예측할 수 없었다고 해도 우버는 여전히 사고 발생에 관여했다는 점에서 과실이나 무모함을 저질렀다고 볼 수 있다. 그렇다면 회사에 법적 책임과 도덕적 책임을 동시에 묻는 것도 가능하다.

자율주행차의 위험성에 대한 수많은 사회적 논의가 눈에 띄게 이루어졌다는 점을 고려하면, 우버의 의사결정권자들은 본인의 행위로 발생할 위험을 분명 의식하고 있었을 것이다. 혹시라도 그들이 위험을 의식하지 못했다면, 업계 전문가들의 경고를 무모하게 무시했다고 볼 수밖에 없다. 우버 직원이 경영진에게 자동차의 잦은 사고를 경고하는 이메일이 적어도 한 건 있었다는 점을 떠올려 보라. 요컨대 우버 경영진은 자율주행차 도로 투입의 위험성을 모를 리 없었다.

우버는 위험성을 알고 있었으면서도 볼보의 자동 제동 시스템을 비활성화했다. 후속 연구에 따르면, 볼보 자동차에 설치된 시스템이 작동했을 경우 허츠버그와 충돌하기 전에 차가 멈추었을 것이라고 한다.[11]

우버는 왜 이런 위험을 감수했을까? 자동차를 최대한 빨리 도로에 투입하려 했던 우버 경영진의 열의는 어쩌면 차량의 자율주행화가 인간의 생명을 구할 수 있다는 믿음에서 비롯되었을지 모른다. 아니면 금전적 이익에 대한 기대 때문일 수도 있다. 기술을 개발하는 동안 인간의 생명을 보호하려는 노력이 충분히 이루어지기만 한다면 둘 중 어느 동기든 정당화될 수 있을 것이다. 물론 어느 정도의 노력이 충분한지는 논쟁의 여지가 있다. 하지만 연방교통안전위원회는 우버의 안전 문화 및 관행에 인명 경시 태도가 반영되어 있다는 합의에 이르렀다. 사고 발생 당시 우버에는 안전 담당 부서, 안전 계획, 안전 전담 관리자 또는 안전 관리 경험이 있는 담당자가 없었다. 안전 필수 부문에서 활동하는 기업으로서는 너무나도 눈에 띄는 누락이다. 우버는 또한 대부분의 운송 회사에서 표준적으로 운영하는 피로 관리 프로그램도 갖추지 않았다. 더 나아가 운전자 교육을 하거나 시험 운전 단계에서 운전자의 성과를 적절하게 모니터링하지도 않았다. 운전자의 행동을 추적하기 위해 카메라를 설치하긴 했지만, 관리자들이 영상을 검토하거나 안전하지 않은 행위에 피드백을 제공하는 경우는 드물었다. 더군다나 우버 경영진은 인간 운전자의 수를 절반으로 줄이는 등 안전보다는 비용 절감을 우선시하는 듯한 결정을 내리기도 했다.[12]

일각에서는 우버가 사고에 대한 책임을 자사가 아닌 운전자에게 묻기 위해 의도적으로 제도와 관행을 설계했다는 의혹을 제기하기도 했다.[13] 내부 고발자의 말에 따르면, 우버는 "책임 소재와 관련하여 현명하게 행동하지 않고 법적 책임을 교묘하게 회피하려고만 했다".[14] 안전을 지키지 못한 점에 대한 법적 책임을 회피하려는 노력이 그렇게 악의적이진 않았다고 해도 연방교통안전위원회 위원장의 결론은 다음과 같았다. "안전은 언제나 처음부터 시작된다. … 이번 충돌 사고는 안타깝게도 안전을 최우선 순위로 삼지 않은 조직이 내린 행위와 결정의 긴 사슬에서 마지막 고리에 해당

했다."[15] 그러므로 우버는 허츠버그의 사망에 어느 정도 도덕적인 책임이 있는 것으로 보인다.

우버는 책임이 있는 유일한 기업일까? 볼보는 우버가 자사 자동차를 사용하고 충돌 방지 시스템을 해제하도록 허용했다. 엔비디아Nvidia는 자율주행차를 위한 칩을 공급한다. 우버가 결국 부당한 피해로 이어질 수 있는 방식으로 자사 제품을 사용한다는 사실을 다른 기업들이 알고 있었다면, 볼보와 엔비디아 역시 허츠버그의 죽음에 일정 부분 책임이 있을 수 있다. 엔비디아는 우버에 칩을 공급하는 것을 넘어 2018년부터 자사 자율주행차를 도로에 투입했다. 사고 이후 엔비디아는 자체 자율주행 테스트를 일시적으로 중단하기로 결정하며 다음과 같이 선언했다. "저희는 자율주행 기술을 독자적으로 개발했지만, 올바른 엔지니어링 관행에 따라 우버의 사고로부터 교훈을 얻을 수 있도록 기다리기로 했습니다. 자율주행차 산업 전체는 이 사고에서 교훈을 얻을 겁니다."[16] 이처럼 엔비디아는 AI 기술 관여자만이 아니라 회사 내 다른 구성원들도 AI 사용 방식을 결정할 때 안전 데이터를 고려해야 할 직업적 의무가 있음을 인식하고 있다.

하지만 애리조나주에서 독자적으로 자율주행차 시험 운전의 결정을 내릴 수 있는 기업은 없다. 적어도 법적으로는 그렇다. 애리조나주 당국의 허가를 받아야만 가능하다. 그렇다면 애리조나주 당국에도 책임이 있다는 말일까?

애리조나주 정부에 책임이 있을까?

정부는 국민의 안녕을 지킬 의무가 있다. 신체적 안녕만이 아니라 재정적·정서적 안녕도 고려해야 한다. 정부는 국민에게 도움이 되는 일이라면 지원을 통해 장려할 수 있으며 해악을 미칠 만한 일이라면 규제 조치를 취할 수 있다. 적어도 애리조나주 정부의 일부 관료는 자율주행차가 사고 위험이 있다는 점을 알고 있었어야 했고, 그들에게는 우버 자동차가 애리조나주 도로에서 운행되는 것을 막을 수 있는 권한이 있었다. 그렇다면 우버 자율주행차 사고로 발생한 피해에 부분적으로라도 책임이 있다는 말일까?

바스퀘즈 사고의 경우 상황은 복잡했다. 당시 애리조나 주지사였던 더그 듀시는 자율주행차 기술을 옹호했다. 애리조나주에서 자율주행차 활동과 연구를 더 많이 장려하리라 공언하기도 했다. 듀시는 자율주행차가 장기적으로 생명을 구할 것이라고 믿었고, 자율주행차 산업을 애리조나 주민의 일자리와 소득을 창출할 기회로 활용하고자 했다. 이는 매우 합리적인 생각이며 많은 박수를 받을 만하다. 하지만 주지사로서 내린 결정의 일부는 논란의 여지가 있다. 그중 가장 유명한 결정은 우버의 사고가 발생하는 과정에 존재했던 또 하나의 결점에 대한 것이다.

2016년, 우버는 캘리포니아주 도로에서 자율주행차 시험 운전을 준비하면서도 당국에 특별 허가 신청을 하는 것을 거부했다. 샌프란시스코에서 자율주행차 시험을 시작한다고 대대적으로 발표한 직후였는데도 말이다. 우버는 운전자가 항상 차에 탑승하고 있을 것이라는 이유로 허가를 받을 필요가 없다고 주장했다. 캘리포니아 차량관리국의 규정에 따르면 자율주행이 아니라는 뜻이었다. 우버에 따르면 그들의 자율주행차는 여느 자동차와 똑같이 취급되어야 했다. 우버가 이처럼 저항한 것은 전략적인 이유에서였다. 우버의 자율주행차가 '자율'로 분류되지 않는다면 캘리포니아주 법에 따라 자동차 사고를 추적하고 보고할 의무가 없었다. 안전상의 이유로 인간 운전자를 필요로 했던 다른 자율주행차 회사는 아무런 저항 없이 자율주행 허가를 신청했고 쉽게 허가를 받았다. 그렇지만 우버는 입장을 고수했다. 자사의 자동차가 '자율주행'이라고 열렬히 홍보하면서도 필수 허가 없이 샌프란시스코 시내에서 시험운전을 진행했다. 시험을 시작한 지 몇 시간 만에 자동차가 정지 신호를 무시하며 달리거나 안전하지 않은 여러 상황에 처했다는 사실도 기록되었다. 이와 같은 안전상의 실수는 널리 알려졌다.[17] 그럼에도 우버는 계속해서 자율주행차 허가 신청을 거부했고, 캘리포니아주는 우버의 자율주행차 등록을 취소하면서 자율주행차를 도로에서 회수하지 않으면 법적 조치를 취할 것이라고 경고했다. 결국 우버는 캘리포니아주에서 시험 운행을 중단할 수밖에 없었다.

이 모든 일이 벌어진 직후, 듀시는 정확히 똑같은 안전 기록을 가진 똑같은 차를 애리조나주에서 운행해보라고 우버에 권유했다. 그러면서 다음과 같은 유명한 말을 남겼다. "애리조나주는 도로를 활짝 열어놓고 우버의 자율주행차를 두 팔 벌려 환영한다."[18] 캘리포니아주의 규정에 따르면, 운행을 허가받은 모든 자율주행차 회사는 인간 운전자가 공공도로에서 시험 운전을 하다가 자동차 작동에 개입한 횟수와 교통사고를 보고해야 했다.[19] 이와 달리 애리조나주의 규정은 자율주행차 회사에 아무런 안전 절차나 보고를 요구하지 않았다. 물론 애리조나주는 주정부 기관에 전문가 자문을 제공하는 자율주행차 관리 위원회를 설치하긴 했다. 하지만 위원회는 한 번밖에 모이지 않았고, 자율주행차의 안전 기록을 엄격하게 평가하기 위한 그 어떤 권고나 조치(가령 목격자 호출이나 문서 요구 등)도 취하지 않았다. 또 일각의 주장에 의하면, 듀시의 주정부는 우버의 시험 운행을 장려하면서 애리조나주 시민에게는 이를 의도적으로 비밀에 부쳤다. 특히 샌프란시스코에서 우버 자동차가 범한 안전상의 실수 때문에 우려하게 될 시민들의 저항을 피하기 위해서였다.[20] 더군다나 듀시의 주정부가 우버와 '친밀한' 직업적·금전적 관계를 맺음으로써 시민의 이익을 충분히 고려하는 의사결정 역량을 훼손하고, 공무원들이 애리조나주 시민을 '실험용 쥐'로 여기도록 부추겼다는 의혹이 제기되었다.[21]

요컨대 지금까지 논의한 다른 주체들과 마찬가지로 애리조나주 정부는 허츠버그의 사망을 의도하지 않았고, 사고를 예측할 수도 없었다. 주정부는 우버 자율주행차가 많은 위험을 내포하고 있음을 알았거나 알았어야 했지만, 그럼에도 우버가 그러한 위험을 초래하도록 방치했다. 듀시가 우버의 안전 위험성을 취급한 방식이 과실 또는 무모함에 해당한다면 그 또한 허츠버그의 죽음에 일정부분 책임이 있을 것이다.[22] 애리조나주 정부의 다른 관계자들도 마찬가지다. 우버의 자동차가 애리조나주 도로에서 시험 운행될 예정임을 알고 있고 우버 기술의 위험성을 인식했으면서도 시험을 중단하거나, 더 안전하게 만들기 위해 아무런 조치도 취하지 않은 주정부 관계자들 말이다. 허츠버그의 사망에 애리조나주 정부가 미친 영향이 과실 또는 무모함으로 제대로 설명되는지는 허츠버그의 가족이 애리조나주(그리고 템피 지방행정당국)를 상대로 제기한 소송에서 핵심이 된다.[23]

인공지능에 책임이 있을까?

지금까지는 허츠버그의 죽음에 책임이 있을 만한 사람이나 기업에 대해서만 논의했다. 하지만 고려해야 할 가능성이 하나 더 있다. AI 자체에도 책임이 있다면 어떨까? 바스퀘즈가 탑승했던 우버 자율주행차의 AI 운행 시스템은 수많은 구성 요소로 이루어져 있지만 논의를 단순화하기 위해 'AI'로 통칭하고자 한다. 보통의 자동차는 사고에 대해 도덕적 책임이나 법적 책임을 지지 않는다. 이따금 제대로 작동하지 않을 경우 사람들이 자동차에 대고 화를 낼 때도 있지만 말이다. 그렇다면 AI 시스템의 '지능' 때문에 상황이 달라질 수 있을까?

이 문제에 접근할 수 있는 한 가지 방법은, 자체적으로 초래한 피해에 대해 인공지능이 법적 제재를 받을 수 있는지 또는 받아야 하는지 고려해보는 것이다. 운행 시스템과 같은 AI에 법적 제재를 가하는 것은 이치에 맞지 않는다. 예를 들어보자. 우버의 AI 하드웨어와 소프트웨어를 감옥에 가두는 것은 아무런 소용이 없다. 또한 허츠버그의 유족이 우버의 AI로부터 금전적 손해배상을 받으려는 노력도 AI가 돈을 소유하지 않는 한 도움이 되지 않는다. 법적 제재의 시행이 불가능하다면 AI가 왜 또는 어떻게 책임을 져야 하는지 이해하기란 어려운 일이다.

그렇지만 현재 일부 제재의 시행이 불가능하다고 해서 앞으로도 동일한 제재의 시행이 불가능하다는 뜻은 아니다. 이를테면 자동 주식 매매에 쓸 금융 재산을 소유하게 될 미래의 인공지능을 상상해볼 수 있다. 그러한 미래에서는 AI가 초래할 피해에 대한 법적 책임을 물을 수 있을지 모른다. 벌금을 부과하거나 일부 재산을 포기하도록 강제함으로써 말이다. 일각에서는 미래의 AI가 원하는 곳으로 갈 권리나 파괴되지 않을 권리와 같은 특정한 법적 권리를 갖게 되리라는 주장도 나온다. 그렇다면 이동을 제한하거나 사형과 비슷한 맥락에서 물리적 파괴를 통해 AI를 법적으로 처벌할 수 있을지도 모른다. 하지만 지금으로서는 우버의 자율주행 AI 시스템에 법적 제재를 가할 여지가 있거나 그러한 책임을 물을 수 있을 것 같지 않다. 요컨대 현재 인공지능에는 법적 책임이 없다.

도덕적 책임은 어떨까? 우버의 AI 시스템은 도덕적 죄책감 또는 사람들의 격분과 같은 도덕적 제재를 받을 수 있을까? 우버의 AI 시스템은 감정이 없으므로 죄책감을 느낄 수 없다. 그리고 죄책감을 느낄 수 있도록 AI 시스템을 구축해야 한다는 말이 무엇을 의미하는지도 분명하지 않다. 물론 불필요한 사망을 초래한 실수로 우버 자율주행차 또는 AI 시스템에 많은 사람이 분노할 수 있다. 하지만 그와 같은 분노는 설령 이해할 만하다고 해도 잘못된 방향으로 표출된 것이다. 추운 겨울 아침에 시동이 걸리지 않는 책임을 구식 자동차에 물을 수는 없다. 마찬가지로 자율주행차가 저지른 일의 책임을 자율주행차에 물을 수도 없을 것이다. 다시 말하지만, 미래의 AI는 도덕적 죄책감이나 사람들의 격분이라는 책임을 질 수 있는 특성을 갖출지도 모른다. 하지만 아직은 문제가 아니다.

그렇지만 다른 종류의 도덕적 제재는 오늘날의 자율주행차에도 적절할 수 있다. 당신의 친구가 상대편 스포츠팀을 응원한다는 이유로 한 이웃이 그 친구를 때렸다고 해보자. 이때 그 이웃을 폭력적이라고 공공연히 비난하는 것은 정당화될 수 있다. 이웃과 다시는 이야기를 나누지 않을 수도 있을 텐데, 이는 일종의 배척 행위에 해당한다. 이러한 종류의 도덕적 제재는 현재 자율주행차에도 적용된다. 우버의 자율주행차가 위험하다고 공개적으로 비난하고, 우버의 AI가 개선될 때까지 사용하지 않음으로써 '배척'하는 것이다.[24]

도덕적 책임이 있는 **사람들**을 공개적으로 비난하고 배척하는 이유는 도덕적 죄책감을 느끼게 하기 위해서다. 하지만 여기에는 또 다른 목적도 있다. 도덕적으로 잘못된 일을 다시는 똑같이 저지르지 않도록 하는 것이다. 하지만 우버의 AI는 공개적인 비난을 듣지 못한다. 그리고 사람들이 더 이상 자기를 사용하지 않는다는 사실을 알거나, 거기에 반응하지도 못한다. 그러므로 도덕적 제재를 우버의 AI에 적용하면 위와 같은 결과를 얻지 못할 것이다. 그럼에도 도덕적 비난과 배척을 통해 다른 사람들이 우버의 AI 시스템을 사용하지 않게 경고하거나, 지금의 형태로 공공도로에 투입되지 않도록 조치를 취하는 등의 목적을 달성하는 데 도움을 받을 수 있다. 정리해보자. 도덕적 비난과 배척을 가한다고 해도 사고 당시 자율주행차의 기분은 상하지 않는다. 하지만 이 사실만으로 그러한 제재가 AI를 대상으로 무용지물이라고 말하는 것은 충분하지 않다. 인간을 상대로 도덕적 제재를 가함으로써 피해를 예방하는 것처럼, 자율주행차를 상대로 비난과 배척을 가하는 것은 피해 예방이라는 적어도 한 가지 목적을 달성하는 데에는 효과가 있기 때문이다.

그렇다면 결론은 무엇일까? 우버의 AI에 도덕적인 책임이 있을까? 일부 제한적인 측면에서는 그럴 수 있다는 것이 우리 셋의 공통된 생각이다. 도덕적 책임은 비난과 배척 등의 일부 제재는 정당화할 수 있지만 악의적 행위에 대한 징역형 같은 다른 제재는 정당화할 수 없다. AI 주도형 자동차의 사용을 제어하거나 그것에 영향을 미치는 인간은 차량의 행위에 대해 우버의 AI보다 **더 많은** 도덕적인 책임이 있고, 추가적인 제재를 받을 책임도 있다. 하지만 인간의 책임과 AI의 책임이 종류와 정도의 측면에서 다르다는 사실은 AI가 어떤 방식으로든 어느 정도 책임이 있다고 인정하는 생각과 양립 가능하다.

물론 우버의 AI에 조금이라도 책임이 있다면, 계속 화재를 일으키는 고장 난 오븐형 토스터에 대해서는 왜 동일한 논변을 적용할 수 없는지 정확히 말하기가 쉽지 않다. 하지만 대부분은 오븐형 토스터가 도덕적 책임이 전혀 없다는 데 동의한다. 물론 AI가 탑재되지 않은 오븐형 토스터는 주변에서 정보를 수집하거나 목표(노릇노릇하게 구운 토스트!)를 달성하기 위한 최선의 방법을 학습하지 않는다. 이와 반대로 AI가 제어하는 자율주행차는 과거에 수집한 정보와 실시간으로 감지하는 정보를 토대로 경로와 속력을 조정한다. 이러한 차이를 감안하더라도 어떤 사람들은 자율주행차에 도덕적 책임을 묻는 것이 터무니없다고 생각할지 모른다. 그렇게 생각해도 괜찮다. 현 논의에서 중요한 점은, 일각에서 오늘날 AI가 어떤 식으로든 도덕적 책임을 질 수 있고 미래의 AI는 심지어 더 많은 법적·도덕적 책임을 질 수 있다고 결론지은 이유를 이해해보는 것이다.

책임 공백

우리 사회가 아직도 이러한 사건에서 피해의 책임이 누구에게 있는지 파악하고 있다는 것은, 달리 해석하면 당분간 아무도 거기에 책임을 지지 않을 수 있다는 뜻이다. 설령 우리 모두가 누군가에게 책임이 있다고 동의하더라도 말이다. 이와 같은 '책임 공백

responsibility gap'은 사람들이 신중하게 AI를 사용하도록 하는 중요한 동기를 없애고 AI 피해에 대한 보상을 어렵게 한다. 이러한 책임 공백이 두드러질수록 사람들이 AI 피해를 예방하기 위해 충분한 조치를 취할 가능성은 낮아지고 피해자가 의지할 수 있는 수단도 적어진다.

이번 장에서는 한 가지 구체적인 사례에만 초점을 맞추었지만 AI의 책임 공백은 AI가 활용되는 대부분의 분야에서 발생할 수 있다. 예를 들어보자. 병원에서 AI로 암을 탐지하다가 AI가 진단 실수를 저질러 환자가 불필요한 치료를 받거나 치료를 너무 늦게 받는다고 해보자. 그렇다면 오진에 대한 책임은 누구에게 있을까? 누군가가 손해배상을 해야 한다면 그 대상은 누구여야 할까? 또 군부대가 AI를 사용하여 미사일과 드론을 유도했는데 AI 주도형 무기가 표적 대상인 테러리스트가 아닌 무고한 가족을 살해한다면 어떨까? 민간인 피해는 누구에게 책임이 있을까? AI가 어떤 결과를 초래할지 예상한 사람이 없기 때문에 아무도 책임을 지지 않는다면 앞으로 군 지도부가 사고를 예방할 동기를 충분히 갖게 될까? 그렇게 그들은 아무런 처벌도 없이 살인 혐의를 넘어가게 되는 걸까? 오픈소스 챗봇이 잘못된 의료 조언을 제공하여 한 시민이 독약을 효과적인 체중 감량 치료제라고 믿고 복용한다고 해보자. 이때 누가 처벌받아야 하고 그에 따른 의료 비용은 누가 부담해야 할까? 또 어떤 기업이 고객을 표적으로 삼아 광고와 쿠폰을 더욱 효과적으로 배포하기 위해 AI를 사용하여 고객의 재정 및 의료 개인

정보를 수집한다면 어떨까? 타깃의 쿠폰이 16세 고객의 임신 사실을 아버지에게 알렸을 때처럼 말이다. 프라이버시 침해에 대한 책임은 누구에게 있을까? 마찬가지로 앞선 장들에서 논의했듯이 소셜미디어의 AI 알고리듬이 혐오범죄를 조장한다면 그 책임은 누구에게 물어야 할까?

이번 장의 목표는, 이와 같은 모든 질문에 답하는 것이 아니라 이 질문들에 답하는 게 얼마나 어려운지 보여주는 것이었다. 특히 개발 중인 AI 시스템이 미래에 어떤 혜택과 해악을 유발할지 알 수 없고 특정한 AI 배포에 관여하는 사람들의 네트워크가 확장될 때 이 질문에 답하기가 더욱 곤란해진다. AI의 피해에 대한 책임이 누구에게 있는지 밝혀지지 않는다면 향후 AI 관련 피해를 완화하기 위해 어떤 효과적인 계획을 수립할 수 있을지 가늠하기도 어렵다. 어떻게든 계획을 세운다고 해도 책임 있는 대상(누구 또는 무엇)을 파악하지 못한다면 의미 있는 효과를 기대할 수 없을 것이다.

이 문제는 현시점에서 더욱 우려스럽다. 왜냐하면 대형언어모형이 공개되면서 새로운 AI 제품을 출시하기 위한 광란의 경쟁이 벌어지고 있기 때문이다. 구글과 같은 수많은 기술 선도 기업은 이미 수년 전에 AI 제품을 개발했어도 윤리 문제로 대중에게 공개하는 것을 자제했다. 하지만 이제는 제품을 감추고 있을 여력이 없다고 생각하는 기업이 많다.[25] 기업들이 AI가 유발하는 피해에 책임감을 느끼지 않는다면 그들은 안전성이 의심스럽지만 수익성이 높은 AI 제품을 만들어야 한다는 압박을 점점 강하게 받을 것이다. 애초의

의도가 어떠했든간에 말이다. 대형언어모형의 사례는 모형의 적용 범위가 넓고 다른 회사들이 자체 AI 제품 개발에 사용할 수 있다는 점에서도 흥미롭다. 새로운 회사가 오픈AI의 GPT 모형을 기반으로 의료 상담 챗봇을 만들었는데 챗봇이 유해한 조언을 잘못 제공했다고 해보자. 그렇다면 그것은 새로운 회사의 책임일까, 아니면 오픈AI의 책임일까?

게다가 인공지능이 초래한 피해를 두고 AI 자체에 법적 책임이나 도덕적 책임을 물을 수 있다고 간주된다면, AI 제작자가 자신의 책임을 부인할 동기와 능력이 커지는 셈이다. 그 결과는 AI 제작자들이 본인의 책임을 제품에 전가함으로써 부정적 제재를 모면할 수 있는 세상일 것이다. 그런 세상에서는 사회가 AI로 인한 피해를 최소화하기 위해 정책과 법적 수단을 활용할 수 있는 선택지가 급격하게 줄어들 것이다. 그러므로 우리는 특정한 행위에 대한 책임을 인공지능에 물을 수 있는지 신중하게 따져봐야 한다. 그리고 만일 물어야 한다면 언제 그럴 수 있는지도 고려해야 한다.[26]

책임을 적절하게 부여하고 제재 대상을 적절하게 지목하는 문제는 우리가 AI 시스템을 더 많이 경험함에 따라 논쟁을 거칠 것이며 또 그래야만 한다. 우리 사회는 책임과 제재를 분배하는 다양한 방법을 시도함으로써 어떤 사법 제도와 도덕 체계가 우리에게 이롭고 AI 시스템의 위험을 피하는 데 도움이 되는지 파악해야 한다. 우리에게는 용납 불가능한 피해를 최소화하되 혁신을 억압하지 않으면서 발전을 장려하는 균형 잡힌 접근이 필요하다. 마치 골디락스 이야기*처럼 우리는 너무 뜨겁지도 않고 너무 차갑지도 않은 딱 적당한 책임 준칙을 바란다. 하지만 그러한 책임 준칙이 무엇인지 파악하는 과정에서 AI의 해악을 방치하지 않도록 주의해야 한다. 인공지능의 발전 속도를 생각하면 더더욱 그렇다. 다음 두 장에 걸쳐서 그 방법에 대해 논의할 것이다.

---

*   19세기 영국 동화〈골디락스와 곰 세마리〉에서 비롯된 표현. 동화 속 한 장면에서 '골디락스'라는 이름의 소녀는 곰 가족의 집에 침입해서 뜨거운 죽, 차가운 죽, 적당한 죽 가운데 적당한 죽을 먹는다. 주로 '이상적인 균형 상태'를 가리키는 관용어로 쓰인다.

6

인공지능에 인간의 도덕성을
탑재할 수 있을까?

한 이식 외과의가 우리에게 들려준 이야기다. 어느 날 밤 외과의는 전화를 받고 잠에서 깼다. 전화를 건 사람이 말했다. "장기 기증자 한 분이 방금 교통사고를 당해 목숨을 잃어서 환자 중 한 명에게 이식할 신장이 생겼습니다." 장기 이식 성공률은 시간이 갈수록 낮아지기 때문에 외과의는 즉시 출발해야 했다. 전화를 건 사람에게 어느 환자의 수술을 준비시킬지도 알려야 했다. 안타깝게도 외과의는 잠에서 덜 깬 상태였고 환자 기록에 빠르게 접근할 수도 없었으며, 그에게는 다른 환자보다 각별히 잘 알고 좋아하는 환자가 있었다. 이런저런 이유로 외과의의 상황은 '어느 환자에게 신장을 이식해야 하는가'라는 누군가의 인생을 뒤바꿀 만한 도덕적 결정을 내리기에 결코 이상적이지 않았다.

만약 그 상황에 AI가 있었다면 외과의의 결정을 도울 수 있었을까? AI는 잠에서 덜 깰 일도 없고 환자에 대한 세부 정보도 잊지 않으며 단순히 성격을 이유로 특정 환자를 편애하는 일도 없다. 더군다나 AI는 언제라도 그와 같은 결정을 매우 신속하게 내릴 수 있다. 그러므로 적절하게 설계된 AI는 외과의가 올바른 선택을 할 가능성을 낮추는 몇 가지 문제를 (전부는 아니더라도) 회피할 수 있다. 우리가 이러한 가능성을 언급하자 외과의는 그와 같은 도움을 받았더라면 좋았을 것이라고 답했다.

외과의가 처한 상황은 인간이 결코 이상적이지 않은 조건에서 중요한 도덕적 판단을 내려야 하는 수많은 상황 가운데 하나일 뿐이다. 전쟁터에서 어떤 표적을 공격할지, 어떤 형사 피고인에게 보석을 허가할지, 긴급한 상황에서 차의 브레이크를 밟을지(그리고 운전대를 어느 방향으로 돌릴지) 등을 결정할 때처럼 2장부터 5장까지 살펴본 수많은 사례에서 비슷한 문제가 발생한다. 이러한 사례 중 몇 가지에라도 인간이 더 나은 도덕적 판단을 내리는 데 AI가 도움이 된다면 큰 이득일 것이다.

물론 이러한 희망은 전적으로 AI가 잘 설계되었는지에 달려 있다. 만일 AI가 부적절한 도덕적 판단을 내린다면 AI는 우리를 잘못된 길로 인도할 수 있다. 일례로 2장에서 살펴본 것처럼 AI가 클립 생산을 극대화하여 인류를 박멸하는 끔찍한 이야기를 떠올려보라.[1] 그렇다면 중요한 질문은 다음과 같다. 더 나은 도덕적 결정을 내리는 데 도움이 되면서도 너무 위험하지 않은 AI를 설계하는 것이 가능할까?

한 가지 제안은 인간의 도덕성을 충분히 연구하여 AI에 인간의 도덕성(특별한 인공지능 도덕성이 아니라)을 탑재하는 것이다.[2] 인간이라면 분명 AI가 클립을 지나치게 많이 만들어서 인류를 멸망시키는 것은 부도덕하다고 생각할 것이다. AI가 인간의 기준에 따라 어떤 결정이 부도덕한지 학습할 수 있다면, 앞서 살펴본 외과의가 처한 것과 비슷한 상황에서 도덕적 실수를 저지르지 않는 데 도움이 될지 모른다. 또한 AI가 부도덕하다고 생각되는 결정을 피하도록 설계된다면 그러한 결정을 내릴 가능성도 줄어들 것이다. 더 구체적으로 말해서 우리는 지금까지 AI의 안전성, 프라이버시, 공정성과 관련된 도덕적 문제를 논의했다. 충분히 안전하지 않은 결정, 충분한 정당성 없이 프라이버시를 침해하는 결정, 공정하지 않은 결정을 AI가 식별하고 방지할 수 있다고 해보자. 그렇다면 AI는 전반적으로 더욱 윤리적으로 작동함으로써 우리 사회가 도덕적 가치를 더 잘 실현하는 데 도움이 될 것이다.

물론 인간의 도덕성을 AI에 탑재한다는 목표는 그리 간단하지 않다. 이 목표를 기술적으로 구현하는 것 또한 복잡한 일이다. 앞으로 헤쳐나가야 할 실용적·이론적·사회적 과제가 많다. 목표를 달성하기 위한 경로도 다양할 것이다. 지금부터 몇 가지 선택지를 논의하고자 한다.

하향식 도덕성은 어떨까?

인간의 도덕성을 AI에 구현하는 일반적인 접근법 중 하나는, AI 시스템에 높은 수준의 일반성을 지닌 도덕적 원칙을 프로그래밍한 다음 그 원칙을 구체적인 상황에 적용하는 방법에 대한 지침을 제공하는 것이다. 이 접근 방식은 언뜻 생각해봐도 매력적이다. 우리가 AI에 어떤 도덕적 기준을 부여할지 통제할 수 있기 때문이다. 하지만 문제는 금방 분명해진다. 도대체 어떤 도덕적 원칙을 프로그래밍해야 할까?

널리 알려진 후보 중 하나는 아이작 아시모프의 '로봇공학 3원칙'이다. 우리는 이것을 (로봇만이 아니라) 모든 종류의 AI에 대해 일반화할 것이다.[3]

1. AI는 인간에게 상해를 입히면 안 된다. 혹은 어떠한 행위를 하지 않음으로써 인간에게 피해를 끼쳐서도 안 된다.
2. AI는 인간의 명령에 반드시 복종해야 한다. 단, 명령이 제1원칙에 어긋나는 경우는 예외로 한다.
3. AI는 제1원칙과 제2원칙에 위배되지 않는 한 스스로를 보호해야 한다.

이 간단한 규칙은 출발점으로는 그럴듯할 수 있지만 금방 문제에 봉착한다. 정말로 우리는 AI가 **모든** 사람이 **아무런** 피해도 입지 않도록(특히 정서적 피해를 입지 않도록) 방지하길 원할까? 예를 들어 보자. AI가 불쾌한 소셜미디어 게시물을 삭제했는데 자신의 콘텐츠가 사라졌다는 이유로 작성자가 심란해한다면 어떨까? 또 한 인간이 다른 인간을 공격하는데 AI 주도형 로봇이 공격자에게 상해를 입히지 않고는 피해를 막을 수 없다면 어떻게 해야 할까? 아시모프의 원칙은 이러한 상황을 다루기엔 적절하지 않다.

어쩌면 철학자들에게 묘수가 있을지 모른다. 그러나 철학자에게 맡긴다고 해도 문제는 여전히 남는다. 어떤 도덕적 원칙 또는 이론을 AI에 구축해야 하는지에 대한 의견이 저마다 다르기 때문이다.

모든 도덕 이론에는 그 나름의 장단점이 있다. 예를 들어보자. 결과주의 도덕 이론은 장기적으로 좋은 결과를 최대화하고 나쁜 결과를 최소화하는 행위라면 무엇이든 해야 한다고 제안한다. 이는 언뜻 괜찮아 보인다. 하지만 결과주의를 구체적인 상황에 적용하려면, 모든 잠재적 행위가 장단기적으로 모든 존재에게 어떤 영향을 미칠지에 대한 정보를 의사결정자가 알고 있어야 한다. 하지만 충분히 확실한 정보를 그와 같이 방대한 양으로 확보할 방법을 아는 사람은 아무도 없다. 특히 계산으로 다루기 쉬운 방식으로 정보를 입수해야 한다면 더욱 그렇다. 더군다나 결과주의를 잘못 적용하면 끔찍한 결과를 초래할 수 있다. 예를 들어 '장기적으로 고통과 죽음의 총량을 최소화'하도록 프로그래밍된 결과주의 AI는 어쩌면 미래의 모든 인간이 경험할 고통을 예방하기 위해 현재의 모든 인간을 죽여야 한다고 판단할지도 모른다.

또 다른 유형의 도덕 이론은 특정한 도덕 규칙(가령 '거짓말 금지')이나 기본적인 도덕적 의무(충실, 보답, 감사, 자비, 해악 금지의 의무 그리고 때로는 정의와 자기개선의 의무)를 제시한다. 이와 같은 규칙을 따르거나 의무를 이행하는 알고리듬을 설계하는 것은 실용적·계산적 관점에서 실현 가능성이 높은 편이다. 왜냐하면 모든 행위에 뒤따를 만한 모든 결과에 대한 정보를 처리할 필요가 없기 때문이다. 하지만 다른 규칙과 의무 집합은 선택하지 않고 왜 군이 그 집합을 선택했는지 묻는다면 정당화하기가 쉽지 않다.

더군다나 이러한 도덕 이론은 AI와 관련된 맥락에서 구현되기 어렵다. 사람들은 대부분 불가피하게 도덕 규칙을 위반해야 할 때도 있다고 생각한다. 살인 청부업자로부터 친구의 목숨을 구하기 위해 '거짓말 금지' 규칙을 위반할 수밖에 없는 상황을 떠올려보라.[4] 의무나 규칙을 무효화할 수 있는 적절한 근거가 무엇인지 AI에 알려주려면 어떻게 해야 할까? AI의 도덕적 근거에 예외 사항을 포함시키려 할 수도 있겠지만, 필요한 예외의 수는 끝이 없어 보인다. 또한 의무와 규칙은 때때로 상충하기도 한다. 예를 들어 두 환자를 치료해야 할 의무가 있는 외과의가 있는데 신장이 하나밖에 없다면 어떻게 해야 할까? 혹은 범죄율을 줄이기 위해서는 보석을 거부해야 하는데 그럴 경우 피고인의 무고한 가족에게 손해를 입히게 된다면 어떨까? 의무와 규칙의 우선순위를 정하는 방법을 AI에 어떻게 알려줄 수 있을까? 무효화할 만한 규칙과 의무 간의 상충 문제를 해결할 수 있는 일관된 방법이 없다면, AI는 우리가 받아들일 수 있을 만큼 충분히 신뢰도 높은 결론에 도달하지 못할 것이다.

상향식 도덕성은 어떨까?

위와 같은 문제를 피하기 위해 또 다른 접근법을 시도해볼 수 있다. 일반적인 규칙을 사용하는 대신, 인간이 도덕적으로 선하거나 악하다고 판단하는 행동과 결정의 수많은 구체적인 사례를 통해 AI가 인간의 도덕성을 학습하도록 하는 것이다. 이와 같은 AI는 도덕적 판단을 옹호하거나 이해할 필요가 없다. 그 대신 특정 상황이나 딜레마에서 인간이 옹호할 도덕적 판단이 무엇인지 정확하게 예측할 줄 알아야 한다. 우리는 이것을 '상향식 접근법'이라고 부른다.

이 방법에는 강력한 장점이 적어도 한 가지 있다. 앞서 살펴본 하향식 접근법은 일부 사람들이 의문을 제기할 수밖에 없는 도덕적 원칙에서 시작하는 반면, 상향식 접근법을 사용하는 AI 제작자는 인간의 도덕적 판단 예측과 관련하여 어떤 범주나 논거가 적합한지 AI에 알려주지 않아도 된다. AI가 스스로 파악하도록 되어 있기 때문이다. 따라서 AI 제작자는 어떤 원칙과 규칙을 따라야 할지 그리고 개별적인 상황에서 그것들을 따져보며 어떤 판단을 내려야 할지에 대한 수많은 결정을 최소화할 수 있다. 이러한 이유로 상향식 접근법은 하향식 접근법보다 구현하기가 더 쉬워 보인다.

하지만 상향식 접근법에도 그 나름의 문제가 있다. 첫째, 상향식 접근법을 도입하려면 AI가 매우 다양한 데이터를 엄청나게 많이 학습해야 한다. 수많은 유형의 도덕적 상황을 학습해야 하기 때문이다. 더군다나 훈련용 데이터가 핵심적인 측면에서 편향되어 있거나 제한적이라면 부정확한 예측을 생성할 수 있다. 학습용 데이터가 특정 집단을 잘 대표하지 못할 때나, 학습용 데이터와 매우 다르게 판단하는 사람들의 도덕적 판단을 예측하려 할 때 예측이 부정확해진다. 둘째, 어떤 종류의 데이터로 AI를 훈련해야 할지가 분명하지 않다. 구체적인 시나리오에서 무엇이 옳고 그른지를 명시한 설명문이 적절할까? 아니면 설문조사 평가 결과? 인간의 실제 선택과 행동? 그것도 아니면 또 다른 데이터가 필요할까? 셋째, AI를 학습시킬 때 **모든** 관련 데이터가 포함되었는지 어떻게 판단할 수 있을까? 사람들의 도덕적 견해를 끌어내는 방법들이 현실에서 우리의 도덕적 견해에 영향을 미치는 상황들의 모든 특징을 적절하게 포착할 수 있을까? 넷째, 어떤 사람들의 도덕적 견해가 다른 사람들이 보기에 비난받을 만하다면 어떻게 해야 할까? 그리고 개개인의 도덕적 견해가 시간이 지남에 따라, 특정한 기분에 따라, 피로 정도에 따라, 또는 동일한 상황이 다르게 묘사됨에 따라 변화한다면 어떻게 해야 할까?[5] 그와 같은 불안정한 견해도 기본적인 가치를 반영한다고 보아야 할까? 다섯째, 상향식 시스템은 인간이 **어떤** 행위를 잘못이라고 판단할지는 예측할 수 있을지 모르지만, 인간이 **왜** 다른 행위가 아니라 특정 행위를 잘못이라고 판단하는지 또는 AI가 왜 특정 행위를 잘못이라고 예측하는지에 대한 실질적인 이유를 제시하지는 못한다. 이렇게 상대적인 불투명함 때문에 AI가 언제 실수를 저지르거나 잘못된 판단을 내릴지 예측하기가 어려워지고, 실수를 교정하기도 힘들어진다. 이러한 문제들로 인해 상향식 접근법을 성공적으로 구현하는 것은 까다로운 작업이 된다.

두 방법의 장점을 취합하기

하향식 접근법과 상향식 접근법을 괴롭히는 문제들 때문에 우리는 결국 더 나은 대안을 찾게 된다. AI에 도덕성을 구축하기 위한 가장 유망한 전략은 하향식 접근법과 상향식 접근법의 결합이라는 것이 우리의 생각이다.

이처럼 복합적인 방법을 개발하기는 쉽지 않을 것이다. 그래도 우리 셋은 구체적인 AI 적용 예시를 통해 매우 제한적인 의사결정 맥락에서 한 가지 접근 방식을 시험하는 작업에 착수했다. AI가 내려야 하는 도덕적 판단의 범위 그리고 AI가 학습해야 하는 도덕적 원칙 또는 패턴의 범위를 제한한다면 많은 기술적 문제를 조금은 다룰 만하게 만들 수 있다. 이러한 제한적인 도덕적 판단에 AI가 어떻게 사용될 수 있는지 알아가다 보면 그 교훈을 활용하여 더 폭넓은 도덕적 맥락에까지 전략을 확장할 수 있을 것이다. 하지만 일단은 희소성 있는 신장 분배라는 구체적인 시험 사례부터 살펴보도록 하자.

누가 신장을 받을 것인가?

미국에서만 약 10만 명이 신장 이식을 기다리고 있다.[6] 신장의 공급원은 크게 둘이다. 사고로 사망한 지 얼마 안 된 시신과 같은 사체, 그리고 장기 기증자로부터 신장을 이식받을 수 있다. 후자의 경우, 대부분의 사람은 신장이 둘이지만 하나만 있어도 살 수 있으므로 필요한 이에게 신장 하나를 기증하는 것이 가능하다.

모든 기증자의 신장이 모든 수혜자에게 적합한 것은 아니다. 이식이 성공적으로 이루어지려면 기증자와 수혜자의 혈액형과 면역 특성이 서로 적합해야 한다. 적합성의 수준은 다양하며, 수혜자가 면역억제제를 복용할 경우 일부 혈액형과 면역 특성 쌍은 더 적합해질 수도 있다(다시 말해, 신장이 더 오랫동안 성공적으로 기능할 수 있다).

이식 가능한 신장이 준비되면 수혜자를 선정해야 하는데, 대체로 둘 이상의 수혜자에게 적합한 경우가 많다. 반면 (생체 또는 사체) 기증자의 수는 신장이 필요한 모든 수혜자를 감당할 만큼 많지 않다. 따라서 의사나 병원은 여러 명의 절박한 환자들 중에서 누구에게 신장을 제공해야 하는지 결정해야 한다. 신장이 적합하다는 가정하에, 이식을 받은 환자의 수명은 10년에서 20년 정도 연장된다.[7] 반면 신장을 받지 못한 환자는 계속 기다릴 수밖에 없고, 상태가 악화되면서 삶의 질이 대폭 감소할 수 있다. 심지어 기다리다가 사망할 수도 있는데, 날마다 신장병 환자 13명이 신장 이식을 받지 못해 사망한다.[8] 그러므로 누구에게 신장을 제공할지 결정하는 것은 말 그대로 생사를 가르는 문제다.

신장 분배 결정은 장기이식 센터마다 다른 방식으로 이루어진다. 하지만 그와 같은 결정을 더 효율적이고 쉽게 내려주는 AI 도구가 점점 더 많이 등장하고 있다. 예를 들어보자. 이식받을 의지는 있지만 기증자가 적합하지 않은 환자가, 동일한 상황에 처한 다른 환자와 기증자를 맞바꾸는 '신장 교환'이 AI 시스템을 통해 성공적으로 이루어진 바 있다.[9] 또한 환자의 신장 적합성을 예측하거나 특정 시간 내에 더 적합한 신장이 나타날 가능성을 예측하는 AI 의

사결정 보조 도구가 현재 시험을 거치고 있다.[10]

이러한 AI 도구는 신장 분배 과정의 다양한 측면을 해결해준다. 하지만 모든 도구가 맞닥뜨리는 중요한 문제가 있다. 바로 결정을 내리는 과정에서 고려해야 하는 특징이 무엇인가 하는 것이다. 현재 대부분의 신장 이식 결정은 의료적 적합성, 연령, 건강, 장기의 질, 대기자 명단에 올라가 있던 기간 등을 바탕으로 이루어진다. 이러한 특징은 일반적으로 객관적인 의료적·실용적 인자로 간주되며, 따라서 다른 특징보다 우선시된다. 그렇지만 신장 이식 방침 결정 담당자들을 제외한 시민들은 신장 이식 대상자를 결정할 때 신장병 환자의 다른 특징들도 고려해야 한다고 생각한다. 그 이유는 대체로 도덕적인 것이다. 이를테면 그들은 이식 대상자의 부양가족 수, 강력 범죄 기록, 신장질환을 악화했을 만한 행동적 선택(가령 흡연)도 고려되어야 한다고 생각한다. 한편 대상자의 인종, 성별, 종교는 **절대** 고려해선 안 된다고 생각하는 시민들도 많다.[11]

이와 같은 도덕적 판단을 AI 도구에 탑재함으로써 신장 분배에 도움을 받으려면 어떻게 해야 할까? 우리는 전형적인 AI 사용 방식 두 가지에 초점을 맞추려고 한다. 첫 번째는 이식 외과의가 환자를 위하여 신장 이식 여부를 결정하는 데 도움을 주는 의사결정 보조 도구다. 외과의는 이따금 시간의 압박이 극심하거나 한밤중에 잠이 덜 깬 상태에서 결정을 내려야 한다(이번 장 서두에서 살펴본 사례를 떠올려보라). AI 의사결정 보조 도구는 의사 개개인이 휴식을 넉넉히 취하고 차분한 상태에서 정보도 충분할 때 신장 분배 결정 과정의 의료적·도덕적 문제를 어떻게 고려하는지 학습한다. 그런 다음 외과의가 최적의 상태가 아닌 상황에서 결정을 내려야 할 때 외과의가 더 나은 상태에서 결정했을 것으로 예측되는 내용을 알려준다. 이런 방식으로 외과의는 최종 결정을 내릴 때 AI의 예측을 고려할 수 있다. 동일한 도구가 다른 방식으로 쓰일 수도 있다. 신장 이식이 신속하게 결정되어야 하는데 외과의가 병원까지 가지 못한다면 AI가 외과의를 대신하여 결정을 내릴 가능성도 있다.

두 번째 AI 사용 방식은 다음과 같다. 병원의 이식 관련자 집단 (일반적으로 의사, 간호사, 행정 관리자, 변호사, 다른 분야의 전문가, 환자, 때로는 비전문가 집단 구성원까지 포함된다) 공동의 도덕적 판단을 자동화 시스템으로 구축하는 것이다. 어떤 병원들은 이미 자동화 시스템을 도입하여 어느 환자에게 어떤 순서로 신장을 제공할지 결정하고 있다. 이 방식의 목표는 신장 분배 우선순위 목록 자동화의 결과가 해당 집단의 도덕적 가치와 일치하도록 하는 것이다.

이 두 가지 유형의 도구는 제각기 고유한 문제를 해결해야 한다. 이를테면 두 번째 도구는 집단 내부에서 엇갈리는 도덕적 선호를 종합하는 방법을 알아내야 하지만 첫 번째 도구는 그럴 필요가 없다. 하지만 두 도구는 동일한 핵심 전략의 일환으로 함께 추구될 수 있다. 이제부터 그 핵심 전략을 살펴보자.

238

신장 분배 AI에 도덕성을 탑재하는 방법

도덕적으로 적절한 특징 확인하기

핵심 전략의 첫 번째 단계는 개방형 설문조사를 실시함으로써 신장 이식 대상자 선정에서 고려해야 하는 특징과 고려해서는 안 되는 특징에 대한 판단을 크라우드소싱*하는 것이다. 그런 다음 설문조사의 응답을 분석하고 가공하고 보완해서 목록으로 통합한다. 마지막으로 새로운 참여자들에게 문의하여 목록에 포함된 각 특징이 신장 분배와 관련하여 정말 도덕적으로 적절한지 확인한다.

설문조사에서는 신장 이식 대상자 선정에 영향을 **미쳐야 하는** 요소와 **미치면 안 되는** 요소에 대한 판단을 요청한다. 첫 번째 항목은 AI가 인간의 도덕적 판단을 예측할 때 사용해야 하는 도덕적으로 적절한 특징을 제공한다. 두 번째 항목은 AI가 의사결정 과정에서 의도적으로 무시해야 하는 특징을 나타낸다.

설문조사 참여자는 다양한 이해관계자 집단으로 구성된다. 이를테면 일반 대중, 신장병 환자 및 그들의 가족, 신장질환에 걸릴 가능성이 높은 인구통계 집단 구성원, 의사, 간호사, 병원 행정 관리자, 윤리학자가 포함될 수 있다. 이렇게 광범위한 응답자를 확보하는 것은 그들의 전문성을 존중하고 영향받는 집단을 확실하게 포

---

* crowdsourcing. 제품 생산 및 서비스 과정에 대중을 참여시키는 방식.

용하기 위해 반드시 필요한 일이다. "우리 없이는 우리에 관하여 말하지 말라Nothing About Us Without Us"라는 구호처럼 말이다.

이와 같은 광범위한 설문조사는 신장 이식 대상자 선정에 영향을 미쳐야 하는, 또는 미치면 안 되는 환자의 특징이 무엇인지 결정하기 위한 것이 아니다. 설문조사만으로는 무엇이 도덕적으로 옳고 그른지 알 수 없다. 크라우드소싱은 사람들이 도덕적으로 적절하다고 여기는 도덕적 특징의 목록을 만들기 위한 것이다. 그럼으로써 신장 분배 AI가 그러한 특징을 사용하여 사람들의 도덕적 판단을 정확하게 예측하고, 사람들이 AI의 예측 근거를 이해할 수 있도록 하는 것이 목적이다.

크라우드소싱의 결과로 세 가지 목록이 만들어진다. 도덕적으로 적절하다고 여겨지는 특징, 도덕적으로 부적절하다고 여겨지는 특징, 논란의 여지가 있는 특징. 지금까지 우리가 수행한 연구에 따르면, 대다수의 참여자는 인종, 성별, 성적 지향성, 종교, 정치적 신념, 재산, 정부 지원에 대한 의존도가 신장 이식 대상자 선정에 영향을 **미치면 안 된다**는 데 동의했다.[12] 영향을 미쳐야 하는 요인에 대한 결과도 그다지 놀랍지 않았다. 거의 모든 참가자는 신장의 필요가 긴급한 정도, 이름이 대기 명단에 올라가 있던 기간, 이식 수술의 성공률과 더불어 연령, 현재 건강 상태, 기대 수명, 이식 이후 삶의 질을 고려해야 한다는 데 동의했다. 또한 흡연과 약물 및 알코올 남용 여부도 (그것이 신장질환을 진단받기 전인지 또는 후인지에 따라) 중요해질 수 있다는 것이 대부분의 생각이었다. 신장 이식 대상자 선정에 정신 건강, 강력범죄 또는 비강력범죄 기록, 자녀 또는 노인 부양가족의 수를 고려해야 하는지는 논란의 여지가 더 많았다. 이 수많은 특징에 대한 근거는 후속 연구를 통해 명확하게 밝혀질 필요가 있지만(예컨대 사람들은 연령과 현재 건강 상태를 단순히 기대 수명의 대리 변수*로 사용하는 걸까?), 위와 같은 예비 목록을 사용함으로써 인간의 도덕적 가치를 AI 시스템에 통합하는 방법을 모색하는 작업에 착수할 수 있다.

도덕적 가중치 측정하기

도덕적으로 적절한 특징의 목록을 만든 뒤에는 사람들이 일반적인 특징을 구체적인 신장 분배에 대한 도덕적 판단으로 어떻게 적용하는지 결정할 필요가 있다. 우리는 사람들이 각 특징에 가중치를 얼마큼 부여하는지뿐만 아니라 다른 특징들의 유무가 해당 가중치에 어떤 영향을 미치는지도 파악하길 원한다. 예를 들어보자. 어쩌면 당신은 흡연을 하지 않는 환자는 흡연을 하는 환자보다 우선순위가 높아야 하되 그것은 환자에게 자녀가 있을 때만이라고 생각할지 모른다. 환자에게 자녀가 없다면 간접흡연이 자녀에게 영향을 미치지 않으므로 흡연 여부는 중요하게 고려되어선 안 된다고 말이다. 또한 특징들이 상충하는 상황을 사람들이 어떻게 해

---

*   대리 변수에 대한 설명은 179면을 참고하라.

결하는지도 알아야 한다. 가령 비흡연 환자와 나이가 적은 환자의 우선순위가 둘 다 높다면 어린 흡연자는 나이 많은 비흡연자 대신 신장을 이식받아야 할까?

이상적으로는, 서로 다른 맥락에서 각 특징이 얼마나 중요한지, 특징들이 상충할 경우 어떻게 해결해야 하는지 참가자들에게 물어보면 된다. 하지만 안타깝게도 사람들은 이와 같은 질문에 답하는데 능숙하지 않다. 그러므로 이 조사의 주된 부분('선호도 추출'이라고도 한다)은 사람들이 특정한 문제에 대한 도덕적 판단을 공유하도록 하는 가장 좋은 방법을 찾아내는 것이다.

최선의 방법이 무엇인지는 아직 확실하지 않다. 하지만 우리가 어느 정도 성공을 거둔 방법이 있다. 우선 사람들에게 두 환자, 즉 환자 A와 환자 B 중 한 명에게 신장을 이식할 수 있다고 말한다. 그런 다음 크라우드소싱 목록에서 두 환자와 관련된 핵심 특징에 대한 정보를 제공한다. 예를 들어 설명해보자. 단순화해서 비교하자면, 환자 A는 신장을 이식받은 후 신체 상태상 일주일에 30시간 일할 수 있고, 현재 저체중이며, 이식을 받으면 수명이 5년 더 늘어나고, 노인인 부양가족이 한 명 있으며, 신장을 5년 동안 기다리고 있다. 환자 B는 신체 상태상 신장 이식 후에도 일을 할 수 없고, 비만이며, 이식을 받으면 수명이 10년 더 늘어나고, 노인인 부양가족이 없으며, 신장을 7년 동안 기다리고 있다. 이제 설문조사 참여자들에게 묻는다. "신장을 환자 A에게 이식해야 할까요, 환자 B에게 이식해야 할까요?" 환자 A와 환자 B 중에서 (동전을 던져) 한 명을 무작위로 선정할 수 있는 선택지를 제공하는 것도 가능하다.[13] 참가자들에게 이러한 결정을 여러 번 내리도록 요청하는데, 매번 서로 다른 특징의 값을 바꾸고 특징 간의 상충 관계도 바꾼다. 그런 다음 참여자들의 결정을 바탕으로 AI를 학습시킨다. 다시 말해, 참여자들이 환자의 특징들에 얼마나 많은 가중치를 부여하는지뿐만 아니라 신장 이식 대상자 선정에 관한 도덕적 판단을 내릴 때 그 특징들이 서로 어떻게 상호작용하는지를 AI에 가르친다.

이 접근법에는 명백한 문제가 하나 있다. 참여자들에게 판단을 요청해야 하는 비교의 횟수가 각 특징의 수와 각 특징이 가질 수 있는 값의 범위에 따라 기하급수적으로 증가한다는 점이다. 가능한 모든 상충 관계에 대해 참여자들에게 의견을 구하는 것은 금방 실현 불가능해진다. 또 특징들이 상호작용할 수 있는 모든 가능한 방식을 결정하는 작업도 머지않아 계산을 통해 다룰 수가 없어진다. 그렇지만 작업을 수행할 때마다 제한된 수의 특징에 초점을 맞춤으로써 여전히 진전을 이룰 수 있다. 게다가 비교 횟수를 줄이는 기술적 트릭을 활용하는 것도 가능하다. 예를 들어 '능동적 학습'이라는 트릭을 사용하면 특징들 간의 차이와 상충 관계를 실시간으로 조정할 수 있다. 그럼으로써 특정한 개인이 도덕적 판단을 내리는 방식을 학습하는 데 가장 유용한 질문들의 부분 집합을 참여자들에게 물어볼 수 있다.

도덕적 판단 모형화하기

사람들이 특징에 가중치를 부여하는 방식에 대한 데이터를 충분히 수집한 후에는 도덕적 판단을 통계적으로 모형화한다. 우리는 일반적으로 상향식 접근법을 사용하는 AI에 다음과 같은 내용을 학습시킨다. (A) 신장 이식 대상자 선정에 대한 참여자들의 도덕적 판단에 실제로 영향을 미치는 특징은 무엇인가? (B) 특징들이 어떻게 상호작용하여 전체적인 판단을 만들어내는가? (C) 개개인의 도덕적 판단을 예측하는 최선의 모형은 무엇인가? 이러한 방식으로 AI는 신장 분배에 대한 인간의 도덕적 판단을 예측하는 방법을 학습할 수 있다.

우리 전략의 핵심 원칙은 해석 가능한 AI 방법만을 도입한다는 것이다. 우리가 보기에 어떠한 방법이 충분히 해석 가능하려면 다음과 같은 조건이 만족되어야 한다. 즉, 사람들의 도덕적 판단에 영향을 미치는 특징이 무엇인지 파악하고 그 특징의 영향을 이해할 수 있어야 한다. 이 정도 수준의 투명성을 확보하는 것은 최소 다섯 가지 이유에서 중요하다. 첫째, 이를 통해 우리는 AI가 사용하는 특징이 도덕적으로 적절하다고 여겨지는 특징과 부합한다고 믿을 수 있다. 둘째, 인간의 도덕적 판단에 대한 AI의 예측이 신장 분배와 같은 실제 상황에서 사용될 경우 이해관계자들에게는 AI 시스템이 도덕적 문제를 어떻게 다루는지 알 의무가 있다. 셋째, AI가 도덕적으로 적절한 특징을 어떻게 사용하는지 알면 AI 예측의 정확성에 대한 피드백을 받기가 쉬워진다. 그리고 시스템을 철저하게 개선하는 데 그 피드백을 활용할 수 있다. 넷째, 인간이 인식하고 이해하는 특징과 가중치를 AI가 사용하게 된다면 사람들이 어떤 도덕적 판단을 내리는지뿐만 아니라 **어째서** 그러한 도덕적 판단을 내리는지도 밝혀질 가능성이 있다. 즉, 판단을 내리는 이유가 드러날 수 있다. 마지막으로 다섯째, 이 모든 장점은 환자와 의사 및 관련 집단이 AI 시스템을 더 신뢰하는 데 도움이 된다. 더 나아가 더욱 자발적으로 AI와 협력하고 그것을 사용하게 될 것이다. 투명성은 모든 잠재적인 사회적 혜택과 더불어 신뢰를 낳는다. AI 시스템이 광범위하게 수용되려면 신뢰가 필수다.

집단의 판단 종합하기

지금까지는 AI가 개개인의 도덕적 판단을 어떻게 예측할 수 있는지에 대해 논의했다. 이러한 예측은 일부 유용한 AI 시스템의 최종 목표다. 이를테면 휴식을 충분히 취해서 침착한 상태의 외과의가 선택할 만한 신장 이식 수혜자가 누구인지 예측하는 의사결정 보조 도구를 생각해볼 수 있다. 하지만 AI를 다른 방식으로도 적용하고 싶다면, 가령 병원의 이식 관련자 집단의 공동 도덕적 판단을 환자 우선순위 결정 자동화 시스템으로 구축하고 싶다면 인간 집단의 도덕적 판단을 예측할 필요가 있다. 이와 같은 영역에 AI를 적용하려면 인간 개개인의 도덕적 판단을 어떤 방식으로든 종합해야 한다.

종합을 위한 간단한 전략 하나는 각각의 신장 수혜자 후보를 선호할 것으로 예측되는 집단 구성원 수를 세는 것이다. 즉, 다수결에 따르는 것이다! 특정 이해관계자의 판단에 더 큰 가중치를 부여할 수도 있다. 예컨대 전문 지식이 더 많거나 이해관계가 더 밀접한 사람들 말이다. 훨씬 더 정교한 종합 방식은 사회 선택 이론을 바탕으로 한다. 사회 선택 이론이란, 개별적인 견해를 결합하여 집단적 결정으로 만드는 다양한 방식을 분석하는 틀이다. 개개인의 판단에 대한 완벽한 정보가 없는 경우를 대비하여 그와 같은 기법을 개발하는 데 전념하는 연구 집단들도 활기를 띠고 있다.[14] 여기서는 특정한 종합 접근법을 옹호하지 않을 것이다. 그 대신 집단의 도덕적 판단을 예측하기 위해 AI를 사용하기 전에 이 문제에 대한 접근법을 선택할 필요가 있다는 점만을 지적하고자 한다.

도덕적 판단 이상화하기

지금까지는 실제 사람들이 실제 상황에서 내리는 도덕적 판단을 예측하는 데 초점을 맞추었다. 인간 도덕성의 몇 가지 중요한 측면을 AI 시스템에 구축하기 위해서는 이것만으로도 충분하다. 하지만 AI 시스템을 도덕적으로 작동하게 하려면 추가적인 문제를 해결해야 한다. 그 추가적인 문제란, 인간과 동일한 도덕적 판단을 내리는 AI는 인간과 동일한 도덕적 **실수** 또한 저지른다는 것이다.

사람들은 모두 수많은 도덕적 실수를 저지른다. 심지어 본인의 기준에 따라 행동해도 실수를 저지를 때가 있다. 도덕적으로 적절하다고 간주되는 사실이라고 해도 잊어버리거나 신경 쓰지 못할 때가 있다. 여러 가지 복잡한 고려사항이 사안의 양 측면을 뒷받침하는 것으로 보일 때 사람들은 압도되거나 혼란스러워할 수 있다. 더군다나 격렬한 분노, 혐오감, 두려움에 사로잡힐 경우, 중요한 것으로 여겨지면 안 되는 요인(흥분을 가라앉힌 후에 중요하지 않다고 생각할 만한 요인)을 도덕적 판단의 근거로 삼을 때가 많다. 도덕적 오류의 또 다른 원인은 넓은 의미의 편향이다. 다시 말해, 인지적 편향, 편애, 인종 또는 성별 편견 등 의식적으로는 거부하지만 무의식적으로는 의사결정에 영향을 미치는 편향이 존재한다. 요컨대 사람들은 도덕적 판단을 내릴 때 잘못된 정보를 바탕으로 하거나, 뭔가를 잊어버리거나, 혼란스러워하거나, 감정에 사로잡히거나, 편향에 빠질 수 있다. 만일 AI가 이러한 판단으로 훈련을 받는다면, 결국 AI는 우리의 잘못된 정보, 망각, 혼란, 감정, 편견의 결과를 반영하고 영속화할 것이다.

인간으로서 불완전할 수밖에 없다고 해도 대부분은 본인의 도덕적 판단과 결정이 그와 같은 왜곡된 영향을 되도록 덜 받기를 원한다. 또한 우리가 합리적이고 편향 없는 상태에서 더 많은 정보를 갖고 내릴 만한 도덕적 판단을 AI에 구현된 도덕성이 반영해주기를 원한다. 비록 실제로는 이상적인 상태에 도달할 수 없을지라도 말이다. 요컨대 사람들은 AI가 우리의 실제 도덕적 판단이 아닌 **이상화된** 도덕적 판단을 예측하고 반영하길 바란다.

이상화는 도덕적인 AI의 가장 큰 도전 과제 중 하나가 될 것이다. 하지만 이 과제를 극복한다면 도덕적인 AI의 가장 큰 장점이 될 것이다. 수 세기에 걸친 노력에도 불구하고 인간은 도덕적 실수를 막을 방법을 찾지 못했다. 어쩌면 이상화된 도덕적인 AI는 실수를 피할 수 있을지 모른다. 더 나아가 도덕적인 AI의 훈련용 데이터와 모형에서 편향이나 실수를 교정하는 방법을 알게 된다면 AI의 예측과 행동은 우리 자신의 기본적인 도덕 가치에 더 잘 부합할 것이다. 더 나아가 도덕 가치에 더 잘 부합하는 실제 판단을 내리는 방법에 대해 **우리 인간**에게 조언해줄 수 있을지도 모른다.

그렇다면 어떻게 해야 이상화된 도덕적인 AI를 구현할 수 있을까? 가장 먼저 떠올릴 법한 생각은 이상적인 인간 판단이 반영된 데이터세트를 찾아서 AI를 훈련하는 것이다. 물론 이 제안에는 문제가 있다. 인간의 한계 때문에 이상적인 판단이 무엇인지 알 수 없다는 점이다. 따라서 이상적인 도덕적 판단이 무엇인지 알아내거나 예측하는 다른 방법이 필요하다. 현재로서는 완벽하게 이상화된 판단을 알아내거나 예측하기가 거의 불가능하지만, 도덕적 실수나 편향, 혼란의 원인을 개별적으로 교정하고 모두 종합함으로써 여전히 목표를 향해 전진할 수 있다. 비슷한 상황을 통해서 이게 무슨 뜻인지 설명해보겠다.

미국 연방대법관 서굿 마셜은 판결문에서 사형 제도에 대해 다음과 같이 의견을 밝혔다.

> 퍼먼[대 조지아 사건(1972년)]에서 나는 미국인들이 사형 제도의 도덕성을 판단하는 데 필요한 중요한 정보를 거의 알지

못한다는 사실을 목격했다. 따라서 나는 사람들이 더 많은 정보를 얻게 된다면 사형을 충격적이고 부정하며 용납 불가한 제도로 여길 것이라고 결론지었다.[15]

실제로 연구를 진행한 결과, 사람들이 사형 제도와 관련된 중요한 정보를 많이 접할수록 사형 제도를 반대할 가능성이 높다는 것이 확인되었다.[16]

이와 마찬가지로 추가적인 정보는 신장 분배에 대한 도덕적 판단에 영향을 미칠 수 있다. 대부분은 투석을 받는 환자의 삶이 어떠한지, 신장 이식 성공률이 얼마나 되는지, 신장 이식 후 흔하게 발생하는 합병증과 부작용은 무엇인지, 흡연과 과음이 만성 신장 질환을 어떻게 악화하는지에 대해 잘 알지 못한다.[17] 그러한 정보를 알게 된다면 신장 이식 대상자 선정에 어느 요인이 어떤 방식으로 영향을 미쳐야 하는지에 대한 도덕적 판단이 달라질 수 있다. 그렇다면 이러한 정보 없이 도덕적 판단을 내리는 것은 무지로 인한 실수의 문제라고 볼 수 있다.

다행히도, 신장 분배에 대한 도덕적 판단에 무지가 영향을 미치는 정도를 측정할 수 있다면 AI 시스템에서 그 영향을 교정하는 것도 가능하다. 우리가 사용하는 방법은 다음과 같다. 우선 앞서 논의한 방법을 통해 참여자들에게 누가 신장을 제공받아야 하는지에 대한 판단을 요청한다. 그리고 설문조사를 실시하여 신장질환에 관한 특정한 유형의 정보에 대해 얼마나 알고 있는지 물은 다음,

평가를 통해 참여자들의 지식 수준을 확인한다. 그런 다음 참여자들이 모르는 정보를 학습시키는데, 참여자마다 다른 수준의 교육을 실시한다. 마지막으로 누가 신장을 받아야 하는지에 대한 판단을 다시 요청한다. 교육을 받은 사람들의 도덕적 판단 변화를 교육의 개입을 받지 않은 사람들의 도덕적 판단과 비교함으로써 신장 분배에 대한 도덕적 판단과 관련된 추가적인 정보의 영향을 추정할 수 있다. 그리고 이를 통해 참여자들과 비슷한 사람들이 충분한 정보를 접한다면 어떤 도덕적 판단을 내릴지 예측할 수 있다. 그러면 신장 분배 AI 도구에서 무지의 영향을 수학적으로 교정하는 것이 가능해진다.

무지를 고려하는 것도 한 가지 교정 방법이지만, 대부분은 우리의 도덕적 판단에 편향이 없기를 원한다. 도덕적 판단이 편향적이라는 것은 도덕적 판단에 영향을 미치면 안 된다고 간주되는 몇 가지 특징으로부터 판단이 도출되었다는 뜻이다. 예를 들어보자. 우리가 실시한 설문조사의 참여자들은 대부분 인종, 종교, 성별, 성적 지향, 재산, 매력이 신장 기증에 영향을 미쳐선 안 된다는 데 동의한다. 그렇지만 대다수는 이와 같은 특성과 관련된 편향을 가지고 있다. 설령 암묵적이거나 무의식적인 편향이라고 해도, 그러한 편향은 신장 분배에 대한 도덕적 판단에 영향을 미칠 수 있다. AI는 편향도 교정할 수 있을까?

편향을 줄이기 위해 가장 먼저 시행해야 하는 전략은 AI 훈련용 데이터를 수집할 때 도덕적 판단에 직접 편향을 줄 수 있는 정보를 숨기는 것이다. 예를 들어 환자 A와 환자 B 가운데 누구에게 신장을 제공해야 할지 묻는다면, 두 환자의 인종, 성별, 종교, 성적 지향, 재산, 매력 등에 대한 정보를 참여자에게 알려주지 않는 것이다. 이러한 '무지의 장막'[18]은 원치 않는 요인이 도덕적 판단에 직접적으로 영향을 미칠 가능성을 줄여준다.

안타깝게도 편향은 여전히 (4장에서 논의한 것처럼) 대리 변수를 통해 교묘하게 도덕적 판단에 간접적으로 침투할 수 있다. 예를 들어 인종이나 성별에 대한 언급 없이 환자 A는 범죄 경력이 있고 환자 B는 없다고 말한다고 해도 누군가는 특정 인종이나 성별과 범죄 경력을 관련지을 가능성이 있다. 그렇다면 인종이나 성별에 대한 태도는 환자 A와 B 가운데 누구에게 신장을 제공해야 하는지에 대한 도덕적 판단에 간접적으로 영향을 미칠 수 있다. 심지어 당사자가 의식하지 못하더라도 말이다.

하지만 앞서 무지를 교정하는 방법으로 설명한 것과 유사한 접근 방식을 사용한다면 AI는 편향을 교정할 수 있다. 이번에는 신장 분배에 대한 다양한 배경 정보를 참여자에게 가르치면 어떤 영향이 발생하는지를 모형화하는 대신, 편향을 교정하고자 하는 요인 (가령 인종)을 포함할 경우 어떤 결과가 발생하는지를 모형화한다. 이를 위해 일련의 질문을 준비하여 참여자들에게 누가 신장을 받아야 하는지에 대한 판단을 요청한다. 질문을 통해서 참여자들이 편향적 요인에 어떤 태도를 갖는지를 측정하는 것이다.

설문조사 참여자들에게 다양한 시나리오가 제공된다고 해보자.

환자 A와 B 중에서 범죄 경력이 한 명만 있는 경우, 둘 다 있는 경우, 둘 다 없는 경우를 생각해볼 수 있다. 그리고 두 환자 중에서 한 명만 흑인인 경우, 둘 다 흑인인 경우, 아무도 흑인이 아닌 경우를 생각해볼 수 있다. 또한 범죄 경력과 인종 중에서 한 가지 요인을 언급하지 않은 시나리오도 포함된다. 대부분의 시나리오는 명단에 이름이 올라가 있던 기간, 부양가족의 수와 같은 다른 특징들도 서술한다. 필요하다면 이러한 특징은 한 가지 값으로 고정할 수 있다.

적절한 시나리오를 섞어서 제시하기만 한다면, 참여자들의 반응을 분석함으로써 환자의 인종과 범죄 경력이 신장 이식 대상자 선정에 영향을 미치는지 여부와 그 정도 및 경향을 결정할 수 있다. 또한 적절한 시나리오와 분석을 적용하면 참여자들이 범죄 경력을 흑인과 연관지음으로써 범죄 경력을 인종의 대리 변수로 삼는지(또는 그 반대인지)를 살펴보고 결정할 수도 있다. 대리 변수로 의심되는 다른 변수에 대해서도 똑같은 방법을 적용할 수 있다.

이처럼 영향과 관련성을 파악한 뒤에는 다양한 상황에서 인종적 편향의 경향과 정도를 직접 모형화하거나, 범죄 경력과 같은 대리 변수를 통해 모형화할 수 있다. 더 나아가 해당 모형을 사용하면 훈련용 데이터와는 다른 특징값을 가진 시나리오에서 예상되는 인종적 편향을 수학적으로 외삽*하는 것도 가능하다. 그런 다음 참

---

*   extrapolation. 자료가 한정되어 그 한계를 넘는 값을 얻고자 할 때 이전의 경험과 실험으로부터 얻은 데이터에 비추어 예측값을 구하는 것.

여자들의 도덕적 판단에 기반한 훈련을 통해 도덕적인 AI에 내장된 인종적 편향을 외삽된 추정치를 사용하여 완화할 수 있다.

무지와 편향은 인간의 도덕적 판단이 이상에 도달하지 못하는 부분적인 이유에 불과하다. 분석과 외삽을 정확히 수행하는 방법에 대한 기술적인 문제도 많이 남아 있다. 그래도 지금까지의 논의를 통해서 이상화 추구 방법에 대한 대략적인 개념을 얻었기를 바란다. 정보가 충분하고 합리적이며 불편부당하거나 편향이 없는 이상적인 상황에서 인간이 내릴 법한 도덕적 판단을 예측하고자 할 때, 원칙적으로 이 목적을 달성하기 위해 AI에 필요한 정보를 수집하는 데 걸림돌이 되는 것은 없다. 다만 우리가 원하는 모든 종류의 교정을 수행하기 위해 필요한 정확한 실험 방법을 파악하는 데 시간이 걸릴 뿐이다.

이상화 단계는 매우 신중하게 수행되어야 한다. 인간의 도덕적 실수에 대한 최선의 모형은 결코 완벽할 수 없으므로 모형에 기반하여 교정한다고 해도 결국 실수의 원인이 자체적으로 생겨날 수 있기 때문이다. 이 방법을 구체적으로 실현하는 데 성공하더라도, 우리는 흠결 하나 없는 기계가 만들어지리라 생각할 만큼 순진하지 않다. 그럼에도 이상화된 도덕적 판단을 AI에 구축하는 것은 도덕성이 없거나 도덕성을 교정하지 않은 AI 기술보다 커다란 발전이라고 믿는다.

인공적으로 개선된 민주주의

지금까지 우리는 신장 분배에 대한 도덕적 판단을 안내하는 AI를 고안하는 작업에 주력했다. 무엇이 **정말로** 도덕적이고 부도덕적인지 알려주는 AI를 만드는 것은 우리의 목표가 아니다. 그럼에도 앞서 설명한 대로 AI를 훈련하고 교정하는 것은 복잡한 도덕적 상황에서 우리가 무엇을 믿고 행동해야 하는지를 결정하는 데 도움이 되는 근거를 마련해준다.[19] 더 나아가 우리의 방법을 통해 도덕성을 탑재한 AI는 그러지 않은 AI보다 우리가 찾은 도덕적으로 용인 가능한 방식으로 행동할 가능성이 높다.

우리의 목표는 의사를 대체하는 것이 **아니다**. 의료 상황에서 AI를 사용할 때 최종 결정권을 가진 주체는 언제나 인간 의료 전문가여야 한다. 우리는 의사와 의료 관계자들이 더 많은 정보를 바탕으로 적절한 수준의 겸손과 자신감을 갖고 결정을 내리도록 도울 뿐이다. 시간의 압박 속에서 충분한 정보 없이 어려운 도덕적 결정을 내려야 하는 의사들에게 (그리고 이번 장의 서두를 장식한 이야기 속 의사처럼 어쩌면 잠이 덜 깬 상태일지 모를 의사들에게) 우리의 기여가 도움이 되길 바란다.

이처럼 적용 범위가 제한되어 있긴 하지만, 우리의 더 큰 목표는 이와 같은 AI 사용 방식을 다른 많은 영역으로 확장하는 것이다. 전반적으로 볼 때, AI에 도덕성을 탑재하는 우리의 방법은 **인공적으로 개선된 민주주의**artificial improved democracy, AID로 이해할 수 있다. 우리의 방법은 일반 대중의 도덕적 판단에 의존한다는 점에서 민주적이다. 우리가 제안한 과정은 선거와 마찬가지로 모든 이해 관계자의 선호, 가치관, 도덕적 판단을 아우른다. 우리의 방법은 또 한 흔한 오류(무지, 혼동, 편향 등)를 교정함으로써 민주주의를 **개선**한 다. 사람들이 실제 현실에서보다 정보가 충분하고 합리적이며 불 편부당하다면 어떻게 판단할지를 보여주기 때문이다. 여기서 핵심 은 사람들의 선호나 가치관을 우회하는 것이 아니다. 오히려 그들 이 진정으로 원하는 것과 도덕적으로 옳고 그르다고 판단하는 것 이 무엇인지 파악하는 게 중요하다. 마지막으로 우리의 방법은 인 공지능으로 구현된다는 의미에서 **인공적**이다. 기계학습을 사용하 면 모든 결정을 할 때마다 별도로 국민투표를 실시할 필요 없이 새 로운 사례에 대한 예측이 가능해진다. 전반적으로 말해서 우리 방 법의 목표는 사람들과 AI 시스템이 더 나은 도덕적 판단을 내리고 인간의 도덕적 가치에 더 부합하는 방향으로 행동하도록 **보조**하는 것이다.

의사결정 지원 도구에 AID가 탑재된다면 사람들은 광범위한 분 야에서 인간의 도덕적 판단에서 가장 흔한 오류의 원천들을 피하 게 될 것이다. 그와 같은 도구는 채용 담당자가 지원자를 대상으로 면접을 보거나 채용 결정을 내릴 때 편향을 없애는 데 도움이 될 수 있다. 그리고 군사 무기 운용자가 언제 어떤 표적을 향해 미사 일을 발사할지 고려할 때 부도덕한 결정을 내리지 않도록 도울 수 도 있다. 소셜미디어 콘텐츠 심사 전문가가 좀 더 일관적으로 판단 하는 데에도 도움이 될 것이다.

또한 AID는 AI 자체가 책 앞부분에서 논의한 방식으로 안전, 프라이버시, 정의를 위협하는 것을 방지하는 데에도 도움이 될 수 있다. 물론 이러한 시스템을 구축하고 시행하려면 많은 노력이 필요하다. AI에 탑재하고자 하는 모든 종류의 도덕적 판단을 도출하고 모형화하고 이상화할 수 있는 방법을 알아내려면 시간이 걸릴 것이다. 여기에 더해 AID를 지나치게 믿거나 지나치게 의심하지 않으면서도 수용 가능한 방식으로 AID를 사용할 수 있는 방법을 알아내는 데에도 시간이 걸릴 것이다. 그래도 우리는 AI가 어떠한 행위를 하는 것을 막기 위해 AID를 사용할 수 있다. 정보가 충분하고 합리적이며 불편부당한 사람들이 도덕적으로 잘못되었다고 판단할 만한 행위를 막기 위해 말이다. 이러한 희망이 우리의 연구에 동기를 부여한다.

7

우리는 무엇을 할 수 있을까?

이전 장에서는 AI가 윤리적 가치에 부합하는 안전한 방식으로 작동할 수 있도록 인간의 도덕성을 탑재하기 위한 일반적인 전략에 대해 설명했다. 이것은 이 책 전체에서 공유한 많은 기술적 접근 방식 중 하나로, AI를 더욱 도덕적으로 만드는 데 도움이 될 수 있다. 우리는 이와 같은 접근법의 전망을 낙관적으로 보고 있으며, 앞서 언급한 대로 관련 기술 개발에 많은 노력을 기울이고 있다.

하지만 동시에 다음과 같은 사실도 분명하다. 우리가 원하고 필요로 하는 대로 AI가 사회적 영향력을 발휘하도록 하려면 기술만으로는 충분하지 않다는 점이다. AI 시스템은 수학과 알고리듬을 바탕으로 작동하지만 (적어도 당분간은) 여전히 인간이 만들고 인간이 자금을 대며 인간 사회 속에서 기능한다. 이번 장은 바로 이런 측면을 다룬다. AI가 우리 삶에 윤리적인 영향을 미치도록 하려면 인간으로서 우리는 무엇을 해야 하는가?

이러한 질문을 제기한 사람이 우리가 처음은 아니다. 최고 수준의 컨퍼런스에서는 AI의 윤리적 쓰임과 사회적 영향에 대한 문제를 집중적으로 다뤄왔다.[1] 여러 정부와 기업에서도 도덕적인 AI를 추구하는 방법에 대해 논의하기 시작했다. 이와 같은 노력의 결과, AI 업계가 실천해야 할 '윤리적' 가치 또는 원칙을 개괄하는 문서가 **100건 넘게** 만들어졌다.[2] 이 원칙들은 주로 직업 '윤리'로서 서술되므로 이번 장에서는 '윤리적'과 '도덕적'이라는 용어를 번갈아 가며 사용하겠다. 이 원칙에는 다음과 같은 주장이 포함되어 있다.

고도로 자율적인 AI 시스템은 운용 전반에 걸쳐 목표와 행동이 인간의 가치에 부합하도록 설계되어야 한다.
－생명의 미래 연구소

AI 시스템은 이해 가능해야 한다. 사람들은 AI 시스템에 책임을 져야 한다. AI 시스템은 모든 사람을 공정하게 대우해야 한다.
－마이크로소프트의 '책임 있는 AI 원칙Responsible AI principles'

데이터와 시스템 그리고 AI 비즈니스 모델은 투명해야 한다.
－유럽연합 집행위원회의 '신뢰할 수 있는 인공지능 윤리 가이드라인Ethics Guidelines for Trustworthy Artificial Intelligence'

책임 있는 공개와 투명성을 통해 사람들이 언제 AI 시스템으로부터 중대한 영향을 받는지, 언제 AI 시스템과 관계를 맺는지 알 수 있어야 한다.
－호주 정부의 'AI 윤리 원칙AI Ethics Principles'

국방부는 AI 기능에서 의도치 않은 편향을 최소화하기 위해 신중한 조치를 취할 것이다.

– 미국 국방부의 '윤리적 AI 원칙 Ethical AI Principles'

AI 개발은 다양성과 포용성을 반영해야 한다. 그리고 AI 적용 부문에서 특히 간과되거나 과소대표되기 쉬운 사람들을 중심으로 최대한 많은 이들에게 혜택을 주도록 설계되어야 한다.

– 베이징 AI 원칙 Beijing AI Principles

본사는 AI 기술의 개발 및 이용에 프라이버시 원칙을 반영할 것이다. 공지사항과 동의서를 읽을 기회를 마련하고, 아키텍처가 프라이버시 보호 수단을 갖추도록 장려하며, 데이터 사용에 대한 적절한 투명성과 통제 수단을 제공할 것이다.

– 구글의 'AI 원칙 AI Principles'

모두 정말로 좋은 약속처럼 들린다. 그렇지 않은가? 우리도 동의한다! 문제는, 이 책에서 설명한 윤리 문제가 여전히 남아 있다는 것이다. 위안을 주는 모든 강령과 앞선 장들에서 논의한 모든 기술 도구에도 불구하고 말이다.[3] 왜 그럴까?

한 가지 대략적인 설명은 다음과 같다. 우리 삶에 영향을 미치는 AI는 비정부기구에 의해 만들어지는데 그 조직들은 도덕적인 AI의 원칙에 구속받지 않는다는 것이다. 비록 원칙을 만드는 데 일조하고 그 원칙의 영향을 받는다고 해도 말이다. 2021년에 실시된 설문조사에 따르면, AI 윤리의 틀이 자리 잡은 기업은 20퍼센트에 불과했으며 AI 시스템 및 절차의 관리체제를 개선할 계획이 있는 기업도 35퍼센트에 지나지 않았다.[6] 더 나아가 기술 전문가들의 과반수(68퍼센트)가 "2030년까지 모든 조직에서 사용될 AI 시스템이 대부분 공익에 초점을 맞춘 윤리 원칙을 포함하게 될까요?"라는 질문에 '아니오'라고 답했다. 윤리적인 AI 원칙이 제공해야 하는 것과 도덕적인 AI 제작에 필요한 것 사이에 간극이 있다는 인식이 널리 퍼져 있는 셈이다.

그다지 인식되지 않고 있는 이유도 있다. 최고의 AI 기술 도구라고 할지라도 충분한 정보에 입각하여 신중하게 윤리적 결정을 내릴 인간이 필요하다는 것이다. 하지만 대부분의 AI 관여자는 그러한 결정을 내리는 방법에 대한 훈련을 받지 못한 상태다. 예를 들어보자. IBM의 페어니스 360 Fairness 360 [5]과 마이크로소프트의 페어런 Fairlearn [6] 같은 소프트웨어 패키지는 4장에서 설명한 접근법으로 편향을 완화하는 알고리듬을 제공함으로써 AI 제품팀이 제품을 공정하게 만들 수 있도록 돕는다. 하지만 이러한 알고리듬을 적용하려면 제품팀은 공정성의 수학적 정의 스무 가지 가운데 하나를 선택해야 한다. 각 정의에는 그 나름의 사회적·기술적·통계적 한계가 있다. 이런 상황에서 AI 제작자들은 어떤 결정을 내려야 할까? 특히 다양한 유형의 공정성이 사회에 어떤 영향을 미치는지에 대해 배울 기회가 없었다면 어떻게 해야 할까? 좋은 전략은 없다. 그러한 이유로 많은 AI 제품팀이 좋은 의도를 가지고 있음에도 결국 목표에 부합하는 방식으로 공정한 AI 알고리듬을 구현하는 데 실패한다는 사실이 다양한 연구로 확인되었다.[7] 실제로 비전문가들은 AI 공정성 지표를 완전히 잘못 해석하는 경우가 많으므로[8] 기술적 전문 지식이 없는 제품팀은 더 큰 어려움을 겪는다. 이는 실제 AI 제품을 윤리적으로 사용하는 데 필요한 요소로부터 도덕적인 AI 기술 도구를 분리시키는 문제 중 빙산의 일각에 불과하다.

하지만 좋은 소식이 있다. 도덕적인 AI에서 '이론과 실천의 간극'을 메울 수 있는 실질적인 방법이 있다. 그렇다고 해도 우리 모두는 이러한 기회를 추구하는 과정에서 겸손하고 냉철해야 한다. 왜냐하면 인간의 가치관에 부합하는 방식으로 AI를 사용하도록 보장하는 것은 결코 쉽지도 않고 빠르게 이루어지지도 않기 때문이다. 사회와 AI 제작자들이 AI를 윤리적으로 사용하기 위해 따라야 하는 명확한 지침을 제시할 수 있다면 얼마나 좋겠는가. 그러나 안타깝게도 앞으로 나아가야 하는 길은 그보다 더 난장판일 것이다. AI는 삶의 다양한 측면에서 가지각색의 방식으로 사용되고 있다. 그러므로 모든 AI 적용 사례를 적절하게 다룰 수 있는 단일한 지침을 마련하는 것은 불가능하다. 또한 AI가 사용되는 맥락과 AI가 영향을 미치는 상황은 복잡하고 역동적이며 수많은 인적 요인과 관련되어 있다. 따라서 예측할 수 없는 상황 전개와 계속해서 변화하는 사회적 맥락에 유연하게 대응하는 접근 방식이 필요하다.

이를 달성하기 위해서는 최소한 다섯 곳의 전쟁터에서 도덕적인 AI 전략이 동시에 성공적으로 추구되어야 한다고 우리는 생각한다. 그 다섯 곳의 전쟁터는 바로 기술 보급, 조직 관행, 교육, 시민 참여, 공공 정책이다. 이와 같은 전략적인 영역들을 설명하기 위해서는 우선 AI 제작 과정과 관련하여 중요성이 높은 몇 가지 복잡 미묘한 상황을 소개할 필요가 있다.

AI 제작 과정의 복잡 미묘한 상황

AI 관여자들은 의사소통이 제한적일 때가 많다

1장에서 살펴본 것처럼 삶에 영향을 미치는 인공지능은 대체로 AI **제품**이다. 웹사이트, 휴대폰 앱, 추천 서비스, 로봇, 드론, 챗봇 등을 그 예로 들 수 있다. 일반적으로 AI 제품은 특정한 목적을 위해 훈련된 AI **모형**, 그리고 그 모형과 우리가 상호작용할 수 있게 해주는 인터페이스와 경험 또는 장치를 의미한다. AI 모형은 신중하게 선별된 데이터를 **알고리듬**에 반복적으로 통과시키면서 훈련되는데, 이 알고리듬에는 데이터 훈련 과정에서 어떤 수학적 함수를 적용할지가 대략적으로 서술되어 있다. 훈련된 모형과 다른 구성 요소가 결합하여 AI 제품의 중추 역할을 할 때, 그 결합물을 AI **시스템**이라고 부른다. 그리고 다른 사람들(주로 고객)이 사용할 수 있도록 패키징되면(대개 그렇게 판매된다) AI 시스템은 제품으로 탄생한다.

AI 알고리듬, 모형, 시스템, 제품을 만드는 사람들은 대체로 매우 다른 배경을 가진다는 점도 기억할 필요가 있다. AI 알고리듬은 일 반적으로 컴퓨터과학이나 수학 또는 통계학 박사학위가 있는 연구 자들이 주로 학계나 산업 연구소에서 개발한다. AI 모형은 대개 특 정한 목적을 위해 훈련되며, 가지각색의 환경에서 다양한 유형의 교육을 받은 엔지니어와 데이터과학자의 학제간 연구팀에 의해 시 스템에 탑재된다. 연구자들이 교육받은 환경은 기업에서부터 학교 강의실과 자택 사무실까지 다양하며, 때로는 특정한 목적을 추구 하는 조직이 후원하기도 한다. 그와 같은 조직은 회사나 정부 기관 또는 연구소일 수도 있고 심지어 교육 기관일 때도 있다. 선진적인 AI 역량을 갖춘 대규모 조직에서는 AI 알고리듬 개발자가 AI 모형 훈련 담당자 그리고 AI 시스템의 다른 기술적 구성 요소를 만드는 전문가와 긴밀하게 협력하기도 한다. 하지만 보다 일반적인 상황 에서는 AI 알고리듬 개발자가 만들어놓은 소프트웨어 패키지를 엔 지니어와 데이터과학자가 사용하기만 할 뿐 개발자와 직접 상호작 용하지는 않는다.

여기서 끝이 아니다. 다음 단계로 AI 모형 또는 시스템을 AI 제 품으로 전환하려면 추가적인 기술과 절차가 필요하다. 추가적인 기술은 주로 제품 관리자(또는 제품 '소유자'), 사용자 인터페이스 연 구자와 디자이너, 프런트엔드* 소프트웨어 엔지니어, 제품을 효율 적으로 실행하기 위한 기술 인프라를 만드는 엔지니어와 데이터과 학자, 사용자 인터페이스 연구 분석을 돕는 데이터과학자 등이 제공한다. 이 과정에 참여하는 구성원은 통계학이나 AI를 사용하여 데이터를 분석한 경험이 있기도 하고 없기도 하며, 대부분 기술 분야의 대학원 학위는 없다(대학원 학위를 지닌 소프트웨어 엔지니어와 데이터과학자는 많다).

그렇다면 '우리는 무엇을 할 수 있는가'를 다루는 장에서 왜 이처럼 다양한 역할을 전부 다시 검토하는 걸까? 그 이유는 이렇다. 도덕적인 AI 전략이 반드시 해결해야 하는 중요한 문제 중 하나는 위에서 설명한 여러 AI 관여자들이 대체로 특정한 AI 제품을 제작하는 과정에서 소통할 기회가 없다는 것이다. 그들은 심지어 서로의 존재조차 모를 수 있다. AI 알고리듬 개발자들은(특히 앞서 언급했던 '공정한 AI' 알고리듬 또는 '해석 가능한 AI' 알고리듬 같은 윤리적 문제를 해결하는 첨단 알고리듬의 개발자들) 일반적으로 AI 제품팀의 일원이 아니거나 제품 제작을 주관하는 조직에 소속되지 않은 경우가 많다. 물론 선진 AI 역량을 갖춘 기업(가령 오픈AI, 메타, 구글, 마이크로소프트, 아마존, 애플, 앤트로픽Anthropic)은 AI 알고리듬 제작자, AI 모형 훈련 담당자, AI 제품팀의 긴밀한 협업을 촉진하기 위해 공동의 노력을 기울일지 모른다. 하지만 이와 같은 협업은 대체로 유지하기가 어렵고, 자원에 대한 접근성이 다른 회사들의 경우에는 모방

---

* 소프트웨어에서 사용자가 경험할 수 있는 부분(사용자 인터페이스)을 프런트엔드front-end, 반대로 사용자가 볼 수 없는 환경을 구성하는 영역을 백엔드back-end라고 부른다.

하기가 불가능에 가깝다.

　이러한 단절은 3장에서 논의한 '서비스형 인공지능AIaaS' 생태계가 성장함에 따라 더욱 만연해질 것이다. 예를 들어 지금까지 시장에 등장한 챗GPT 같은 다양한 대형언어모형을 살펴보자. 온갖 회사에서 챗GPT를 통합한 제품을 계속 출시하고 있지만, 챗GPT 모형을 제작하고 개선하는 사람들은 통합된 제품을 만드는 회사가 아니라 오픈AI에 고용되어 있다. 물론 오픈AI는 자체 엔지니어와 모형 전문가를 가령 마이크로소프트 빙 제품팀에 파견하여 자문을 제공할 수도 있다. 그렇지만 모든 협업사 또는 모든 대형언어모형을 대상으로 그렇게 하는 것은 불가능하다.

　심지어 AI 제작 과정에서 서로 다른 역할을 담당하는 AI 관여자들이 함께 교류하는 경우에도 배경과 전문 용어가 너무 달라서 많은 문제가 발생한다. 또 어떤 정보를 공유해야 할지 파악하기가 어려울 수도 있다. 더군다나 정보를 공유하려는 노력에는 수많은 오해가 뒤따른다. 팀원들이 서로에게 정보를 변형하는 과정에서 어떤 정보가 손실되는지 의식하지 못할 때도 많다. 다른 문제들도 있을지 모른다. 요컨대, AI 제품의 윤리적 영향과 관련된 모든 정보를 그 정보에 따라 행동해야 하는 사람들의 손과 두뇌에 전달하는 것은 엄청나게 어려운 문제다. 촉박한 일정에 맞춰 일해야 하는 팀이라면 문제는 더욱 심각해진다. 이제부터는 바로 이 문제에 대해 살펴보자.

'빨리 실패하고 자주 실패하라'라는 수사가
AI 제작 문화에 스며들어 있다

AI 제품 개발 분야에는 감추고 싶은 비밀이 있다. 대부분의 AI 제품 구상이 실패한다는 것이다. 한 보고서에 따르면, AI 프로젝트의 10건 중 8건은 성공하지 못하거나 수익을 내지 못한다. 그 이유는 일반적으로 모형 훈련에 적합한 데이터를 충분히 찾지 못하거나, 충분히 정확한 모형을 생성하지 못하거나, 훈련 비용이 너무 비싸거나, 사용자가 관심을 두지 않는 문제를 해결하기 때문이다.[9] AI 제품팀이 성공할 가능성은 분명히 매우 작다.

그럼에도 AI 제품 업계의 경쟁은 실로 치열하다. 회사들은 AI 제품을 개발하여 새로운 문제를 제일 먼저 해결하기 위해 질주하고 있으며, 대부분 동시에 여러 AI 프로젝트에 투자한다. 그 결과 AI 시장은 꾸준히 확장되고 있다. 2010년부터 2020년 1분기까지 AI 기업이 확보한 벤처 펀드의 규모는 미국 통화로 610억 달러를 돌파했고,[10] 2020년에는 첫 3분기 동안에만 200억 달러를 넘어섰다.[11] 요컨대 AI 제품팀은 경쟁사보다 먼저 경제적으로 수익성 높은 AI 제품을 만들어야 한다는 압박을 크게 받는다.

이처럼 도전적이고 경쟁적인 문화 속에서 AI 제품팀은 개발 프로젝트에 내재된 불확실성 그리고 조직의 지도부가 앱과 같은 전통적인 **소프트웨어** 제품에 기대하는 목표 사이의 불일치를 헤쳐나가야 한다. 이와 같은 불일치는 도덕적인 AI가 조직적인 지원을 받을 수 있을지 여부에 중대한 영향을 미치므로 자세하게 설명할 필요가 있다.

간단히 말해서 소프트웨어 제품팀은 '린 앤 애자일 lean and agile' (군살이 없고 민첩한) 전략을 지향할 때가 많다. 신체적으로 건강해지려고 노력한다는 뜻이 아니라 '빨리 실패하고 자주 실패한다'는 목표를 추구한다는 뜻이다.[12] 제품을 훌륭하게 만드는 요인이 무엇인지는 미리 완전하게 알 수 없다는 생각이 '린-애자일' 전략을 취하는 근거다. 따라서 린-애자일 사고방식에 따르면[13] 사용자에게 제품을 선보이기 전에 가능한 한 최고의 제품을 만들려는 전략은 버려야 한다. 오히려 다음과 같은 과정을 끊임없이 반복함으로써 '가장 간단한 방법으로 효과가 있는 작업'을 수행해야 한다. 최소한의 자원을 투입하여 최소한으로 기능하는 제품(최소 기능 제품)을 만들고, 사람들에게 사용해보라고 요청한 다음, 피드백을 반영하여 개선된 버전의 시제품을 만드는 것이다. 이 접근 방식은 처음부터 모든 것을 제대로 만들려고 할 때보다 적은 자원을 투입하여 더 빠르게 성공적인 제품을 만들 수 있는 방법임이 입증되었다.[14] 그런 연유로 이 방식은 디지털 기술을 사용하는 제품을 만드는 데 지배적인 방법론이 되었다.

'린-애자일' 제품팀은 대부분 '스프린트'라고 부르는 짧은 기간에 시제품을 제작한다. 그리고 스프린트 동안 새로운 제품 '수정주기(이터레이션)'* 또는 새로운 기능에 도달하도록 일정량의 작업을 완료하기로 합의한다. 제품팀은 스프린트 기간에 맡은 업무의 양을 조절하여 제작 일정을 매우 촉박하면서도 실현 가능한 수준으로 맞추는 것을 목표로 삼는다. 이처럼 야심 찬 일정을 맞추기 위해 제품팀 관여자들은 각자의 전문성에 따라 집단을 분류하여 업무를 위임받고, 과제를 병렬적으로 수행하고, 스프린트가 끝날 때까지 할당받은 임무에 집중해야 한다. 그리고 마침내 스프린트가 끝나면 완료된 업무를 공유하고 평가한다.

그 과정에서 팀 구성원은 신중하게 설계된 '지표metric'를 활용하여 업무를 지속적으로 감독하고 효율성을 개선하는 것을 목표로 삼는다. 여기서 지표는 정량적으로 측정되는 값으로, 해당 조직은 지표를 추적함으로써 제품 또는 제품 구상 과정을 평가한다. 완료된 과제의 평균 백분율과 같은 일부 지표는 제품팀의 업무 과정을 추적하기 위한 것이다. 확보된 사용자 수와 같은 또 다른 지표는 제품 수정주기가 사용자들에게 어떻게 받아들여지는지를 추적하기 위해 고안된 것이다. 제품팀의 금전적 보상은 특정한 지표를 얻는 능력과 연관되는 경우가 많으므로, 어떤 현상이 지표로 추적되지 않는다면 일반적으로 제품 개발 과정에서 주된 고려사항이 되지 않는다. 이러한 상황의 심각성은 나중에 더 자세히 설명하겠다.

'린-애자일' 방법론은 기술 업계에 널리 퍼져 있다. 관련 회사의 무려 94퍼센트가 그와 같은 방법을 사용한다고 보고된 바 있다.[15]

---

*　iteration. 소프트웨어의 짧은 개발 주기를 반복함으로써 각 주기마다 고객의 피드백을 수용하며 소프트웨어를 점진적으로 수정 및 개선하는 방법론 또는 그 주기 자체를 가리킨다.

문제는, AI 제품의 고유한 측면이 표준적인 린-애자일 방법과 충돌을 일으킨다는 점이다. 첫째, 린-애자일 방법은 전통적으로 일정이 상당히 안정적이고 예측 가능한 소프트웨어 산업에서 확립된 방법이다. 반면 AI 개발 일정은 **예측 불가능한** 것으로 악명이 높다. 왜냐하면 앞서 언급했듯이 적절한 데이터 랭글링**과 용인 가능한 수준으로 정확한 AI 모형 생성이라는 과제를 해결해야 하기 때문이다.[16] 둘째, 최소 기능 제품에 필요한 정확성·공정성·투명성의 수준이 어느 정도인지 명확하지 않을 때가 많다. 정확도가 70퍼센트인 와인 추천 AI의 시제품을 배포하는 것은 괜찮을 수 있지만, 자율주행차가 정지 신호를 99퍼센트 지키고 1퍼센트만 무시하더라도 대부분은 그러한 자동차를 거부할 것이다. 더군다나 3장에서 논의한 것처럼 AI 제품이 어떤 측면에서 위험한지가 명확하지 않기 때문에 시제품을 공개적으로 사용하기에 적합한지 판단하기가 쉽지 않다. 이에 따라 일부 조직은 AI 작업 방식을 조정하기 시작했지만 고수하는 곳도 많다. 이와 같은 상황에서는 린-애자일 일정과 지표를 중심으로 조직된 회사의 타 부서들과 AI 제품팀 사이에 극심한 긴장이 발생할 수 있다. 이러한 긴장은 도덕적인 AI 전략이 해결해야 하는 수많은 역학 관계의 근간을 이루고 있다.

**   70면 각주를 참고하라.

도덕적인 AI에서
원칙과 실천 사이의 간극이 발생하는 이유는?

AI 개발 과정에 대한 단기 집중 강의를 마쳤으니, 실제로 만들어지는 AI 제품과 도덕적인 AI 기술 및 원칙이 분리되어 있는 이유를 분석할 준비가 됐다. 이 중 많은 문제가 이미 명확해지긴 했다. 전반적으로 볼 때, 도덕적인 AI 기술 도구 및 원칙은 AI 제품 제작 회사에 문화적·운영적·재정적 압박이 가해지면서 나타나는 윤리 문제와 AI 관여자들 간의 소통 기회 혹은 AI 관여자와 AI 사용자 간의 소통 기회가 부족해서 생겨나는 문제를 충분히 해결하지 못하고 있다. 여기서는 이러한 미해결 문제의 몇 가지 사례를 살펴보자.

윤리의 영향력 박탈

독일의 사회학자 울리히 벡은 일반적으로 윤리가 "대륙을 오가는 항공기에 달린 자전거 브레이크와 같은 역할을 하고 있다"라고 적었다.[17] 이는 AI 제품을 개발하려 하는 많은 조직의 운영 방식에도 해당되는 말이다. AI 제품팀은 AI 제품이 제기하는 윤리 문제를 해결하는 데 필요한 투자가 조직의 재정적 요구, 일정, 기대, 보상 구조와 양립하지 않는다고 반복해서 보고한다.[18] 심지어 AI 관여자들이 도덕적 고려사항을 제품에 탑재하는 방법을 알고 있고 그렇게 해야 한다고 생각하더라도 관련 조치를 취할 권한이 없을 수 있다. 특히 조직의 지도부가 윤리 문제를 다른 목표보다 우선시해야 할지 명확하게 밝히지 않을 때 더욱 그렇다.

이러한 권한 박탈은 (관여자들이 의사결정에 영향을 미치지 못하도록 하는 조직도를 통해) 공식적으로 이루어지거나 (윤리를 업무 최우선 순위로 생각하는 것을 삼가는 우선순위 제안 또는 그 어떤 것에도 구애받지 않고 신속하게 제품을 제공하면 큰 보상을 주는 문화를 통해) 비공식적으로 이루어진다. 실제로 소규모 회사에서는 도덕적인 AI 작업을 공식적인 직무의 일환으로 완료할 수 있도록 지원하지 않기 때문에 자원자에 의존하여 이루어지는 경우가 많다.[19] AI를 만들고 패키징하고 적용하고 확장하고 감독하는 사람들이 보기에 도덕적인 AI 구축에 필요한 노력이 그들 조직의 우선순위와 일치한다는 확신이 들지 않는다면, 윤리 문제는 거의 해결되지 않을 가능성이 높다. 어떤 기술 도구를 사용하든 어떤 지도 원칙이 통지되든 상관없이 말이다.

많은 경우 린-애자일 방법은 이 문제를 악화한다. 윤리 문제를 해결하기 위한 계획이 새로운 제품 수정주기를 촉진하지 못하거나, 조직 환경에서 일반적으로 기대되는 린-애자일 제품 주기 완료 속도 수준으로 기존의 다른 지표들을 향상시키지 못한다고 해보자. 그렇다면 윤리 문제는 결국 혁신의 영감이 아니라 발전을 저해하고 직업 안정성에 위협이 되는 것으로 간주될 가능성이 높다.[20] 최고의 AI 기업들이 폭넓은 정책 수준에서 AI 윤리 원칙을 채택하고 있음에도 궁극적으로는 AI 윤리팀을 축소하거나 아예 해체하는 주된 이유가 바로 여기에 있다.[21]

윤리의 보류

윤리를 진정으로 우선시하는 조직 내에서조차 AI 제품팀은 AI 제품의 성공 가능성을 빠르게 판단할 수 있는 경로를 선택하고자 하는 동기가 매우 강하다. 현재 **윤리적** AI 모형 제작 방법을 알아내는 것은 **어떻게든** 작동하는 AI 모형 제작 방법을 알아내는 것보다 시간과 자원이 더 많이 필요하다. 따라서 많은 제품팀은 가장 간단하고 충분히 정확한 AI 모형 제작에 성공할 때까지 윤리 문제에 대한 고민을 보류하기로 선택한다(혹은 그렇게 하도록 강요받는다). **22**

원칙적으로 보면 제품 개발의 후반 단계에서 다수의 윤리적 고려사항을 적절하게 다루는 것도 가능하다. 하지만 윤리 문제를 후반 단계로 보류하는 데에는 두 가지 위험이 뒤따른다. 첫째, 윤리 문제에 대처하는 것은 최소 기능 제품의 현재 수정주기를 계획하는 데 필요한 단계로 간주되지 않을 가능성이 높다. 이 현상은 두 번째 위험인 '잠금 효과'로 이어진다. 일단 '작동하는' 모형을 만드는 데 성공하고 긍정적인 피드백을 받을 경우, 모형이나 제품을 수정하는 비용이 엄청나게 비싼 것처럼 느껴질 수 있다. 그러면 조직 내부의 이해관계자들은 윤리 문제를 보다 적절하게 해결하는 새로운 버전의 제품 개발에 비용을 부담하는 대신 기존의 '비윤리적' 모형을 살짝만 바꾸고자 하는 동기가 매우 강해진다.

윤리 지표의 부재

지표를 통해 추적되지 않는 현상은 일반적으로 제품팀의 관심을 거의 받지 못한다고 말한 것을 기억하는가? 적어도 이 책을 집필하고 있는 현재로서는 제품팀 또는 조직이 AI 작업 과정이나 AI 제품의 윤리적 영향을 감독하는 데 사용할 수 있는 확립된 지표가 존재하지 않는다. 물론 일부 제품팀에서는 매우 구체적인 윤리 문제를 감독하기 위한 임시변통 지표, 가령 콘텐츠 조정 시스템이 나체 사진을 정확하게 표시하는 백분율 같은 것을 고안하기도 한다. 하지만 적용 범위가 더 넓은 도덕적인 AI 지표가 조직 전체에서 지원받고 논의되지 않는다면, 제품팀은 도덕적인 AI 개념을 린-애자일 과정에 통합할 직접적인 방법이 없고 제품의 윤리적 영향과 관련하여 금전적 보상을 받을 가능성도 낮다. 더 일반적으로 말해서, 조직들은 참고할 만한 객관적인 측정치가 없는 경우 제품의 윤리적 영향을 전반적인 의사결정 및 팀 관리 과정에 통합하는 데 어려움을 겪는다.

사회적 윤리와 직업적 윤리의 분리

올바른 행동을 하기 위해 도덕적인 AI 지표가 필요한 이유는 무엇일까? 우리의 선택들이 노골적으로 추적되지 않는다고 해도 우리는 윤리적이어야 하지 않을까? 그렇다. 하지만 우리가 직장에서 주의를 기울이도록 배운 윤리는 AI 제품이 제기하는 광범위한 윤리 문제를 포괄하지 못할 수도 있다. 예를 들어보자. AI 분야에서 일하는 엔지니어나 데이터과학자는 그들이 진행하는 개별 프로젝트가 사회적으로 끼치는 중대한 영향이 직업 윤리에 포함된다고 교육받지 않는다. 한 공학 교수의 말을 들어보자.

> 저희의 윤리는 대부분 기술적인 것이 되어버렸습니다. 어떻게 해야 적절하게 설계할 수 있는지, 어떻게 하면 절차를 무시하지 않을 수 있는지, 어떻게 해야 고객에게 좋은 서비스를 제공할 수 있는지 같은 것들이죠. 구축 중인 시스템이 실패하지 않도록 열심히 노력하지만, 시스템의 목적과 관련해서만 그렇습니다. 시스템이 실제로 활용되는 방식이나 그 시스템이 애초에 만들어질 필요가 있었을까 따위의 생각은 하지 않죠. 도덕이 없는 게 아닙니다. 그건 말도 안 되죠. 단지 도덕성의 적용 범위가 더 좁은 곳으로 스스로를 몰아갔을 뿐입니다.[23]

마찬가지로 AI 설계자들은 이따금 그들의 직업 윤리적 책임을 사회 전반의 문제까지 포함하는 것이라기보다는 고용주를 향한 헌신과 제품의 기능에 국한된 것으로 간주한다.[24] 엔지니어, 데이터 과학자, 설계자가 제품이 사회적으로 용인될 만한 결과를 초래하는지 확인하는 것까지 직업 윤리적 책임에 포함되어 있다고 믿더라도, 그러한 결과를 식별하고 분석한 경험이 거의 없으므로 문제를 감지하거나 해결하지 못하는 경우가 많다.

윤리적 정보에 대한 부적절한 의사소통

이제 조직과 모든 AI 관여자가 도덕적인 AI 구축을 진심으로 지향한다고 해보자. 그러면 도덕적인 AI로 가는 길은 순탄할까? 그렇지 않다.

오늘날 AI 생태계에서는 다양한 배경을 가진 다양한 사람들이 이전 단계의 기여를 바탕으로 AI 제품에 참여한다. 린-애자일 과정 또한 팀 구성원들이 협력하는 대신 병렬적으로 작업하도록 한다. 이러한 맥락에서 팀 의사소통은 대규모의 '옮겨 말하기 놀이'*처럼 보일 때가 많다. 다시 말해, 참여자들 간에 정보가 전달되는 과정에서 아무도 모르게 정보가 바뀐다는 뜻이다. 그 결과, 중요한 정보(가령 선별된 공정성의 정의, 데이터세트의 수집 편향, 특정 인구통계 집단 내에서의 성능 차이 등)가 구성원이나 의사결정자 간에 전달되는 과정에서 흔히 손실되거나 와전되어 도덕적 문제를 예측하거나 해결하기가 어려워진다.

특히 AI 알고리듬 개발자는 그들이 개발한 AI 알고리듬을 사용하거나 그것에 영향을 받는 사람들과 접촉하는 일이 드물다. 이런 경우 알고리듬 개발자가 알고리듬이 미치는 영향의 특성을 충분히 파악하여 그와 같은 영향이 완화되도록 수정하는 것은 매우 어려

---

*   첫 번째 사람이 다음 사람에게 어떤 말이나 단어를 전하면 그 사람이 또 다음 사람에게 말이나 단어를 차례대로 전달하는 놀이. 첫 사람이 전달하는 말이 와전되는 경우가 많다.

운 일이 된다. 그 결과 개발자가 마련한 기술 도구는 원래 해결하려고 의도했던 문제를 처리하지 못하거나, 더 나쁘게는 자체적으로 특유한 비윤리적 결과를 초래하게 된다.

윤리적 책임 회피

'코 만지기'라는 게임이 있다. "누가 [아무도 하기 싫어하는 일]을 할래?"라고 누군가가 물으면 그 자리에 있는 모든 사람이 최대한 빨리 코를 만지면서 "나는 아니야!"라고 말해야 한다. 결국 가장 마지막에 행동을 취한 사람이 그 일을 해야 한다.[25] 도덕적인 AI를 구현하는 것도 이와 비슷하다. 모두들 원칙적으로 AI 제품이 윤리적이기를 원하더라도 누구보다 먼저 "나는 아니야!"라고 말하기 위해 경쟁하기 때문이다.[26] 도덕적인 AI 전략을 실행해야 하는 일상적인 책임을 회피하려는 동기는 이해할 수 있지만, AI 관여자들에게 책임을 할당하는 실용적인 방법이 마련되지 않는다면 조직에 속한 어느 누구도 중요한 문제를 해결하려 들지 않을 것이다.

이 문제에 대한 한 가지 접근 방식은 모기업 전체가 AI 제품의 사회적 영향에 대한 법적·도덕적 책임을 지는 것이다. 하지만 이러한 접근 방식을 채택하더라도 조직 내에서 누가 조직의 도덕적 AI 원칙이 항상 AI 제품에 적용되도록 보장할지는 명확하지 않다. 책임을 할당하는 데 있어서 어려운 점 하나는, 도덕적인 AI 원칙을 준수하려면 제품 개발 과정의 여러 단계에서 상세한 기술적 의사결정과 지식이 필요하다는 것이다. CEO나 이사회 또는 정부 기관은 어떤 일반적인 원칙을 따를지는 결정할 수 있지만, 그 결정을 실현할 만큼 깊숙이 제품의 잡다한 문제를 헤치며 나아가는 일은 어려워한다. CEO가 조직의 AI 제품을 공정하게 만들겠다고 약속하면 좋겠지만, CEO가 공정성에 대한 스무 가지 수학적 정의의 차이를 충분히 이해해서 엔지니어링 팀에 어느 정의를 사용할지 지시할 만큼 기술적 배경 지식이 충분하길 기대하는 것은 비현실적이다. 그러므로 제품 제작 사정을 속속들이 알고 있는 사람들이 제품의 도덕적 결과에 책임질 사람들과 어떻게든 안정적으로 소통해야 한다. 하지만 그 방법은 명확하지 않다.

그렇다면 기술 담당 팀이 AI 제품의 도덕적 결과에 책임을 지면 어떨까? 기술 팀에서 누가 책임을 져야 할까? 데이터를 수집하는 사람들은 데이터의 용도에 대해 거의 알지 못한다. 데이터를 조직하고 정리할 방법을 결정하는 사람들은 데이터의 출처에 대한 세부 내용을 거의 알지 못한다. 데이터를 모형화하는 사람들은 주어진 데이터에 대한 정보를 불완전하게 알고 있을 수 있고, 해당 모형의 사용 방식에 거의 영향을 미치지 못할 가능성도 있다. 모형을 제품으로 생산하는 사람들은 모형 자체 또는 훈련용 데이터에 대한 이해가 거의 없을지도 모른다. 이처럼 다른 이들이 무엇을 하고 있는지에 대한 지식이 부족하면 도덕적 문제가 발생했을 때 어떤 구성원에게 책임이 있는지 파악하기가 어려워진다. 게다가 AI 제품팀이 상호작용하는 방식의 차이는 정책에서 어떻게 다루어야 할까? 예를 들어, 어떤 조직(의 부서)에서는 AI 모형 훈련 담당자들이 직접 모형을 제품으로 생산하고 데이터의 출처도 알고 있지만 다른 조직(의 부서)에서는 그렇지 않다면 어떻게 해야 할까?

또 다른 문제도 있다. 엔지니어와 개발자는 AI 제품을 효과적으로 만드는 임무를 맡고 있지만, 애초에 엔지니어가 무엇을 만들어야 하는지 윤곽을 잡는 일은 제품 관리자의 몫이라는 점이다.[27] 따라서 제품 관리자는 적어도 AI 제품이 초래하는 도덕적 결과의 일부에 대해서 책임을 져야 한다. 하지만 안타깝게도 제품 관리자는 어떤 종류의 기술적 문제(가령 데이터세트의 편향성이나 모형 성능의 편향성 등) 때문에 AI가 잘못되었는지 이해할 수 있는 배경 지식이나 훈련이 부족한 경우가 많다. 그리고 모든 AI 제품 관리자에게 기술적 배경 지식을 기대하는 것도 비현실적이다.

또 다른 접근 방식은 AI 제품팀의 각 부서를 대상으로 서로 다른 AI 도덕 원칙에 대한 책임을 할당하는 것이다. 예를 들어보자. 데이터 엔지니어링 관리자와 모형화 팀은 AI 알고리듬의 공정성에 대한 책임을 지고, 제품 관리자와 사용자 경험 팀은 제품이 고객과 사회에 미칠 수 있는 부정적 결과를 식별하는 업무에 대한 책임을 지며, 조직 지도부의 상급자는 제품팀이 제기하는 다른 도덕적 문제들의 해결 방법을 선택하는 일에 대한 책임을 지는 것이다. 이 전략은 합리적으로 보이지만 여전히 도전에 직면한다. 각 조직과 제품팀은 서로 다르게 조직되어 있으므로 자사에서 만드는 모든 AI 제품 각각에 대해 어느 부서가 도덕적 문제에 책임을 져야 할지 파악해야 한다. 더 나아가 몇 가지 중요한 도덕적 문제를 놓칠 여지도 있다. 부서들이 AI 시스템에서 저마다 다른 부분을 만들어 다른 부서에 넘긴다고 해보자. 이때 책임져야 할 도덕적 문제에 대해서 올바른 선택을 하는 데 필요한 세부 정보가 전달되지 않는다면 일부 도덕 문제를 놓칠 여지가 있다.

AI 제품에 대한 도덕적 책임을 할당하는 또 다른 접근법도 있다. 제품 생산에 관여하는 모두가 함께 작업하도록 요구함으로써 제품의 영향을 도덕적으로 허용 가능한 수준으로 보장하는 것이다. 이 접근법의 위험성은 '모두에게 책임이 있다는 말은 곧 아무에게도 책임이 없다는 뜻이다'라는 격언에 담겨 있다. 간단히 말해서 사람들은 본인에게 명시적으로 책임이 할당되지 않을 때 그리고 자신에게만 책임을 묻지 않으리라는 것을 알고 있을 때 책임을 질 가능성이 낮다. 더군다나 개별적인 임무를 수행하기 위해 외부 인력을 고용할 경우, 행위자들이 윤리 문제를 해결할 목적으로 '협력'하기가 더욱 어려워진다. 다양한 조직이 AI 제품의 여러 부분을 따로 제작한다면(매우 흔히 벌어지는 일이다), 각 조직은 부도덕한 결과에 대한 책임을 부인하려는 강한 동기를 갖게 된다.

도덕적인 AI의 원칙과 실천 사이의 간극을 좁히려면 무엇을 해야 할까?

위에서 언급한 목록 말고도 다른 문제들이 있을 수 있다. 앞선 목록은 도덕적인 AI 기술 도구와 원칙만으로는 해결되지 않는 문제가 얼마나 광범위한지 전달하기 위해 제시한 것이다.[28] 그럼 당연히 이런 물음이 떠오를 수밖에 없다. 우리는 무엇을 할 수 있는가? 다행스럽게도 이 질문에 대한 답은, 우리가 할 수 있는 것이 '많다'는 것이다! 이제부터 다섯 가지 행동 촉구 제언을 전하고자 한다. 각각의 제언은 도덕적인 AI 구현에 필요한 핵심적인 조치를 촉구하기 위한 것이다.

첫 번째 행동 촉구 제언
: 도덕적인 AI 기술 도구를 확장하라

AI의 도덕적 문제를 해결할 수 있는 다양한 기술적 방법이 점점 더 많이 등장하고 있다. 책에서도 이미 많은 방법을 논의했다. 물론 이러한 기술 도구만으로는 AI의 윤리적 사용을 보장하기에 충분하지 않다. 그렇지만 기술 도구의 범위와 성능 및 접근성을 확장하는 것은 도덕적인 AI를 확장 가능하게 만드는 데 필수적이다.

일부 기술 도구는 AI 알고리듬이나 모형을 직접 수정하거나 활용하기 위해 필요하다. 도덕적 특징을 자동화 결정에 통합하거나, 불공정성을 수학적으로 최소화하거나, 모형의 설명을 용이하게 만들 때처럼 말이다. 이러한 도구를 만들 때에는 그 도구가 조직의 생산 단계 환경에서 구현되려면 무엇이 필요한지 파악하는 '도덕적인 AI에 대한 중개 연구translational research'가 동반되어야 한다. 기술팀이 공정성 정의를 선택할 준비가 되지 않았다고 느끼는 등의

문제를 드러내고 해결할 수 있도록 말이다.[29]

어떤 기술 도구는 AI 제품을 실현하는 개발 및 배포 과정을 개선하는 데 필요하다. 이와 같은 과정 중심 도구의 사례로는 다음과 같은 것들이 있다. 첫 번째는 AI 개발 과정의 각 부분과 연관성이 높은 윤리 문제를 강조하는 체크리스트다. 체크리스트 도구는 AI 제품팀이 AI를 특정한 방식으로 적용할 때 어떤 문제가 발생하는지를 파악하는 데 도움이 될 만한 논의 주제를 제공하기도 한다.[30] 두 번째는 AI 모형이 윤리적으로 문제가 될 만한 특징(가령 인종이나 성별 또는 사회경제적 지위)을 어떤 경우에 도입하는지를 AI 제품팀과 이해관계자가 식별하도록 해주는 '설명 가능한 AI 도구'다. 세 번째는 AI의 윤리적 사용에 영향을 미칠 수 있는 학습용 데이터세트에 대한 중요한 결정을 요약하는 데 도움을 주는 '데이터 카드'다.[31] 마지막으로 AI 시스템이 다양한 인구통계 집단을 상대로 공정한 결과를 초래하는지를 판단하는 감사監査 도구가 있다.

일각에서는 이에 대해 우려의 목소리를 내기도 한다. 도덕적인 AI를 만들기 위해 기술적인 노력을 기울임으로써 AI의 부정적 영향의 근간을 이루는 구조적인 사회 문제를 해결하기 위한 자원과 관심을 분산시킬 수 있다고 말이다. 혹은 조직들이 도덕적인 AI 기술 도구를 사용한다는 이유만으로 자신들의 실천이 윤리적인 것이라고 생각하도록 부추기는 '윤리적 미화ethical whitewashing'를 조장할 것이라고 걱정하기도 한다.[32] 이러한 우려는 정당한 것이며, 도덕적인 AI 전략에 추가적인 전술을 포함해야 하는 이유이기도 하다.

하지만 이와 같은 우려가 타당하다고 해서 도덕적인 AI 실현에 필요하거나 도움이 되는 기술 개발을 무시해서는 안 된다.

동시에 도덕적인 AI 기술 도구가 아무리 유용하다고 해도 AI를 제작하는 조직이 도덕적인 AI 도구를 효과적으로 사용할 수 있는 조직 관행을 갖추지 못한다면 그 도구들은 우리가 일상적으로 상호작용하는 AI에 유의미한 영향을 미치지 못할 것이다. 이러한 필요성이 바로 두 번째 행동 촉구 제언이 주목하는 지점이다.

두 번째 행동 촉구 제언
: 도덕적인 AI 구현의 영향력을 높이는 관행을 전파하라

두 번째 행동 촉구 제언은 도덕적인 AI 제품 생산과 관련된 모범적인 조직 관행에 대한 지식의 폭을 넓히는 것이다. 오늘날의 사회와 재무 생태계는 일반적으로 주주를 우선시한다. 그러므로 도덕적인 AI를 지향하는 조직 리더를 채용하기가 어려운 형편이다. 두 번째 행동 촉구 제언의 한 가지 목표는 도덕적인 AI를 지향하는 조직 리더를 가장 효과적으로 채용하고 그들에게 경쟁 우위를 부여할 수 있는 방법에 대한 연구를 장려하는 것이다.[33] 이와 관련하여 한 가지 유용한 단계는 도덕적인 AI의 성능을 평가하는 지표와 절차를 개발하여 그것들을 CEO의 평가와 보상 약정에 포함하는 것이다.

이번 행동 촉구 제언의 또 다른 목표는 다음과 같다. 도덕적인 AI

를 진정으로 지향하는 조직이 윤리적인 AI 제품을 위한 조직 문화와 운영을 보장하려면 무엇을 해야 하는지에 대한 증거를 구축하고 전파하는 것이다. 이러한 목표가 무슨 의미인지를 더 제대로 전달하기 위해, 이제부터 그와 같은 조직이 직면하게 될 과제와 이를 극복하기 위한 전략을 몇 가지 소개하고자 한다.

조직 운영의 연계

앞서 언급했듯이, AI 관여자들은 도덕적인 AI 원칙이 조직의 재무 및 비즈니스 전략 그리고 AI 관여자들의 평가 및 보상 체계와 제대로 연계되어 있지 않다고 거듭 보고한다. 따라서 도덕적인 AI 전략은 다음처럼 조직의 리더를 도울 수 있는 자원을 마련해야 한다. 즉, 조직의 리더는 ① 조직의 구조, 관행, 윤리적 목표의 불일치를 평가하고 ② AI 관여자들이 AI 제품과 유관한 도덕적 문제를 예측하고 해결하는 데 자원을 할당해도 괜찮다고 확신시킬 수 있는 가장 효과적인 방법을 배워야 한다.

조직 문화

조직의 리더는 AI 제품의 문제에 대해 명백하게 '옳은' 답이 없을 때 생산적인 윤리적 심의를 위한 환경을 조성하기 위해서 조언자를 필요로 한다.[34] 이것은 까다로운 문제이지만, 이로부터 몇 가지 유익한 통찰을 건질 수 있다.[35] 윤리적 심의가 가장 성공적인 경우는 다양한 배경과 조직 내 역할을 가진 사람들이 참여할 때다.**36** 그러나 다양한 사람들에게 윤리 문제에 대한 토론을 요청하는 것은 능숙하게 접근하지 않으면 오히려 비생산적이고 분열을 초래할 수 있다.**37** 훈련을 받은 진행촉진자*들이 도움이 될 수 있지만, 모든 윤리적 제품 결정에 진행촉진자의 참여를 요구하는 것은 비현실적이다. 설령 진행촉진자가 있다고 해도 참여자들은 윤리적 심의 과정 전후와 도중에 몇 가지 자원을 제공받아야 한다. 그럼으로써 피드백에 대한 열린 태도를 기르고, 자기성찰 방법을 파악하며, 이따금 의견이 맞지 않아 감정적으로 격해지는 상황에서도 토론에 능숙하게 참여하기 위한 대인관계 기술을 계발할 수 있어야 한다.**38**

이러한 노력의 성공 여부는 참여자들이 안전하다고 느끼는지, 또 그들에게 심의 결과에 따라 조치를 취할 권한이 있는지에 따라 크게 좌우된다.**39** '도덕적 학습' 문화를 조성하는 것도 도움이 된다.**40** 사람들은 도덕적으로 '선하다'거나 '악하다'고 분류되는 것에 두려움을 느끼면 피드백을 받지 않기 위해 전력을 다하고, 심지어 본인의 도덕적 지위를 유지하기 위해 거짓말을 할 수도 있다. 반대로 대부분의 사람들이 도덕적으로 선한 의도를 갖고 있지만 도덕적 실수(연습을 통해 교정할 수 있는)를 저지르는 것이라고 가정하면 어떨까? 그렇다면 그들은 도덕적인 피드백에 훨씬 더 열린 태도를

---

* facilitator. 회의나 토론에서 진행을 원활하게 하고 합의를 이끌고 심도 있는 논의가 이루어지도록 돕는 역할을 하는 사람.

지니게 되고, 그 피드백을 바탕으로 조치를 취할 가능성도 훨씬 커질 것이다.

이러한 통찰을 바탕으로 도덕적인 AI 전략은 모범 관행을 전파하고, 모범 관행을 개선하기 위한 연구에 투자하고, 자문을 제공받을 수 있는 자원을 마련해야 한다. 도움이 될 만한 한 가지 방법은 대학교 대외협력팀에 의뢰하여 도덕적인 AI 지침을 찾는 조직과, 조직 환경에서 불편부당하고 엄격하게 연구할 수 있는 학술 연구자를 연결해주는 것이다. 이러한 협업을 통해 조직은 도덕적인 AI라는 목표를 달성하는 방법에 대한 증거 기반의 지침을 얻을 수 있을 뿐만 아니라, 정기 간행물에 연구를 발표하는 등의 방법으로 교훈을 널리 공유할 가능성도 커질 것이다.

도덕적인 AI가 린-애자일 접근법과 양립 가능하도록 만들기

AI를 제작하는 조직이 생존력과 경쟁력을 유지하는 동시에 변화하고자 하는 동기를 가지려면 어떻게 해야 할까? 기존의 조직 운영 절차를 조정함으로써 도덕적인 AI라는 목표 달성을 추구하면서도 조직의 다른 목표를 심각하게 훼손하지 않는 방법에 대한 증거 기반의 구체적인 지침이 필요하다. 한 가지 선택지는 완전히 새로운 제품 관리 방법론을 개발하는 것이다. 린-애자일 방법론만큼 효과적이면서도 제품의 수명 주기 전반에 걸쳐 윤리적 검토 및 평가를 통합하는 방법론 말이다. 또 다른 선택지는 현행 린-애자일 관행 및 문화에 도덕적인 AI를 통합하는 것이다. 이에 대한 체계적인 연구는 수행된 적이 거의 없다. 하지만 이러한 통합을 촉진할 만한 몇 가지 접근법을 생각해볼 수는 있다.

모든 AI 관여자와 조직의 리더에게 책임을 묻는다. 우리는 도덕적인 AI가 AI 제품 제작에 관여한 모든 이들의 공동 책임으로서 장려되어야 한다고 생각한다. 하지만 동시에 조직의 리더가 AI 제품의 올바르지 않은 도덕적 결과에 대해 공개적으로 책임을 지는 데 동의해야 한다고 생각한다. 리더가 책임을 진다면, 불가피한 실수가 발생했을 때 희생양이 될지도 모른다는 개별 관여자들의 두려움이 줄어들 것이다. 동시에 도덕적인 AI 책임을 조직 전체에 분산하면, '나는 아니야!' 문제를 완화하고 조직의 리더가 각 부서에 해당 부문의 도덕적 문제를 학습, 감독, 해결 및 혁신하기 위한 맞춤형 계획을 세우도록 할 수 있다.

이러한 접근 방식을 통해 조직은 윤리 문제가 발생했을 때 더욱 민첩하고 혁신적으로 대응할 수 있다. 그리고 '윤리 담당자'만 제품 개발의 병목이 되지 않도록 하는 데에도 도움이 된다. 그리고 모든 AI 관여자에게 윤리적 기술 개발과 사회적 영향 계획 수립을 요구한다면 조직은 도덕적 학습과 계획 준수에 대한 보상을 평가하고 연계하게 될 것이다. 그럼으로써 조직이 사회적 영향을 심각하게 고려하고 있다는 메시지도 전달할 수 있다. 동시에 조직의 리더에게 윤리적 책임을 묻는다면, 윤리 문제가 식별되었을 때 외부 기관이 문의해야 할 대상이 명확해지고 각 부서의 계획 및 조직 관행이

도덕적인 AI의 조건을 확실히 충족하도록 리더에게 동기를 부여할
수 있다.

처음부터 AI를 윤리적으로 설계한다. 리더는 모든 AI 제품의 초기
설계 요건에 윤리적·사회적 관심을 포함하도록 AI 제품팀에 지시
해야 한다. 리더가 이러한 문제를 엔지니어링이나 재정적 제약과
동등한 우선순위를 갖는 실질적인 제약으로 간주한다면, 사회에
해악을 미칠 위험성이 높은 제품이 '최소 기능 제품'으로 인정받을
가능성이 낮아질 것이다.

어떤 AI 관여자들은 처음부터 윤리를 고려하면 AI 프로젝트를
시작하기가 너무 어려워질 것이라고 우려할지 모른다. 하지만 이
러한 걱정은 완화될 수 있고, 어쩌면 역전될지도 모른다. 관여자들
이 프로젝트 초기부터 윤리적 요건에 주의를 기울일 때 장기적으
로 얼마나 많은 시간이 절약되는지 깨닫는다면, 그리고 윤리 문제
를 초기에 식별하고 해결하는 방법을 숙지한다면 말이다.

윤리적 평가를 통합한다. 도덕적인 AI를 지향하는 조직은 최대한
윤리적 의사결정의 배경이 있는 사람들을 제품팀에 통합해야 한
다. 많은 조직에서는 AI 제품이 충분히 개발되어 감독이 필요한 단
계가 되면 전문적인 윤리 집단이나 위원회를 임명하여 그들에게
제품에 대한 자문가, 위험 완화 담당자, 인가 권한자 역할을 수행하
도록 하고 있다.

이와 같은 전문화된 '윤리 담당자'를 두는 것은 어떤 측면에서는 의미가 있지만 단점도 상당하다.[41] 첫째, 윤리는 핵심적인 AI 제품팀 외부에서 다루어야 한다는 암시를 준다. 둘째, 윤리적 평가를 하는 사람들이 올바른 결정에 필요한 모든 기술적 세부 정보를 제공받지 못할 가능성이 높아진다. 왜냐하면 그들에게 어떤 정보를 공유해야 하는지 다른 사람들이 알 수가 없기 때문이다. 셋째, 윤리 문제를 엔지니어링 팀과 디자인 팀으로부터 분리하면 두 팀이 본인의 업무에서 윤리 문제를 해결하는 방법을 배울 기회가 사라진다.

이러한 이유로 우리는 오늘날 확산되고 있는 인식에 동의한다. 즉, 도덕적인 AI를 제작하는 가장 좋은 방법은 윤리 문제를 고려해본 경험이 있는 사람을 제품팀의 작업 과정에 매주 적어도 한 명투입하는 것이다. 그럼으로써 윤리 담당자가 제품의 세부 정보를 따라가고 제품팀이 제품의 수명 주기에서 최대한 일찍 윤리 문제를 해결하는 데 도움을 줄 수 있다.[42] 만일 조직이 윤리 교육을 받은 인력을 확보할 수 없는 상황이라면 이미 제품팀에 소속되어 있는 사람에게 교육을 제공하기 위해 투자해야 한다.

윤리 문제의 해결 경험이 있는 사람들을 제품팀에 통합할 수 없는 조직이라면, 제품 개발이 진행 중이거나 완료될 때까지 기다리는 대신 제품 수명 주기 내내 지속적으로 사회적 영향을 평가하고 윤리적 자문을 구해야 한다. 이상적으로는 애자일 방법론의 스프린트 검토와 스프린트 회고 기간(스프린트가 끝나갈 때 제품팀이 진행 상황과 과정을 평가하는 기간)에 사회적 영향의 평가를 표준적인 단계로서 포함하는 것이 좋다.

도덕적인 AI 지표를 추적한다. 위와 같은 변화가 실현된 후에는 린-애자일 방법을 수정함으로써 나머지 도덕적인 AI 접근 방식이 유기적으로 제자리를 잡도록 할 수 있다. 그러한 수정 방법 중 하나는 AI 제품 관리자에게 지표를 추가하라고 요청하는 것이다. 조직들은 이미 지표를 추적하고 지표를 중심으로 전략을 세우고 숙련된 기술로 지표를 만들고 있다. 바로 그 기존의 지표에 사회적 목표를 위한 진행 상황을 나타내는 지표를 추가하도록 요구하는 것이다. 지표는 정량적인 수치가 되어야 한다. 그러므로 AI 제품의 개인정보 보호 정책에 대한 사용자 퀴즈 점수를 집계하여 사용자가 정책을 이해하도록 하거나, 인구통계 집단별로 AI의 정확도를 분석하여 모든 집단에서의 정확도를 용인 가능한 수준으로 유지하거나, 제품에 대한 사용자의 윤리적 우려 정도를 수집하는 등의 방법을 도입할 수 있다.

　물론 지표는 불완전할 수밖에 없다. 하지만 AI 제품의 사회적 영향과 유관한 데이터를 수집 및 추적한다면, 부정적인 사회적 영향이 너무 확고해져 바로잡기 어려울 정도가 되기 전에 이를 식별할 가능성이 더 높아질 것이다. 이러한 식별 단계는 AI 전문가들이 일상적인 업무에서 도덕적 문제를 실제로 해결할 수 있는 문제로 전환하기 위해 필수적이다. 더 나아가 이와 관련된 데이터를 정기적으로 수집하면 제품팀이 다양한 접근 방식을 객관적으로 평가할

수 있으므로 기존의 수정주기보다 더 긍정적인 사회적 영향 수정
주기를 찾을 가능성이 높아진다.

AI 사용자 경험 연구자와 디자이너의 역할을 확대한다. 린-애자일
방법을 또 다른 방식으로 수정하는 것도 가능하다. 사용자 경험 연
구자와 디자이너가 그들 고유의 능력을 발휘하여 AI 제품이 사회
의 다양한 집단, 특히 소수 집단과 상호작용하는 폭넓은 방식을 이
해하도록 하는 것이다(AI 제품팀이 주로 백인 남성으로 이루어져 있다는
점을 고려하면 이것은 중요한 문제다).[43] 마이크로소프트의 사장 브래
드 스미스와 커뮤니케이션 및 대외관계 부장 캐럴 앤 브라운은 자
사가 인정한 윤리적 실수로부터 배운 중요한 교훈을 공유했다.

> 우리는 밖으로 나가 다른 사람들의 의견을 경청하고, 반드시
> 해결해야 할 기술적인 문제를 처리하기 위해 더 많은 일을
> 해야 했다. 이는 더 많은 사람과 건설적인 업무 관계를 구축
> 하는 것을 의미했다. 하지만 이것은 시작에 불과했다. 우리
> 는 사람들의 인식과 우려를 이해해야 했다. 작은 문제가 통
> 제 불능 상태로 커지기 전에 더욱 잘 처리해야 했다. 우리는
> 정부 관계자, 심지어 경쟁사와 더 자주 만나서 공통된 견해
> 를 찾기 위해 노력했다.[44]

모든 AI 관여자 중에서 이와 같이 의견을 경청하고 이해하는 일

에 가장 적합한 사람들은 사용자 경험 연구자와 디자이너다.[45] 이 전문가들은 사용자의 말에 공감하며 경청하고 질문을 던짐으로써 제품에 대한 사용자의 욕구와 우려, 불만 사항과 즐거움, 즉 '사용자 여정'을 파악하는 훈련을 받은 사람들이다. 그들이 자신의 능력을 더 다양한 이해관계자들에게 적용하고 더 광범위한 AI 제품 '여정'에 대한 정보를 수집하도록 하는 것이 우리가 제안하는 역할 수정이다.

사람들의 도덕적 우려나 사회적 우려를 이해하는 것은 전형적인 사용자 상호작용 주제(가령 사용자들이 웹사이트 랜딩 페이지*에서 어떤 레이아웃을 선호하는지)와는 분명히 꽤 다르다. 그러므로 사용자 경험 연구자와 디자이너에게는 추가적인 교육이 필요할 수 있다. 또한 AI 제품팀은 적당히 다양한 피드백을 적절한 빈도로 받을 수 있는 새로운 접근법을 도입하는 데 도움을 받아야 할지도 모른다. 이러한 수정에는 최적화를 위한 시행착오가 뒤따르겠지만 일단 구현되기만 하면 AI 제품팀이 제품 제작 과정에서 크게 방해받지 않고 빠르고 효과적으로 사회적 문제에 대응할 수 있을 것이다.

---

*　landing page. 사용자가 검색 엔진 또는 광고를 통해 웹사이트에 접속하여 가장 먼저 보게 되는 화면.

세 번째 행동 촉구 제언

: 경력 전반에 걸쳐 도덕적 시스템 사고의 교육 기회를 제공하라

앞선 행동 촉구 제언은 AI와 관련된 윤리 문제를 고민하고 이를 해결할 수 있는 전문성을 개발한 AI 관여자들로부터 도움을 받는 것이었다. 안타깝게도 대부분의 AI 관여자는 자신의 업무에서 윤리적 영향을 식별하고 이에 대응할 수 있는 훈련을 받지 못한다. 엔지니어이자 CEO 겸 창업자이기도 한 트레이시 차우는 이렇게 말한다.

> 오늘날 기술을 만드는 사람들 대다수는 나와 같다. 우리들은 우리가 만들고 있는 것이 무엇인지 그리고 그것이 세상에 어떤 영향을 미칠지와 같은 더 큰 질문을 던지는 데 충분한 시간을 할애하지 않았다. … 지금 나는 … 동료들과 토론하고 철학과 도덕을 바탕으로 생각을 충분히 발전시킬 기회가 있었더라면 좋았을 것이라고 생각한다. 그리고 무엇보다 이러한 주제들이 나의 정신을 채울 만큼 가치 있는 생각이라는 사실, 즉 나의 모든 엔지니어링 작업이 이러한 주제들의 맥락 속에서 수행될 것이라는 사실을 깨달았더라면 좋았을 것이다. [46]

기술이 사회에 도덕적 피해를 불러오지 않도록 하는 작업에 AI 관여자들이 능숙해지기 위해서는 AI 제품의 사회적 영향을 식별하고 탐색하고 추적 및 예방하는 방법을 자주 연습할 기회(그리고 그에 대한 피드백을 받을 기회)가 있어야 한다. 이를 위한 효과적인 방법 중 하나는 '시스템 사고systems thinking'를 갖추는 것이다.

시스템 사고는 복잡한 실제 환경에 대한 해결 방법을 고안하는 기술이자 과학이다. 그러한 환경에서 제품은 상호 연결된 주체들 그리고 상호 의존적인 동기와 제약 및 한계와 상호작용한다. 시스템 사고는 주로 제품의 여러 영향이 상호작용을 하면서 시간의 흐름에 따라 의도치 않은 부작용을 일으키는 방식에 각별히 주의를 기울임으로써 제품이나 정책이 실패하는 이유를 이해하는 데 사용된다. 이때 제품의 부작용은 이따금 제품이 사용되는 더 거시적인 환경에 영향을 미치는 방식으로 발생하기도 한다. 시스템 사고를 AI에 적용할 때에는 "복합적인 관점에서" 영향을 살펴봄으로써 "우리가 가진 정신모형의 경계를 확장하고, 환경적·문화적·도덕적 영향을 비롯하여 우리 행동이 초래하는 장기적 결과를 고려해야" 한다.[47]

AI 제품팀이 윤리에 대한 시스템 사고를 성공적으로 갖추려면 많은 능력이 필요하다. 분명한 것은, 다양한 시기에 발생하는 도덕적 문제를 신뢰할 만하게 식별하고 그 문제에 대해 다양한 사람들이 보일 수 있는 반응을 분석할 줄 알아야 한다는 점이다. 또한 제품팀은 이해관계자들의 고유한 관점을 예측하고 경청할 수 있어야 하며, 동시에 문제와 해결책을 평가할 때 제품팀 외부의 관점도 수용할 수 있어야 한다.[48] 일단 윤리적으로 적절하고 실용적으로 실현 가능한 행동 방침이 선택되면, 제품팀 구성원들은 설득력 있는 의사소통과 회유를 통해 팀이 선택한 경로에 대한 동의를 확보해야 한다. 그리고 감정 지능 능력을 활용함으로써 사회적 의견의 상충과 직업적 압력 속에서 행동 방침이 결실을 맺을 수 있도록 해야 한다.[49] 이처럼 다방면에 걸친 능력은 그동안 엔지니어, 데이터과학자, AI 전문가의 핵심 업무에서 부수적인 것으로 여겨졌지만[50] 도덕적인 AI을 구현하려면 반드시 필요하다.

세 번째 행동 촉구 제언의 목표는 AI 관여자들이 도덕적인 시스템 사고를 연습할 수 있도록 경력 전반에 걸쳐 교육 기회를 마련하는 것이다. 이미 고위직이면서도 그러한 교육을 받지 못한 AI 관여자들이 많으므로 다양한 경력 단계에 맞는 교육 경로를 개발하는 것이 중요하다. 또한 이와 같은 교육은 비교적 새로운 것이기 때문에, 교육 연구에서 얻은 통찰을 통해 초기 노력을 이끌어야 하며 어떤 전략이 가장 성공적인지에 대한 교훈을 연구하고 공유하는 데 자금을 할당해야 한다.

이러한 연구는 매우 중요한데, 도덕적인 기술 교육을 도입하려는 시도가 역효과를 내기도 하기 때문이다. 예를 들어보자. 미국 전역의 12개 기관에서 윤리적 의사결정 워크숍을 실시한 결과, 참가자들은 도덕적 문제에 대한 대응으로 속임수, 보복, 개인적 책임 회피를 제안할 가능성이 **더 높았다.**[51] 이와 마찬가지로 미국의 유명 대학교 네 곳에서 엔지니어링 학생들이 윤리 및 엔지니어링 교과과정을 더 많이 이수할수록 직업적·윤리적 책임, 사회의식, 사람들이 기계를 사용하는 방식과 기술의 결과에 대한 이해를 **덜 중요하게** 평가하는 것으로 나타났다.[52] 이와 같은 교육 노력이 비생산적인 이유에 대한 대표적인 가설은 '올바른 일을 하려는' 내재적 동기 대신 윤리 문제와 관련된 규칙과 규정 또는 처벌에 초점을 맞추었기 때문이라는 것이다.[53] 게다가 지금까지 교육에는 윤리적 행동으로 이어지는 윤리적 판단 능력에 반드시 필요한 사회 지능과 감성 지능이 포함되지도 않았다. 이러한 결과를 피하기 위해 도덕적 시스템 사고 교육은 한창 성장하고 있는 행동윤리학 분야의 연구를 활용하고 지속적으로 평가 및 개선되어야 한다.[54]

이와 같은 사항을 염두에 두면서 이제 우리는 도덕적인 AI에 대한 시스템 사고 교육에 관하여 몇 가지 전략상의 제안을 하고자 한다. 시스템 사고 개념과 경험을 독립적인 수업이나 부가적인 강의에 국한하는 대신 AI 관련 기술 교육 전반에 통합하려는 열의를 보이는 사람들이 많다.[55] 우리도 그러한 열의를 갖고 있다. 기술 교육 전반에 사회적 고려사항을 포함한다면 사회적 영향을 최대한 숙고하는 것이 성공적인 기술 작업의 기본이라는 기대를 내면화하는 데 도움이 된다. 또한 제작자들이 작업 흐름 속에서 도덕적 영향을 식별하고 해결하는 습관을 기르는 데에도 도움이 된다. 도덕적인 시스템 사고를 통합하기 위한 한 가지 접근법은 선별된 윤리 문제를 기술적인 과제와 프로젝트의 설계 요건으로 교육에 포함하는 것이다. 기술 관여자는 자신의 AI 해결책이 윤리 문제를 어떻게 해결하는지를 바탕으로 평가받고, 이것이 일반적인 관행이 될 수 있을 것이다. 또 다른 접근법은 학습자에게 일종의 과제를 주는 것이다. 그들은 도덕적 문제에 대한 기술적 해결책을 개발하고, 이해관계자 및 사회과학 전문가로 이루어진 토론 참석자 앞에서 해당 해결책을 옹호하는 프로젝트를 맡게 된다.

비학문적인 환경에서도 비슷한 결과를 얻을 수 있다. 조직의 다양한 부서가 참여하도록 의도적으로 설계된 학습 경험을 제공하는 것이다. 워크숍을 여는 것이 한 가지 방법이다. 디자이너, 변호사, 영업 및 고객 관리 담당자, 제품 관리자, 마케터, 엔지니어가 특정한 AI 제품을 만드는 데 있어서 각자의 역할을 서로에게 설명하고, 관심 대상과 우려를 공유하고, 제품이 도덕적 가치에 부합하는지 확인하는 방법을 두고 브레인스토밍을 하는 것이다. 이러한 모든 활동에 대하여 멘토는 기술적 요소를 검토할 때만큼이나 엄격하게 윤리적 요소를 얼마나 잘 다루는지를 바탕으로 학습자를 평가해야 한다. 그렇게 하면 학습자가 개선할 만한 피드백을 충분히 받게 될 것이다. 그리고 윤리와 시스템 사고도 기술적 역량만큼 중요하다는 메시지를 전달할 수 있다. 그런데 여기서 주의할 점이 있다. 학습자들이 업무의 도덕적 측면에 대해 엄격하게 평가받지 **않는다면** 조직이 제공하는 교육 경험은 윤리적 '미화(눈가림)', 다시 말해 실제로는 그렇지 않은데도 조직이 정말로 윤리를 우선시한다고 다른 이들을 오도하려는 시도로 여겨질 수 있다. 만일 도덕적 시스템 사고 교육이 가식적인 것으로 여겨지거나 이면의 동기를 감추기 위한 장치로 간주된다면 교육의 의미가 훼손되어 비생산적인 결과를 낳게 될 것이다.

 AI 관여자들이 시스템 사고를 학습할 수 있는 또 다른 장소는 직장이다. 교육이 의도된 결과로 이어지려면 관여자들이 실수를 저지르고 피드백을 받고 현재 구축 중인 작업의 도덕적 영향에 대한 동료들의 의견에 노출되는 식으로 프로젝트가 진행되어야 한다. 이러한 교류는 다음과 같은 방식으로 린-애자일 방법에 통합될 수 있다. 제품의 제작 과정에서 모든 관여자들이 정기적으로 만나 제품의 사회적 영향에 대한 생각과 데이터를 공유하고 적절한 지표가 모니터링되고 있는지 확인하는 것이다. 정기적으로 회의를 소집하면 비기술적 관여자는 기술적 관여자가 제품을 설계하고 제작할 때 어떤 결정을 내리는지 알 수 있고, 동시에 기술적 관여자는 자신이 만들고 있는 제품에 대한 사용자의 반응을 지속적으로 참고할 수 있다. 시간이 지남에 따라 제품팀 전체는 AI 제품의 수명 주기에서 어느 시기에 도덕적 문제가 발생할 가능성이 가장 높은지 그리고 그들에게 어떤 가치가 제일 중요한지 개인적으로 또 집단적으로 알게 된다.

 도덕적인 AI 시스템 사고와 관련하여 충분한 교육 기회를 마련하려면 적절한 경험과 기술을 갖춘 학제간 강사나 진행촉진자와 같은 인력 자원을 많이 확보해야 한다. 우리가 논의한 기술적 지식과 시스템 사고 역량을 전부 갖추도록 훈련받은 사람들은 현재로서는 극히 드물다. 그러므로 이러한 인력 자원을 확보하기란 쉽지 않을 것이며, 정부와 조직 및 교육 기관으로부터 재정적·지적 자원을 비롯한 다양한 자원의 신중한 투자를 받아야 할 것이다.

조직이 이를 자체적으로 수행할 수 있는 한 가지 좋은 방법이 있다. 도덕적인 AI 전문 지식을 갖춘 최고교육책임자 chief learning officer, CLO를 채용한 다음(혹은 최고교육책임자에게 도덕적인 AI 대학원 교육을 추가로 제공한 다음) [56] 도덕적인 AI 시스템 사고에 대한 맞춤형 교육 프로그램을 설계하는 임무 그리고 특정한 집단을 상대로 도덕적인 AI 프로그램을 이끌 수 있도록 조직 구성원을 교육하는 임무를 부여하는 것이다. 정부와 학술기관 또한 AI 시스템 사고 전문가 양성에 일조해야 한다. 관련된 기술적 영역과 비기술적 영역의 연구자들에게 권위 있는 펠로우십이나 경력 중기에 교육 기회를 후원하는 식으로 말이다.

네 번째 행동 촉구 제언

: AI 제품의 생명 주기 전반에 걸쳐서 시민 참여를 유도하라

앞선 행동 촉구 제언에서는 조직과 학계의 AI 전문가에게 초점을 맞추었다. 하지만 이들이 유일한 이해관계자는 아니다. AI의 만연함과 일상생활의 전 지구적 연결성을 고려하면 거의 모든 세계 시민이 AI 제품의 영향을 받을 가능성이 있다. 문제가 되는 AI 제품을 직접 사용하지 않는 경우에도 마찬가지다. 한번은 일군의 변호사가 매디슨스퀘어가든 경기장에 출입하지 못하는 사건이 벌어졌는데, 얼굴 인식 AI가 그들이 경기장 소유주에게 소송을 제기한 회사를 위해 일한다고 판단했기 때문이다. 로고 아티스트가 AI 아티스트 때문에 일자리를 잃는 사례도 있다.

이러한 이해관계자의 경험과 의견도 도덕적인 AI를 둘러싼 유의미한 대화의 장을 마련하는 데 반드시 필요하다. 메타의 CEO 마크 저커버그가 말한 것처럼 말이다.

> 제가 정말 하고 싶은 일은, 공동체의 가치를 반영하는 방식으로 저희의 정책을 설정하는 방법을 찾는 겁니다. 그러니까 저는 그러한 결정을 내리는 주체가 아니죠. … 그런데 여기 캘리포니아에서 전 세계 사람들을 대상으로 하는 콘텐츠 정책을 결정하면서 사무실에 앉아 있으니 정말 가시방석에 앉은 느낌입니다.[57]

문제는, AI 제품을 둘러싼 모든 다양한 이해관계자로부터 유용하고 신뢰할 만한 의견을 받아내는 방법이 아직 분명하지 않다는 것이다. 도덕적인 AI 전략을 위한 네 번째 행동 촉구 제언을 통해 그러한 의견을 받아내는 몇 가지 방법을 확립하고자 한다. 이번 행동 촉구 제언에서 가장 중요한 목표는 다양한 공동체 구성원이 특정한 AI 적용 사례에 대한 의견과 우려, 희망을 빠르고 안정적인 속도로 **쉽고 현실성 있게** 공유하도록 하는 것이다. AI 제작자와 AI 공동체 이해관계자 간의 정보 흐름은 양방향이어야 한다. 따라서 AI 제작자가 새로운 AI 발상 및 시제품을 공유하는 방법과 이해관계자가 피드백을 제공하는 방법은 간편해야 한다. 과연 실현 가능한 목표일까? 쉽지는 않겠지만, 우리는 달성할 수 있다고 (그리고 반드시 그래야만 한다고) 믿는다.

효과적인 해결책은 온라인 플랫폼을 활용하는 방법일 가능성이 높다. 온라인 플랫폼을 활용하면 사람들이 언제 어디서든 피드백을 제공할 수 있으므로 더 많은 사람들이 참여하게 된다. 게다가 온라인 플랫폼을 사용하는 동안 무한에 가까운 디지털 경험이 만들어진다. 즉, 가상 포커스 그룹*을 위한 교육 세션 및 시제품 시연부터 타운홀 미팅**, 설문조사, 피드백 포럼***까지 다양한 경험이 이루어질 수 있다. 그리고 필요한 경우 이 모든 경험은 기밀로 유지될 수 있다.

어떤 경험은 관련 집단의 모든 사람이 언제든지 참여할 수 있도록 설계되어야 한다. 미국 텍사스주 오스틴에서 만든 '스피크업 오스틴SpeakUp, Austin'[58]과 아일랜드 더블린에서 만든 '유어 더블린, 유어 보이스Your Dublin, Your Voice'[59] 같은 온라인 플랫폼이 좋은 사례. 공동체 구성원들은 플랫폼에 접속해서 시에서 고려하고 있

---

* 특정 조건에 해당하는 소비자들과 함께 소규모 그룹 면담을 진행하여 정성적인 통찰을 확보하는 방법. 주로 훈련받은 진행자의 지침을 받아 특정 주제를 논의하며, 온라인 공간과 같은 가상 환경에서 진행될 수도 있다.

** 중앙 정부 또는 지역 정부에서 활동하는 정치인이 지역구 주민의 의견을 듣거나 함께 토론하기 위해 마련하는 자리.

*** 사용자들이 제품과 서비스에 대해 서로에게 문제를 제기하고 생각을 공유하고 함께 토론하는 온라인 소통 플랫폼.

는 프로젝트나 정책에 대한 설명을 접하고 익명으로 피드백을 제공할 수 있다. 또한 과소대표된 집단을 참여시키고 가상 그룹 토론을 중재하는 것도 필요하다. 벨기에 브뤼셀에 기반을 둔 회사 시티즌랩CitizenLab(현 고보컬Go Vocal)**60**이 제공하는 경험을 그 예로 들 수 있다. 시티즌랩의 설명에 따르면 해당 조직은 "도시와 정부에 디지털 참여 플랫폼을 제공하여 지역의 주제에 대해 시민과 상의하고 그들을 의사결정에 참여시킨다."

지금까지 피드백은 일반적으로 플랫폼에서 자발적으로 이루어졌다. 하지만 플랫폼이 '긱 경제'****와 제휴하여 금전적 보상을 통해 더 심도 있고 광범위하고 신속한 피드백을 유도함으로써 시민 참여를 확대할 수 있다. 아마존의 머캐니컬터크Mechanical Turk, 퀄트릭스Qualtrics, 프로리픽Prolific과 같은 플랫폼은 이미 조직들이 특정한 인구통계 특징을 가진 이들에게 온라인 설문조사를 통한 제품 피드백이나 참여를 권유하고 대가를 지불할 수 있는 메커니즘을 제공하고 있다. 정부와 조직 그리고 기업가들은 이러한 플랫폼을 활용하고 확장함으로써 AI 정책이나 시제품에 대한 신속한 피드백을 요청해야 한다. 인공지능 부문과는 상이한 부문의 공동체 참여 연구 관행을 따라, AI 제작 기업은 특정한 공동체 또는 인구통계 집단을 대표하는 시민 집단과 협력하고, 해당 구성원들로부터 정

**** gig economy. 필요할 때마다 임시직을 고용해 일을 맡기는 형태의 경제 방식.

직하고 신뢰할 만한 의견을 받는 대가로 금전적 보상을 제공할 수 있다.[61]

분명히 말하건대 AI 시민 참여의 주된 목적은 AI의 영향을 어떻게 처리하거나 판단해야 하는지에 대한 합의를 도출하는 것이 아니다. 반드시 그럴 필요는 없다. 물론 그러한 합의가 형성된다면 다행스러운 일이다. 그러나 AI를 둘러싼 견해가 양극화되어 있다는 점을 고려하면, AI 제품이 개발되는 기간 내에 그와 같은 합의가 항상 도출되리라 기대하는 것은 비현실적이다.

우리가 여기서 생각하는 시민 참여의 주된 목적은 AI 제품이 아직 만들어지고 있어서 수정이 가능할 때 그 도덕적·사회적 영향을 최대한 많이 확인하는 것이다. 이상적으로는 린-애자일 제품 개발 과정과 양립 가능한 기간에 수행된다면 좋을 것이다. 이번 행동 촉구 제언에서 수행해야 할 대부분의 작업은 AI 제품의 도덕적 문제를 식별하여 AI 제품팀이 제때 문제를 해결할 수 있도록 어떤 정보를 어떤 방식으로 양방향으로 공유해야 하는지 파악하는 것이다. 그와 같은 정보 공유를 뒷받침하기 위한 플랫폼과 모범 관행을 구축하는 것도 중요하다. AI 시민 참여는 비교적 새로운 분야로서, 학제간 혁신을 추동할 수 있는 잠재력을 지니고 있다. 도덕적인 AI를 지속 가능하게 만들기 위해 반드시 투자해야 하는 분야이기도 하다.

다섯 번째 행동 촉구 제언

: 애자일 공공 정책을 전개하라

지금까지 논의한 전략들이 제대로 작동하려면 모든 AI 제품 관여자들이 좋은 의도를 가져야 하며, 동시에 그들에게는 도덕적인 AI를 안정적으로 추구할 수 있는 충분한 자원이 필요하다. 하지만 이 두 가지가 항상 충족되는 것은 아니다. 따라서 AI가 인간 사회에 미치는 긍정적인 영향을 극대화하기 위한 동기와 자원, 지침, 규제를 제공하는 공공 정책은 도덕적인 AI 전략의 또 다른 필수 요소다.

공공 정책의 '규제' 역할에만 초점을 맞추는 일부 비평가는 규제가 비용을 증가시키고 혁신을 억압함으로써 AI가 삶을 개선할 수 있는 기회를 위협할 것이라고 우려한다. AI 이미지 인식 회사인 클래리파이Clarifai의 직원들은 그러한 우려를 언급하면서 〈뉴욕 타임스〉에서 다음과 같이 말했다.

> 규제는 진보를 지연시킵니다. 하지만 오늘날 직면하고 있는 수많은 위협에서 살아남으려면 인류는 진보해야만 합니다. … 기술 규제는 기술을 이해하지 못하는 사람들이 만들 때 더없이 어설퍼지기 마련입니다. … 오히려 우리는 이 기술을 알아서 잘 만들 것으로 신뢰될 만큼 충분히 윤리적이어야 하며, 또한 윤리를 명확하게 정의하는 것은 대중을 위한 우리의 의무입니다. [62]

이러한 논리를 바탕으로 일부 AI 제작자는 도덕적인 AI에 대한 공공 정책을 노골적으로 거부한다. 우리가 보기에 규제를 무조건적으로 거부하는 것은 사회만이 아니라 AI의 전반적인 진보에도 해롭다. 일반적으로 정부는 유권자들이 AI 개발을 억압하지 않고 주도하길 원한다. "AI 발전을 주도하는 사람은 세계 경제를 주도하게 될 것이다"라는 미국 상공회의소 부사장의 말처럼 말이다.[63] 따라서 정부가 규제를 만든다고 해도, 그것은 대체로 장기적인 AI 주도력을 촉진하는 규제일 것이다.

잘 조정된 규제는 여러 측면에서 AI 기술 주도력을 뒷받침할 수 있다. 첫째, 규제에 의한 제약은 그것이 없었더라면 놓쳤을지도 모를 새로운 창의적·생산적 해결책을 창출할 수 있다. 요구 조건과 규제는 제작자가 단순히 가장 편한 방법을 따르기보다는 새로운 관점에서 사고하고 새로운 발상을 시도하게끔 동기를 부여한다.[64]

둘째, 규제가 마련된다면 기업은 AI 제품을 윤리적으로 만드는 방법을 알아내는 데 필요한 작업의 일부를 외부에 위탁하게 되는 셈이다. 규제가 윤리적 지침의 많은 부분을 결정하기 때문에, 기업은 준수해야 할 지침을 설계하는 데 많은 자원을 투입할 필요가 없다. 따라서 도덕적인 AI 지침과 규제가 있다면 기업은 보다 본격적으로 기술이나 비즈니스에 그들의 역량을 집중할 수 있다. 아마도 이것이 마이크로소프트, 구글, IBM의 CEO를 비롯하여 다수의 조직 리더들이 공개적으로 AI 규제를 요구한 이유일 것이다.[65] 물론 대기업이 가장 큰 주목을 받거나 불만이 많겠지만, 규제는 윤리 문제를 다루는 데 있어서 경험과 인프라가 부족한 소규모 및 초기 단계 기업에도 공평한 경쟁의 장을 마련함으로써 더 폭넓은 경쟁 환경을 조성하는 데 도움이 된다.

더 나아가 잘 조정된 규제는 AI 주도력 형성에 반드시 필요한 신뢰를 조성함으로써 장기적인 AI 도입을 뒷받침한다. 민간 기업은 이해관계자의 금전적 이익을 우선시해야 한다는 큰 압박을 받는데, 이는 사회의 장기적인 이익과 상충할 때도 있다. 단기적인 금전적 이익을 추구하면 사회에도 최적의 도덕적 결과가 안정적으로 뒤따르리라 가정하는 것은 비현실적이다. 정부의 규제는 금전적 갈등이 발생한다고 해도 그 영향을 받는 집단과 AI 사용자의 이익이 보호되도록 보장함으로써 AI에 대한 사회 전반의 태도를 개방적으로 바꾸는 데 기여할 것이다.

물론 규제는 공공 정책의 한 형태일 뿐이다. 거기에 더해 정부는 AI 분야의 윤리적 실천에 무엇이 포함되는지에 대한 지침을 제공하고 안전성과 투명성 및 프라이버시의 기준을 마련하여 조직들이 그런 작업을 단독으로 처리할 필요가 없도록 할 수 있다. 그럼으로써 기준의 충족 여부를 검증하기 위한 현실적인 선택지를 제시할 수도 있다. 또한 윤리적 원칙을 준수하는 회사와만 계약을 체결하거나 AI 규제 준수를 위한 감세 혜택을 제공함으로써 긍정적인 동기를 유발하는 방법도 가능하다. 더 나아가 정부는 AI 기술 제작자가 도덕적 실천을 더욱 쉽게 이행하도록 인프라를 구축할 수도 있다. 예를 들어 도덕적인 AI 기술 도구의 개발 및 보급에 자금을 지원하거나 다른 부문에서 공정한 것으로 검증된 데이터세트를 공개하는 방법이 있다. 그리고 AI 시스템 작업자를 위한 도덕 교육이나 AI 시스템의 도덕적 평가를 수행하는 이들을 위한 비즈니스 교육에 보조금을 지급할 수도 있다. 이것들은 모두 공공 정책이 도덕적인 AI를 지원할 수 있는 몇 가지 사례에 불과하다.

AI 정책 결정이 직면한 가장 큰 과제는 공공 정책과 법을 제정하는 데 오랜 시간이 걸릴뿐더러 불완전하거나 차선인 정책을 바로잡기 어려울 것이라는 우려다. 도덕적인 AI 정책이 효과를 발휘하려면 AI 기술 및 산업의 빠른 발전 속도에 발맞춰 정책이 민첩하게 수립되어야 한다. 따라서 보다 영구적인 메커니즘을 통해 정책을 구현하기 전에 잠재적인 AI 정책을 제한된 상황에서 시험하고 개선할 수 있는 '애자일 정책agile policy' 메커니즘을 도입하는 것이 필수적이다. 싱가포르가 국내법을 변경하지 않고도 자율주행차를 도로에서 시험하도록 만든 '규제 샌드박스'*가 하나의 사례다. '일몰 조항'**과 같은 장치를 통해 한시적인 결정을 명시하는 적응적 규제 방식을 도입하는 것도 가능하다.[66] 또 다른 접근 방식은 민간 기업이 고품질 AI 규제 서비스를 제공하기 위해 경쟁하는 실험적인 규제 시장을 후원하는 것이다.[67] 이러한 방식이 시행된다

---

* 일정한 조건하에서 규제를 면제함으로써 특례를 부여하는 제도.

** 특정 기한이 끝나면 법령의 전부 또는 일부의 효력이 상실되는 조항.

면 정부는 AI 산업 전체가 아니라 규제 기관을 규제하는 데만 집중할 수 있고 AI 규제는 신속한 민간 혁신의 도움을 받을 수 있다.

물론 애자일 공공 정책은 도덕적 원칙을 완벽하게 반영하지 못할 것이다. 그러나 도덕적인 AI 정책이 동기나 규제를 하나도 제공하지 않는 것보다, 불완전한 AI 공공 정책이라도 알맞게 시행하는 것이 사회가 도덕적인 AI를 향해 더 신속하게 나아가는 데 도움이 된다.[68] 또한 기업과 정책 입안자 그리고 시민은 도덕적인 AI 정책 발의가 성과를 내지 못하거나 오늘날의 AI 적용 사례와 완전히 동떨어져 있다고 느낄 때 인내심을 잃게 된다는 점을 받아들이는 것이 중요하다. 애자일 정책 메커니즘은 이러한 일이 발생할 가능성을 줄여준다. 요컨대, 완벽함이 좋음의 적이 되어서는 안 될 것이다.

큰 그림

AI 제작자가 인지하든 인지하지 못하든, AI 시스템은 무엇이 도덕적으로 옳은지 그른지에 관한 결정이나 가정 없이는 만들어지지 않는다. 그리고 모든 AI 시스템은 도덕과 관련된 영향을 미칠 수밖에 없다. 도덕적인 AI를 떠받치고 있는 생각은 바로 다음과 같다. 도덕적인 결과를 초래하는 AI 시스템에 대한 결정은 우연이나 자동으로 내려지는 대신에 의도적이고 신중하게 내려져야 한다는 것이다. 도덕적인 AI는 오로지 기술적인 문제도 아니고 오로지 윤리적인 문제도 아니다. 다양한 학문 분야와 사회적 역학 관계 그리고 인간 본성의 여러 측면과 교차하는 복잡한 문제다. AI를 사회적 가치에 부합하게 하려면 다양한 이해관계자의 상호작용과 AI의 사회적 맥락을 고려하는 시스템 차원의 접근 방식을 도입해야 한다. 이번 장에서 설명한 다섯 가지 행동 촉구 제언은 이를 성공적으로 수행하기 위한 필수적인 메커니즘을 제시한 것이다.

결론

우리에게 달려 있다

우리는 책을 시작하면서 AI에 대한 낙관론과 비관론이 둘 다 필요하다고 주장했다. 우리는 AI가 할 수 있는 모든 좋은 일에 깊은 흥미를 느낀다. 동시에 AI가 안전성, 프라이버시, 정의에 미칠 수 있는 피해에 대해 그리고 AI의 해악에 관한 책임을 물을 수 있는 가능성에 대해 우려하고 있다. 이 책에서는 이러한 우려를 설명하고 부분적으로나마 이를 해결하기 위한 전략을 개괄하고자 했다. 하지만 여느 군인들의 생각처럼 최고의 정찰과 전투 계획만으로는 전투에서 승리할 수 없다. 각각의 결정을 다루는 데 도움이 되는 올바른 사고방식도 필요하다. 어떤 사고방식을 가져야 하는지 알아보려면 역사를 살펴보는 것도 한 방법이다. 과거의 인류는 혜택과 부담을 동시에 안기는 혁신적인 기술과 마주한 경험이 있다.

18세기 후반과 19세기 초반을 생각해보자. 제니 방적기*와 같은 혁신적인 기계의 발명은 직물 공장의 탄생으로 이어져 전 세계적으로 대량의 직물을 널리 보급하는 계기가 되었다. 그 결과 사람들은 경제적 배경과 무관하게 더 많은 옷을 마련할 수 있었고, 옷을 만들기 위해 직접 재료를 재배하고 생산하는 시간을 줄일 수 있

---

* 방추가 여러 개 달려 있어서 동시에 여러 가닥의 실을 뽑을 수 있는 방적기. 근대식 공장 시스템이 탄생한 계기로 여겨진다.

었다. 더 나아가 직물 공장은 농업보다 더 안정적인 일자리를 창출했고, 교육과 의료 혜택을 더 잘 받을 수 있는 도시로 사람들을 끌어들였으며, 전례 없는 규모의 경제 성장으로 향하는 새로운 기회를 만들어냈다. 이 모든 사건은 굉장히 흥미진진한 일이었다. 사회 전반의 임금 향상, 경제적 성장과 번영, 유례없는 혁신으로 이어진 '기계 시대'의 일환이었다. 그러나 이러한 변화가 항상 좋은 것만은 아니었다. '기계 시대'는 끔찍한 공해, 참혹한 노동과 생활 환경, 착취적 아동 노동, 소득과 사회적 권력의 불평등 악화를 초래했다. 좋든 나쁘든 이만큼 큰 변화를 몰고 온 시기는 역사상 전례를 찾아보기 힘들다.

20세기 전반부에 걸쳐 도래한 일명 '화학이 바꾼 더 나은 삶'의 시대도 생각해보자. 주기율표에 대한 새로운 이해는 유연 휘발유, 프레온 냉매 냉장 기술, 에어로졸처럼 사회를 변화시키는 화학 기술로 이어졌다. 변화가 한꺼번에 들이닥쳤다. 일반 가정에서도 자동차가 매력적이고 쉽게 구할 수 있는 상품으로 여겨졌고, 음식을 더 오래 안전하게 보관할 수 있게 되었다. 사람들은 마침내 냉장이나 에어로졸 방출 기술이 필요한 치료를 받을 수 있었고, 헤어스프레이처럼 새롭게 등장한 소비재가 진열대를 가득 메웠다. 혁신과 경제적 번영이 붐을 이루었다. 하지만 안타깝게도 유연 휘발유의 부작용으로 납 중독이 뒤따랐는데, 이 부작용은 당시에도 알려져 있었다. 지구 대기도 파괴되었다. 납 중독과 달리 지구 대기의 파괴는 적어도 처음에는 예상치 못한 부작용이었다. 새로운 화학제품이 널리 보급되면서 프레온가스와 더불어 다른 염화불화탄소 화합물의 지구 대기 중 농도가 몇 배나 증가했다. 이처럼 화학 물질의 농도가 증가함에 따라 결국 태양에서 오는 자외선으로부터 우리를 보호하는 데 필요한 오존층에 구멍이 나고 지구 온난화가 가속화되었다.

이러한 역사는 오늘날의 AI 시대에도 적용될 만한 교훈을 가르쳐준다. 첫째, 기술이 미치는 중요한 영향 중에는 미리 알 수 있는 것도 있지만 그렇지 않은 것도 있다. 둘째, 돌아보건대 수십 년간 축적된 데이터를 통해 기계 혁명과 화학 산업 전성기의 유감스러운 부작용이 입증되었다고 해도, 대부분은 여전히 방적 기술, 효율적이고 저렴한 자동차 연료, 냉장 보관 방법을 개발한 것이 옳은 선택이었다고 생각한다. 그리고 아무리 결점이 있다고 한들 이러한 발전 덕분에 삶의 질과 기대 수명이 대폭 향상되었다고 생각한다. 문제는 우리가 기술을 추구했는지의 **여부**가 아니라 기술을 추구한 **방식**에 있었다.

AI를 바라보는 관점도 비슷해야 한다. 신중하게 개발된 AI 기술이 새롭고 흥미로운 사회 발전의 물결을 일으킬 수 있도록 집중적으로 투자하고 육성할 필요가 있다. AI의 위험으로부터 우리를 보호하기 위해 모든 형태의 AI를 금지하는 것은 현시점에서 실현 불가능하며, 심지어 어리석고 부도덕하다고 볼 여지도 있다.

동시에 우리는 이제 각각의 기술이 놀라울 정도로 광범위한 결과를 초래할 수 있다는 사실을 알게 되었다. 한 종류의 기술만으로는 그렇게 큰 영향을 미칠 수 없다고, 미래의 피해는 정확하게 예측하기가 어려우므로 예측에 대한 책임은 우리에게 없다고 생각하기 쉽다. 특히 AI와 같은 기술의 엄청난 결과가 아직 완전히 드러나지 않았을 때 이러한 자기기만에 빠지기 쉽다.

우리는 또 다른 만만찮은 도전에도 직면해 있다. 바로 우리가 인간으로서 가지는 약점이다. 사람들은 본인의 금전적·사회적 이익이 걸려 있거나 심지어 그럴 가능성만 보여도 모두를 위해 윤리적으로 좋은 결정을 내리는 데 매우 취약하다. 또한 미래의 더 큰 보상을 위해 당장의 보상을 포기하는 일에도 미숙한 편이다. 특히 미래 보상의 상당 부분이 다른 사람을 위한 것일 때 더욱 서툴러진다. AI를 통해 매우 빠르게 큰돈을 벌 수 있는 엄청난 기회가 있지만, 그 과정에서 다른 사람들이 피해를 입기도 한다. 이와 같은 상황에서 인간의 도덕적 판단 능력은 성공을 거두기가 쉽지 않다.

마지막으로, 충분히 언급되지 않는 껄끄러운 문제가 있다. AI 개발에 참여하는 것은 적어도 대다수에게는 매우 즐거운 일이다. 승부욕을 자극하는 지적인 과학 문제와 씨름해야 하며, 영리하고 매력적인 동료와 함께 일하는 경우가 많다. 이 과정은 옆에서 지켜보고만 있어도 흥미진진한 모험처럼 느껴진다. 원자폭탄 연구를 주도했던 J. 로버트 오펜하이머는 이렇게 말한 바 있다. "기술적으로 매력적인 일이 눈에 띄면 일단 달려들어 실행에 옮긴다. 그 기술로 무엇을 할지 따져보는 것은 기술적인 성공을 거두고 나서다."[1] 역사학자 스티븐 셰이핀은 핵무기 개발에 대해 고찰하면서 다음처럼 결론지었다. "도덕적 성찰의 가능성을 억제한 것은 바로 그 즐거움, 다시 말해 자금이 치밀하게 투입된 '기술적으로 매력적인 일'에 대한 완전한 몰두였다."**2** AI와 관련해서도 같은 일이 일어나고 있다. 사실 '기술적인 매력'으로 인해 도덕적인 문제가 가려지는 현상은 오늘날 더욱 큰 우려를 낳는다. 왜냐하면 소수의 핵과학자가 아니라 대부분의 사회가 AI 발전에 매료되어 AI의 잠재적 남용과 해악에 대한 대처를 포기하는 지경에 이르렀기 때문이다.

정리하자면, AI에 비관적일 수밖에 없는 이유를 무시하거나 AI의 부정적 영향은 필연적인 결과이므로 해결할 방법이 없다고 자포자기할 유인이 많다. 우리는 결코 이런 생각을 받아들여선 안 된다. 부도덕적이라고 예측되는 행동을 피함으로써 스스로 도덕적인 규제를 가하는 AI를 만드는 것은 가능하다. 물론 그러기 위해서는 인내심과 헌신적인 연구가 뒤따라야 한다. 그리고 규제, 조직 관행, 교육 자원, 민주적인 기술을 설계함으로써 AI가 해롭고 부도덕한 방식으로 사용될 가능성을 낮출 수도 있다. 이러한 일을 최선의 방식으로 수행하기 위해서, 우리는 AI 시스템 작동에 대한 과학적인 이해의 수준을 높이고 인류에게 해악이 아닌 이득을 가져다주는 방법에 대한 이해를 심화시킬 수도 있다. 이는 AI 시스템의 범위를 확장하고 더욱 강력하게 만드는 일과는 다르지만, 역시 즐겁게 참여할 수 있는 매우 흥미로운 과학적 탐구다. 심지어 인간의 지능과 의식에 대한 오랜 수수께끼를 풀 수 있는 통찰을 얻게 될지도 모른다.

그렇다. 이러한 목표를 달성하려면 깨달음을 위한 노력과 절제가 필요하고 목표를 조정하기도 해야 한다. 하지만 분명히 그럴 만한 가치가 있다. 물론 이와 같은 조치만으로 부도덕한 AI를 전부 막을 수는 없다. 그러나 AI가 사회에 미치는 최종적인 영향이 긍정적인 세상으로 나아가는 데는 큰 도움이 될 것이다. 미래 세대가 오늘날을 돌아보며 우리가 역사의 올바른 편에 서 있었다고 생각할 만큼 긍정적인 세상으로 말이다.

이 지점에서 우리는 그러한 목표를 추구할 때 가져야 할 사고방식으로 향한다. 이 책은 인공지능에 대한 책처럼 보일지도 모른다. 물론 여러 면에서 맞는 말이다. 그러나 오늘날의 AI는 우리의 도움 없이는 사회와 상호작용하거나 사회에 영향을 미치지 못한다. AI 모형을 구축하고, AI 모형을 훈련하고, AI 모형에 동력을 공급하고, AI가 많은 일을 할 수 있도록 접근성을 높이는 장본인은 여전히 인간이다. 결국 미래의 AI가 세상을 장악하게 되리라고 해도, 이는 그 전에 그런 AI가 만들어져야 가능한 시나리오다. 따라서 앞으로 이야기가 어떻게 전개될지는 인공적인 의사결정과 인공적인 지능만큼이나 인간의 도덕적인 의사결정과 도덕적인 지능에 달려 있다. 우리는 AI에 대해 생각할 때 우리의 역할을 명확히 해야 한다. 요컨대 도덕적인 AI의 이야기에서 감독과 주연은 둘 다 인간이다. AI는 그저 우리와 함께 가는 존재일 뿐이다. 적어도 지금은 그렇다.

주

서론 | 무엇이 문제인가?

1 다음 영상을 보라. www.youtube.com/watch?v=X_d3MCkIvg8.

2 Klein, Alice. 'Tesla driver dies in first autonomous car crash in US.' *New Scientist*, 1 July 2016.

3 www.bbc.com/future/story/20160714-what-does-a-bomb-disposal-robot-actually-do.

4 Schachtman, Noah. 'Robot cannon kills 9, wounds 14.' *Wired*, 18 October 2007.

5 sites.duke.edu/quantifyinggerrymandering.

6 fortune.com/2018/04/10/facebook-cambridge-analytica-what-happened; Hu, Margaret. 'Cambridge Analytica's black box.' *Big Data and Society* (2020): 1 - 6. 케임브리지 애널리티카의 도구가 실제로 선거에 영향을 미쳤는지는 분명하지 않다. 하지만 이 사건은 AI가 유권자를 조종할 수 있다는 두려움을 불러일으킨다. 물론 도널드 트럼프의 지지자들은 그의 선거 승리를 나쁜 소식이라고 생각하지 않았지만, 정치적 적수들이 비슷한 전략을 사용할 경우 여전히 걱정할 수 있다.

7 www.thoughtriver.com.

8 *Loomis v. Wisconsin*, 881 N.W.2d 749 (Wis. 2016), cert. denied, 137 S.Ct. 2290

(2017). 이 사건은 4장에서 더 자세하게 다룰 것이다.

9 www.asianscientist.com/2016/08/topnews/ibm-watson-rare-leukemia-university-tokyo-artificial-intelligence.

10 Obermeyer, Ziad, et al. 'Dissecting racial bias in an algorithm used to manage the health of populations.' *Science* 366(6464) (2019): 447–453.

11 사례를 소개해준 콜먼 크레이머Coleman Kraemer에게 감사의 말을 전한다.

12 en.wikipedia.org/wiki/2010_Flash_Crash.

13 www.cais.usc.edu/projects/hiv-prevention-homeless-youth.

14 Hill, Kashmir. 'How target figured out a teen girl was pregnant before her father did.' *Forbes*. www.forbes.com/sites/kashmirhill/2012/02/16/how-target-figured-out-a-teen-girl-was-pregnant-before-her-father-did/#1d3ac9136668. 사례를 소개해준 질리언 콘Jillian Kohn에게 감사의 말을 전한다.

15 www.cnn.com/2020/12/24/entertainment/spotify-ai-bot-judges-your-taste-in-music-trnd/index.html.

16 www.christies.com/features/a-collaboration-between-two-artists-one-human-one-a-machine-9332-1.aspx.

17 www.latimes.com/la-me-quakebot-faq-20190517-story.html.

18 www.wired.com/story/deepfakes-cheapfakes-and-twitter-censorship-mar-turkeys-elections.

19 Cormier, Zoe. 'The technology fighting poachers.' bbcearth.com.

20 Mozur, Paul. 'One month, 500,000 face scans: how China is using A.I. to profile a minority.' *New York Times*, 14 April 2019.

21 이에 따라 어떤 정부들은 얼굴 이미지 데이터 수집을 불법화하는 방안을 고려하고 있다. 미국 일리노이주의 경우가 한 가지 사례다(www.ilga.gov/legislation/ilcs/ilcs3.asp?ActID=3004&ChapterID=57). 유럽연합에서는 '인공지능 규제법 AI Act' 제2장 5조에서 특별한 경우를 제외하고는 "법 집행을 목적으로 공공 장소에서 '실시간' 원격 생체 인식 시스템을 사용하는 것"을 금지하고 있다 (artificialintelligenceact.eu/the-act).

22 Gagliordi, Natalie. 'How self-driving tractors, AI, and precision agriculture will save us from the impending food crisis.' *Tech Republic*, December 2018.

23 Hao, By Karen. *MIT Technology Review*, 6 June 2019.

1장 | 인공지능은 무엇인가?

1 www.formal.stanford.edu/jmc/history/dartmouth/dartmouth.html.

2 www.congress.gov/bill/116th-congress/house-bill/6216/text.

3 www.washingtonpost.com/technology/2022/06/11/google-ai-lamda-blake-lemoine.

4 Korf, R. E. 'Does Deep Blue use artificial intelligence?' *ICGA Journal* 20(4) (1997): 243-5.

5 ieeexplore.ieee.org/stamp/stamp.jsp?arnumber=8340798.

6 herbertlui.net/9-examples-of-writing-with-openais-gpt-3-language-model.

7 Marcus, Gary, and Ernest Davis. 'Experiments testing GPT-3's ability at commonsense reasoning: results' (2020).

8 Reed, Scott, et al. 'A generalist agent.' arXiv preprint arXiv:2205.06175 (2022).

9 www.zdnet.com/article/deepminds-gato-is-mediocre-so-why-did-they-build-it.

10 www.quoteinvestigator.com/2011/11/05/computers-useless; quora.com/Pablo-Picasso-stated-Computers-are-useless-They-can-only-give-you-answers-Is-this-a-valid-judgement.

11 Starnino, Carmine. 'Robots are writing poetry and many people can't tell the difference.' *The Walrus*, 5 May 2022. thewalrus.ca/ai-poetry.

12 Chen, B., C. Vondrick, and H. Lipson. 'Visual behavior modeling for robotic theory of mind.' *Scientific Reports* 11, (1) (2021), 424; www.discovermagazine.com/technology/have-ai-language-models-achieved-theory-of-mind.

13 arxiv.org/pdf/1602.04938.pdf.

14 www.newscientist.com/article/2111041-glasses-make-face-recognition-tech-think-youre-milla-jovovich/; Sharif, Mahmood, et al. 'Accessorize to a crime: real and stealthy attacks on state-of-the-art face recognition.' In *Proceedings of the 2016 ACM SIGSAC Conference on Computer and Communications Security* (2016): 1528-40.

15 예를 들어 스탠퍼드 컴퓨터과학 교수 크리스토퍼 매닝Christopher Manning 이 그렇다. 다음을 보라. Mitchell, M., and D. C. Krakauer. 'The debate over understanding in AI's large language models.' *Proceedings of the National Academy of Sciences* 120(13) (2023), p.e2215907120.

16 Michael, J., et al. 'What do NLP researchers believe? Results of the NLP community metasurvey.' arXiv preprint arXiv:2208.12852 (2022).

2장 | 인공지능은 안전할 수 있을까?

1 Bostrom, N. *Superintelligence: Paths, Dangers, Strategies*. Oxford University Press, 2014.

2 Ovid. *Metamorphoses*, Book XI.

3 futureoflife.org/2016/12/12/artificial-intelligence-king-midas-problem.

4 www.wired.com/brandlab/2015/05/andrew-ng-deep-learning-mandate-humans-not-just-machines.

5 news.bloombergtax.com/tax-insights-and-commentary/we-can-all-learn-a-thing-or-two-from-the-dutch-ai-tax-scandal.

6 Attewell, Paul. 'The deskilling controversy.' *Work and Occupations* 14(3) (1987): 323-46. 또한 다음을 보라. Vallor, Shannon. *Technology and the Virtues: A Philosophical Guide to a Future Worth Wanting*. Oxford University Press, 2018.

7 Dahmani, L., and V.D. Bohbot. 'Habitual use of GPS negatively impacts spatial memory during self-guided navigation.' *Scientific Reports* 10(1) (2020): 1-14; Sugimoto, M., et al. 'Online mobile map effect: how smartphone map use impairs spatial memory.' *Spatial Cognition and Computation* 22(1-2) (2022): 161-83.

8 www.trendmicro.com/vinfo/us/security/news/cybercrime-and-digital-threats/exploiting-ai-how-cybercriminals-misuse-abuse-ai-and-ml; www.darkreading.com/analytics/passgan-password-cracking-using-machine-learning; inews.co.uk/news/thermal-attack-technology-scammers-crack-passwords-pins-heat-fingers-warn-experts-1903250.

9 www.bbc.com/news/business-64464140.

10 www.wsj.com/articles/BL-MB-21942.

11 Huang, L., Z. Lu and P. Rajagopal. 'Numbers, not lives: AI dehumanization undermines covid-19 preventive intentions.' *Journal of the Association for Consumer Research* 7(1) (2022): 63-71.

12 www.who.int/news-room/fact-sheets/detail/road-traffic-injuries.

13 news.un.org/en/story/2021/10/1102522.

14 www.linkedin.com/pulse/how-ai-could-have-saved-boeing-737-max-chad-steelberg.

15 Ebbatson, M., et al. 'The relationship between manual handling performance and recent flying experience in air transport pilots.' *Ergonomics* 53(2) (2010): 268-77.

16 Ebbatson, M. *The Loss of Manual Flying Skills in Pilots of Highly Automated Airliners.* PhD thesis, Cranfield University, 2009.

17 Oliver, Nick, Thomas Calvard and Kristina Potočnik. 'The tragic crash of Flight AF447 shows the unlikely but catastrophic consequences of automation.' *Harvard Business Review*, 15 September 2017.

18 'Automated flying creating new errors, NTSB chief says.' CBS News, 24June 2014.

19 Randazzo, Ryan. 'What went wrong with Uber's Volvo in fatal crash? Experts shocked by technology failure.' *Arizona Republic*, 23 March 2018. eu.azcentral.com/story/money/business/tech/2018/03/22/what-went-wrong-uber-volvo-fatal-crash-tempe-technology-failure/446407002; www.ntsb.gov/investigations/accidentreports/reports/har1903.pdf.

20 Metz, Cade. 'The costly pursuit of self-driving cars continues on. And on. And on.' *New York Times*, 24 May 2021.

21 Wilson, B., J. Hoffman and J. Morgenstern. 'Predictive inequity in object detection.' arXiv preprint arXiv:1902.11097 (2019).

22 Gates, D. 'Flawed analysis, failed oversight: How Boeing, FAA certified the suspect 737 MAX flight control system.' *Seattle Times*, 21 March 2019.

23 docs.google.com/document/d/1yXni1GoD93q8mX-yom7JLBn0 Q8tPOQz2A_y3m3LJi8o/edit; electrek.co/2020/08/27/tesla-hack-control-over-entire-

fleet.

24 keenlab.tencent.com/en/whitepapers/Experimental_Security_ Research_of_Tesla_
Autopilot.pdf.

25 warisboring.com/this-new-backpack-robot-can-clear-minefields.

26 www.popsci.com/story/technology/mq-25-stingray-set-to-launch-2024.

27 www.cna.org/reports/2022/02/leveraging-ai-to-mitigate-civilian-harm 28.

28 www.theguardian.com/uk/2006/oct/31/military.iraq.

29 www.upi.com/Defense-News/2003/04/24/Feature-The-Patriots-fratricide-
record/63991051224638.

30 www.cnas.org/publications/reports/patriot-wars.

31 foreignpolicy.com/2018/03/28/patriot-missiles-are-made-in-america-and-
fail-everywhere/; www.nbcnews.com/think/opinion/trump-sending-troops-
saudi-arabia-shows-short-range-air-defenses-ncna1057461.

32 dsb.cto.mil/reports/2000s/ADA435837.pdf.

33 www.cnas.org/publications/reports/patriot-wars.

34 www.cnas.org/publications/reports/patriot-wars.

35 흥미롭게도 미군은 적어도 처음에는 우크라이나에 패트리엇 시스템을 지원
하지 않으려 했다. 우크라이나군이 패트리엇 시스템의 사용법을 익힐 시간이
충분하지 않다는 이유에서였다. www.defenseone.com/threats/2022/03/why-
us-wont-give-patriot-interceptors-ukraine/363042.

36 N2103772.pdf. (un.org).

37 www.forbes.com/sites/davidhambling/2021/07/21/israels-combat-proven-
drone-swarm-is-more-than-just-a-drone-swarm/?sh=7eae470a1425.

38 Khan, Azmat. 'Hidden Pentagon records reveal patterns of failure in deadly
airstrikes.' *New York Times*, 18 December 2021.

39 Gould, L., and N. Stel. 'Strategic ignorance and the legitimation of remote
warfare: the Hawija bombardments.' *Security Dialogue* 53(1) (2021): 57–74;
Khan, Azmat. 'Hidden Pentagon records reveal patterns of failure in deadly
airstrikes.' *New York Times*, 18 December 2021.

40 Khan, Azmat. 'Hidden Pentagon records reveal patterns of failure in deadly
airstrikes.' *New York Times*, 18 December 2021.

41 nationalinterest.org/blog/reboot/why-us-air-force-pilot-intentionally-fired-patriot-missile-battery-198074.

42 Philipps, Dave. 'The unseen scars of the remote-controlled kill.' *New York Times*, 17 April 2022.

43 www.washingtonpost.com/technology/2021/07/07/ai-weapons-us-military.

44 Morrison, E. E. *Health Care Ethics: Critical Issues for the 21st Century*. Jones & Bartlett Learning, 2009.

45 www.whatnextglobal.com/post/modern-ai-enabled-pacemakers.

46 news.harvard.edu/gazette/story/2020/11/risks-and-benefits-of-an-ai-revolution-in-medicine.

47 Caruana, R., et al. 'Intelligible models for healthcare: predicting pneumonia risk and hospital 30-day readmission.' *Proceedings of the 21th ACM SIGKDD International Conference on Knowledge Discovery and Data Mining* (2015): 1721 – 30.

48 Gaube, S., et al. 'Do as AI say: susceptibility in deployment of clinical decision-aids.' *NPJ Digital Medicine* 4 (2021): 31.

49 Tobia, K., A. Nielsen, and A. Stremitzer. 'When does physician use of AI increase liability?' *Journal of Nuclear Medicine* 62(1) (2021): 17 – 21.

50 Povyakalo, A. A., et al. 'How to discriminate between computer-aided and computer-hindered decisions: a case study in mammography.' *Medical Decision Making* 33(1) (2013): 98 – 107.

51 Tsai, T. L., D. B. Fridsma, and G. Gatti. 'Computer decision support as a source of interpretation error: the case of electrocardiograms.' *Journal of the American Medical Informatics Association* 10(5) (2003): 478 – 83.

52 미국에서는 AI가 기존의 다른 제품이나 관행과 '실질적으로 동등'하면, 기업은 패스트트랙 제도를 통해 중등도 위험 AI 제품을 임상 환경에서 시험하지 않고도 출시할 수 있다. www.fda.gov/medical-devices/premarket-submissions-selecting-and-preparing-correct-submission/premarket-notification-510k.

53 www.scientificamerican.com/article/artificial-intelligence-is-rushing-into-patient-care-and-could-raise-risks.

54 medcitynews.com/2021/04/in-scramble-to-respond-to-covid-19-hospitalsturned-to-models-with-high-risk-of-bias.

55 Wynants, Laure, et al. 'Prediction models for diagnosis and prognosis of covid-19: systematic review and critical appraisal.' *BMJ* 369 (8242) (2020): m1382; Miller, J. L., et al. 'Prediction models for severe manifestations and mortality due to COVID-19: a systematic review.' *Academic Emergency Medicine* 29(2) (2022): 206 – 16.

56 Seyyed-Kalantari, L., et al. 'Underdiagnosis bias of artificial intelligence algorithms applied to chest radiographs in under-served patient populations.' *Nature Medicine* 27(12) (2021): 2176 – 82.

57 Vosoughi, S., D. Roy, and S. Aral. 'The spread of true and false news online.' *Science* 359(6380) (2018): 1146 – 51.

58 www.thenationalnews.com/world/asia/man-killed-in-india-s-latest-mob-attack-on-suspected-child-kidnappers-1.906836.

59 www.cnn.com/2018/06/12/asia/india-whatsapp-facebook-false-kidnappings-intl-trnd/index.html.

60 factly.in/unrelated-visuals-and-scripted-videos-are-being-shared-with-false-child-kidnapping-rumours.

61 www.france24.com/en/20180714-death-fake-news-social-media-fuelled-lynchings-shock-india.

62 Gisondi, M. A., et al. 'A deadly infodemic: social media and the power of COVID-19 misinformation.' *Journal of Medical Internet Research* 24(2) (2022): e35552.

63 Islam, M. S., et al. 'COVID-19-related infodemic and its impact on public health: a global social media analysis.' *American Journal of Tropical Medicine and Hygiene* 103(4) (2020): 1621 – 9.

64 Jiang, R., et al. 'Degenerate feedback loops in recommender systems.' In AIES '19: *Proceedings of the 2019 AAAI/ACM Conference on AI, Ethics, and Society* (2019): 383 – 90; Cinelli, Matteo, et al. 'The echo chamber effect on social media.' *Proceedings of the National Academy of Sciences* 118(9) (2021): e2023301118; Hao, Karen. 'Deep Mind is asking how AI helped turn the internet into an echo chamber.' *MIT Technology Review*, 7 March 2019.

65 Rathje, Steve, Jay J. Van Bavel, and Sander van der Linden. 'Out-group animosity drives engagement on social media.' *Proceedings of the National Academy of Sciences* 118(26) (2021): e2024292118.

66 Atari, M., et al. 'Morally homogeneous networks and radicalism.' *Social Psychological and Personality Science* 13(6) (2021): 999 – 1009.

67 Awan, I., and I. Zempi. '"I will blow your face OFF": VIRTUAL and physical world anti-Muslim hate crime.' *The British Journal of Criminology* 57(2) (2017): 362 – 80; Williams, M.L., et al. 'Hate in the machine: anti-black and anti-Muslim social media posts as predictors of offline racially and religiously aggravated crime.' *British Journal of Criminology* 60(1) (2019): 93 – 117; Müller, K., and C.Schwarz. 'Fanning the flames of hate: social media and hate crime.' *Journal of the European Economic Association* 19(4) (2020): 2131 – 67.

68 www.newsweek.com/stephen-hawking-warns-artificial-intelligence-could-end-humanity-332082.

3장 | 인공지능은 프라이버시를 존중할 수 있을까?

1 www.vice.com/en/article/kzm59x/deepnude-app-creates-fake-nudes-of-any-woman.

2 contentmavericks.com.

3 graziadaily.co.uk/life/in-the-news/deepnudes-app.

4 www.merriam-webster.com/dictionary/privacy.

5 Warren, Samuel D., and Louis D. Brandeis. 'The right to privacy.' *Harvard Law Review* 4(5) (1890): 195, citing Thomas M. Cooley, *A Treatise on the Law of Torts*, 또는 *The Wrongs Which Arise Independent of Contract* 2nd edn, Callaghan & Company, 1888, p. 29.

6 www.theatlantic.com/technology/archive/2013/02/why-does-privacy-matter-one-scholars-answer/273521/; Cohen, J. E. 'What privacy is for.' *Harvard Law Review* 126(7) (2013): 1904.

7 www.businessdictionary.com/definition/privacy.html.

8 Reiman, Jeffrey H. 'Privacy, intimacy, and personhood.' *Philosophy and Public*

Affairs 6(1) (1976): 26 – 44.

9   Nam, J. G., et al. 'Development and validation of deep learning–based automatic detection algorithm for malignant pulmonary nodules on chest radiographs.' *Radiology* 290(1) (2018): 218 – 28.

10 Wang, Yilun, and Michal Kosinski. 'Deep neural networks are more accurate than humans at detecting sexual orientation from facial images.' *Journal of Personality and Social Psychology* 114(2) (2018): 246.

11 www.facebook.com/help/122175507864081; www.npr.org/sections/thetwo-way/2017/12/19/571954455/facebook-expands-use-of-facial-recognition-to-id-users-in-photos; www.vox.com/future-perfect/2019/9//4/20849307/facebook-facial-recognition-privacy-zuckerberg.

12 support.apple.com/en-us/HT208109.

13 www.cnn.com/travel/article/airports-facial-recognition/index.html.

14 theintercept.com/2018/03/06/new-orleans-surveillance-cameras-nopd-police/; www.nbcnews.com/news/us-news/how-facial-recognition-became-routine-policing-tool-america-n1004251; www.wired.com/story/some-us-cities-moving-real-time-facial-surveillance/; www.baltimoresun.com/news/crime/bs-md-facial-recognition-20161017-story.html.

15 www.facefirst.com/industry/face-recognition-for-casinos/; www.reviewjournal.com/business/casinos-gaming/facial-recognition-technology-coming-to-las-vegas-strip-casinos/; calvinayre.com/2019/07/18/casino/macau-casinos-to-implement-facial-recognition-software.

16 thelensnola.org/2018/10/24/months-after-end-of-predictive-policing-contract-cantrell-administration-works-on-new-tool-to-id-high-risk-residents/. 뉴올리언스만이 아니다. 또한 다음을 보라. Tampa Bay: projects.tampabay.com/projects/2020/investigations/police-pasco-sheriff-targeted/intelligence-led-policing.

17 www.nola.com/news/crime_police/article_c39369dd-b5da-5322-bd33-da2e75b1f435.html.

18 www.theverge.com/2016/10/11/13243890/facebook-twitter-instagram-police-surveillance-geofeedia-api; www.nytimes.com/2016/10/12/technology/

aclu-facebook-twitter-instagram-geofeedia.html; www.aclunc.org/blog/
facebook-instagram-and-twitter-provided-data-access-surveillance-product-
marketed-target; www.worldwatchmonitor.org/2020/01/risk-of-persecution-
going-digital-with-rise-of-surveillance-state.

19 이 결론을 뒷받침하는 주요 논거는 다음 문헌에서 자세히 분석한 내용
을 요약한 것이다. Hirose, Mariko. 'Privacy in public spaces: the reasonable
expectation of privacy against the dragnet use of facial recognition technology.'
Connecticut Law Review 49(5) (2017): 1591 - 1620. core.ac.uk/download/
pdf/302394726.pdf.

20 *Katz v. United States*, 389 U.S. 347 (1967). Hirose, Mariko. 'Privacy in public
spaces: the reasonable expectation of privacy against the dragnet use of facial
recognition technology.' *Connecticut Law Review* 49(5) (2017): 1591에서 재인
용.

21 *Smith v. Maryland*, 442 U.S. 735, 740 (1979) (원문의 인용 부호는 의도적으로 누락
함) (quoting Katz, 389 U.S. at 361 [Harlan, J., concurring]). Hirose, Mariko. 'Privacy
in public spaces: the reasonable expectation of privacy against the dragnet use of
facial recognition technology.' *Connecticut Law Review* 49(5) (2017): 1602에서
재인용.

22 *United States v. Maynard*, 615 F.3d 544, 555 - 56 (D.C. Cir. 2010), aff'd on
other grounds sub nom. United States v. Jones, 132 S.Ct. 945 (2012). Hirose,
Mariko. 'Privacy in public spaces: the reasonable expectation of privacy against
the dragnet use of facial recognition technology.' *Connecticut Law Review* 49(5)
(2017): 1605에서 재인용.

23 *United States v. Maynard*, 615 F.3d 544, 555 - 56 (D.C. Cir. 2010), aff'd on
other grounds sub nom. *United States v. Jones*, 132 S.Ct. 945 (2012). Hirose,
Mariko. 'Privacy in public spaces: the reasonable expectation of privacy against
the dragnet use of facial recognition technology.' *Connecticut Law Review* 49(5)
(2017): 1605에서 재인용.

24 www.mircomusolesi.org/papers/ubicomp18_autoencoders.pdf.

25 *United States v. Maynard*, 615 F.3d 544, 555 - 56 (D.C. Cir. 2010), aff'd on
other grounds sub nom. *United States v. Jones*, 132 S.Ct. 945 (2012). Hirose,

Mariko. 'Privacy in public spaces: the reasonable expectation of privacy against the dragnet use of facial recognition technology.' *Connecticut Law Review* 49(5) (2017): 1605에서 재인용.

26 Newman, Lily Hay. 'AI wrote better phishing emails than humans in a recent test.' *Wired*, 7 August 2021. www.wired.com/story/ai-phishing-emails.

27 Fredrikson, M., S. Jha, and T. Ristenpart. 'Model inversion attacks that exploit confidence information and basic countermeasures.' In *Proceedings of the 22nd ACM SIGSAC Conference on Computer and Communications Security* (2015): 1322-33.

28 해당 공개 데이터세트는 파이브서티에이트FiveThirtyEight에서 수집한 것이다. 모형전도공격을 받은 AI 모형은 빅MLBigML이 고객에게 제공하는 결정트리decision tree였다. 빅ML은 사용자가 데이터세트를 업로드하고, 선택한 변수를 예측하도록 AI 모형을 훈련하고, 그 결과로 만들어진 결정트리를 사용할 수 있도록 제공하는 서비스형 인공지능 플랫폼이다. 사용자는 AI를 설계하고 훈련하는 방법을 몰라도 그러한 서비스를 이용할 수 있다. 중요한 점은, 공격 대상인 AI 모형을 훈련하는 데 외도 관련 데이터가 사용되지 않았다면 모형전도공격만으로는 외도 여부를 성공적으로 판단할 수 없다는 사실이다.

29 Brown, G., et al. 'When is memorization of irrelevant training data necessary for high-accuracy learning?' In *Proceedings of the 53rd Annual ACM SIGACT Symposium on Theory of Computing* (2021): 123-32.

30 www.businesswire.com/news/home/20130515006369/en/Nuix-and-EDRM-Republish-Enron-Data-Set-Cleansed-of-More-Than-10000-Items-Containing-Private-Health-and-Financial-Information.

31 www.businessinsider.com/chatgpt-microsoft-warns-employees-not-to-share-sensitive-data-openai-2023-1.

32 프라이버시를 위협하는 새로운 사례들은 다음을 참조하라. De Cristofaro, Emiliano. 'A critical overview of privacy in machine learning.' *IEEE Security and Privacy* 19(4) (2021): 19-27; or Ma, Chuan, et al. 'Trusted AI in multi-agent systems: an overview of privacy and security for distributed learning.' arXiv preprint arXiv:2202.09027 (2022).

33 thereboot.com/why-we-should-end-the-data-economy.

34 www.theguardian.com/technology/2019/jan/20/shoshana-zuboff-age-of-surveillance-capitalism-google-facebook; http://theconversation. com/explainer-what-is.

35 이 문장은 〈이코노미스트〉의 기사 제목이지만(www.economist.com/leaders/2017/05/06/the-worlds-most-valuable-resource-is-no-longer-oil-but-data), "데이터는 새로운 석유"라는 문구는 원래 영국의 수학자이자 데이터과학자인 클라이브 험비 Clive Humby의 표현이다. 험비는 2006년에 데이터과학자가 중요한 이유를 설명하는 맥락에서 처음으로 이 문구를 사용했다. "데이터는 새로운 석유입니다. 하지만 정제하지 않으면 실제로는 쓸 수가 없죠. 석유를 가스, 플라스틱, 화학 물질 등으로 바꿔서 수익성 있는 활동을 이끌어내는 가치 있는 존재로 만드는 것처럼, 데이터도 가치를 가지려면 분해해서 분석해야 합니다."

36 Brandtzaeg, P. B., A. Pultier, and G. M. Moen. 'Losing control to data-hungry apps: a mixed-methods approach to mobile app privacy.' *Social Science Computer Review* 37(4) (2019): 466-88.

37 theconversation.com/7-in-10-smartphone-apps-share-your-data-with-third-party-services-72404.

38 Englehardt, S., and A. Narayanan. 'Online tracking: a 1-million-site measurement and analysis.' *In Proceedings of the 2016 ACM SIGSAC Conference on Computer and Communications Security* (2016): 1388-401.

39 www.buzzfeednews.com/article/azeenghorayshi/grindr-hiv-status-privacy.

40 MacMillan, Douglas. 'App developers gain access to millions of Gmail inboxes-Google and others enable scanning of emails by data miners.' *Wall Street Journal*, Eastern edition, New York, 3 July 2018: A.1.

41 데이터 수집 경제와 AI의 공생 관계를 논의하는 출처는 다음을 참고하라. Zillner, Sonja, et al. 'Data economy 2.0: from big data value to AI value and a European data space.' In *The Elements of Big Data Value: Foundations of the Research and Innovation Ecosystem*, ed. Edward Curry et al. Springer, 2021: 379-99. 빅데이터가 AI에 기여한 방식에 대해서는 다음을 참고하라. www.sec.gov/news/speech/bauguess-big-data-ai.

42 online.maryville.edu/blog/big-data-is-too-big-without-ai.

43 www.theguardian.com/news/2018/may/06/cambridge-analytica-how-turnclicks-into-votes-christopher-wylie; qz.com/1232873/what-can-politicians-learn-from-tracking-your-psychology-pretty-much-everything.

44 www.ft.com/content/d3bd46cb-75d4-40ff-a0cd-6d7f33d58d7f.

45 Aitken, R. '"All data is credit data": constituting the unbanked.' *Competition and Change* 21(4) (2017): 274–300; Hurley, M., and J. Adebayo, 'Credit scoring in the era of big data.' *Yale Journal of Law and Technology* 18(1) (2017): 5.

46 fortune.com/2022/06/28/after-roe-v-wade-fear-of-a-i-surveillance-abortion.

47 www.lexology.com/library/detail.aspx?g= 557f9fd6-a8b3-48de-a402-08a21c279c4d.

48 www.forbes.com/sites/kashmirhill/2013/12/19/data-broker-was-selling-lists-of-rape-alcoholism-and-erectile-dysfunction-suff erers/#207320161d53.

49 www.forbes.com/sites/kashmirhill/2013/12/19/data-broker-was-selling-lists-of-rape-alcoholism-and-erectile-dysfunction-suff erers/#207320161d.

50 US Senate Committee on Commerce, Science, and Transportation. 'A review of the data broker industry: collection, use, and sale of consumer data for marketing purposes' (18 December 2013). www.commerce.senate.gov/public/?a=Files.Serve&;File_id= 0d2b3642-6221-4888-a631-08f2f255b577.

51 web.archive.org/web/20180731211011/business.weather.com/writable/documents/Financial-Markets/InvestorInsights_SolutionSheet.pdf; arstechnica.com/tech-policy/2019/01/weather-channel-app-helped-advertisers-track-users-movements-lawsuit-says.

52 Facebook: www.nytimes.com/2018/12/18/us/politics/facebook-data-sharing-deals.html; Twitter: help.twitter.com/en/safety-and-security/data-through-partnerships; Tiktok: www.cnbc.com/2022/02/08/tiktok-shares-your-data-more-than-any-other-social-media-app-study.html; Paypal: www.paypal.com/ie/webapps/mpp/ua/third-parties-list.

53 www.paypal.com/us/webapps/mpp/ua/privacy-full#dataCollect.

54 가장 유명한 웹사이트 일흔다섯 군데에서 2008년에 게재한 방침을 바탕으로 추정한 결과다. 대부분의 사람들이 분당 250개의 단어를 읽는다고 가정했다. McDonald, Aleecia M., and Lorrie Faith Cranor. 'The cost of reading privacy

policies.' *I/S: A Journal of Law and Policy for the Information Society* 4(3) (2008):
543-62.

55   Reidenberg, Joel R., et al. 'Disagreeable privacy policies: mismatches between
meaning and users' understanding.' *Berkeley Technology Law Journal* 30(1) (2015):
39.

56   Obar, Jonathan A., and Anne Oeldorf-Hirsch. 'The biggest lie on the internet:
ignoring the privacy policies and terms of service policies of social networking
services.' *Information, Communication and Society* 23(1) (2020): 128-47.

57   2008년의 추정치이므로 너무 오래되긴 했지만 기본적인 논지는 여전히 유
효하다. McDonald, AleeciaM., and Lorrie Faith Cranor. 'The cost of reading
privacy policies.' *I/S: A Journal of Law and Policy for the Information Society* 4(3)
(2008): 543-62.

58   Korunovska, Jana, Bernadette Kamleitner, and Sarah Spiekermann. 'The
challenges and impact of privacy policy comprehension.' arXiv preprint
arXiv:2005.08967 (2020).

59   uxdesign.cc/dark-patterns-in-ux-design-7009a83b233c; techcrunch.
com/2018/07/01/wtf-is-dark-pattern-design.

60   www.notebookcheck.net/New-study-finds-60-of-apps-used-by-U-S-
schools-share-student-data-with-third-parties-sometimes-without-the-
users-knowledge.537473.0.html; www.cnn.com/2022/05/26/tech/remote-
learning-apps-data-collection/index.html.

61   venturebeat.com/2018/07/04/google-doesnt-dispute-claims-that-third-
party-developers-may-read-your-gmail-messages.

62   seleritysas.com/blog/2021/10/20/the-value-of-biometric-data-analytics-for-
modern-businesses/; www.reuters.com/legal/legalindustry/looking-future-
biometric-data-privacy-laws-2022-04-06.

63   news.rub.de/english/press-releases/2022-07-07-it-security-how-daycare-
apps-can-spy-parents-and-children.

64   www.dhs.gov/xlibrary/assets/privacy/privacy_advcom_06-2005_testimony_
sweeney.pdf.

65   Ohm, Paul. 'Broken promises of privacy: responding to the surprising failure of anonymization.' *UCLA Law Review* 57(6) (2010): 1701–77.

66   Rocher, Luc, Julien M. Hendrickx, and Yves-Alexandre De Montjoye. 'Estimating the success of re-identifications in incomplete datasets using generative models.' *Nature Communications* 10(1) (2019): 3069.

67   Vanessa Teague, University of Melbourne: www. theguardian.com/world/2018/ jul/13/anonymous-browsing-data-medical records-identity-privacy.

68   Google: www.nytimes.com/2019/11/11/business/google-ascension-health-data.html; Apple: support.apple.com/en-in/HT208647; Microsoft: www.microsoft.com/en-us/industry/health/enable-personalized-care?rtc=1; Amazon: www.cerner.com/blog/cerner-leads-new-era-of-health-care-innovation; IBM: www-03.ibm.com/press/us/en/pressrelease/49132.wss.

69   Perez, B., M. Musolesi, and G. Stringhini, 'You are your metadata: identification and obfuscation of social media users using metadata information.' In *Proceedings of the Twelfth International AAAI Conference on Web and Social Media* (2018): 241–50.

70   De Montjoye, Yves-Alexandre, et al. 'Unique in the crowd: the privacy bounds of human mobility.' *Scientific Reports* 3 (2013): 1376.

71   www.symantec.com/blogs/threat-intelligence/mobile-privacy-apps.

72   www.bellingcat.com/resources/articles/2018/07/08/strava-polar-revealing-homes-soldiers-spies.

73   www.techdirt.com/articles/20190723/08540542637/once-more-with-feeling-anonymized-data-is-not-really-anonymous.shtml.

74   Zhu, T., and P. S. Yu. 'Applying differential privacy mechanism in artificial intelligence.' In *2019 IEEE 39th International Conference on Distributed Computing Systems (ICDCS)* (2019): 1601–9.

75   Floridi, L. 'What the near future of artificial intelligence could be.' In *The 2019 Yearbook of the Digital Ethics Lab*. Springer, 2020: 127–42; Rankin, D., et al., 'Reliability of supervised machine learning using synthetic data in health care: model to preserve privacy for data sharing.' *JMIR Medical Informatics* 8(7) (2020): e18910.

76   Rahman, M. S., et al. 'Towards privacy preserving AI based composition framework in edge networks using fully homomorphic encryption.' *Engineering Applications of Artificial Intelligence* 94 (2020): 103737; 'Meet the new twist on data encryption that promises better privacy and security for AI.' VentureBeat (2020).

77 Barnes, S. 'A privacy paradox: social networking in the United States.' *First Monday* 11(9) (2006). firstmonday.org/article/view/1394/1312; Kokolakis, S. 'Privacy attitudes and privacy behaviour: a review of current research on the privacy paradox phenomenon.' *Computers and Security* 64 (2017): 122 – 34.

78 Turow, J., M. Hennessy, and N. Draper. 'The tradeoff fallacy: how marketers are misrepresenting American consumers and opening them up to exploitation.' SSRN preprint 2820060 (2015); www.salesforce.com/blog/2016/11/swap-data-for-personalized-marketing. html; marketingland.com/survey-99-percent-of-consumers-will-share-personal-info-for-rewards-also-want-brands-to-ask-permission-130786.

79 www.pewresearch.org/internet/2019/11/15/americans-and-privacy-concerned-confused-and-feeling-lack-of-control-over-their-personal-information.

80 Draper, N. A. 'From privacy pragmatist to privacy resigned: challenging narratives of rational choice in digital privacy debates.' Policy and Internet 9(2) (2017): 232 – 51; Draper, N. A., and J. Turow. 'The corporate cultivation of digital resignation.' *New Media and Society* 21(8) (2019): 1824 – 39.

81 Marwick, A., and E. Hargittai. 'Nothing to hide, nothing to lose? Incentives and disincentives to sharing information with institutions online.' *Information, Communication and Society* 22(12) (2019): 1697 – 713.

4장 | 인공지능은 공정할 수 있을까?

1 www.nytimes.com/2020/08/20/world/europe/uk-england-grading-algorithm. html; www.theguardian.com/education/2020/aug/13/almost-40-of-english-students-have-a-level-results-downgraded.

2 www.theguardian.com/education/2021/feb/18/the-student-and-thealgorithm-how-the-exam-results-fiasco-threatened-one-pupils-future.

3 이 사례를 포함한 몇 가지 사례는 다음 문헌을 참고하라. Gebru, Timnit. 'Race and Gender.' In *The Oxford Handbook of Ethics of AI*, ed. Markus D. Dubber, Frank Pasquale, and Sunit Das. Oxford University Press, 2020: 253 - 270.

4 www.theguardian.com/society/2021/nov/09/ai-skin-cancer-diagnoses-risk-being-less-accurate-for-dark-skin-study.

5 www.theguardian.com/us-news/2023/feb/08/us-immigration-cbp-one-app-facial-recognition-bias.

6 Aristotle, *Nicomachean Ethics*, Book V.

7 부정한 계약과 공정하지 않은 가격이 그 사례다. AI 마케팅을 통해 상점에서 더 높은 가격을 책정하는 것은 불공정한 행위일까? 환자들이 높은 금액도 기꺼이 지불할 것이라는 AI 예측을 바탕으로 제약회사가 환자들이 감당할 수 없을 정도로 약 가격을 높게 책정하는 것은 어떨까? 이것들도 물론 흥미롭고 중요한 문제이지만 본문에서는 다른 문제에 초점을 맞추려 한다.

8 www.statista.com/statistics/191261/number-of-arrests-for-all-offenses-in-the-us-since-1990.

9 Rachlinski, Jeffrey J., et al. 'Does unconscious racial bias affect trial judges.' *Notre Dame Law Review* 84(3) (2008): 1195 - 296.

10 www.nytimes.com/2017/12/20/upshot/algorithms-bail-criminal-justice-system.html.

11 American Law Institute, *Model Penal Code: Sentencing*, proposed final draft, 2017: article 6B.09 comment a, 387 - 9.

12 Kleinberg, Jon, et al. 'Human decisions and machine predictions.' *Quarterly Journal of Economics* 133(1) (2018): 237 - 93. 이 절에서 인용하는 모든 통계는 별도의 표시가 없는 한 해당 출처에서 가져온 것이다.

13 Dror, Itiel E. 'Cognitive and human factors in expert decision making: six fallacies and the eight sources of bias.' *Analytical Chemistry* 92(12) (2020): 7998 - 8004.

14 Zeng, Jiaming, Berk Ustun, and Cynthia Rudin. 'Interpretable classification models for recidivism prediction.' *Journal of the Royal Statistical Society: Series A (Statistics in Society)* (2017): 689 - 722.

15 Dressel, Julia, and Hany Farid. 'The accuracy, fairness, and limits of predicting recidivism.' *Science Advances* 4(1) (2018): eaao5580.

16 Angwin, Julia, et al. 'Machine bias.' *ProPublica*, 23 May 2016. www. propublica. org/article/machine-bias-risk-assessments-in-criminal-sentencing.

17 Dietrich, W., C. Mendoza, and T. Brennan. 'COMPAS risk scales: demonstrating accuracy equity and predictive parity.' Northpointe technical report (2016). www.documentcloud.org/documents/2998391-ProPublica-Commentary-Final070616.html.

18 Eva, Ben. 'Algorithmic fairness and base rate tracking.' *Philosophy and Public Affairs* 50(2) (2022): 239–66.

19 Narayanan, Arvind. 'Translation tutorial: 21 fairness definitions and their politics.' In: *Proceedings of the 1st Conference on Fairness, Accountability and Transparency* (2018): 3.

20 Kleinberg, J., S. Mullainathan, and M. Raghavan. 'Inherent trade-offs in the fair determination of risk scores.' 다음 주소에 접속하면 읽을 수 있다. arxiv. org/abs/1609.05807v2(2016). Kleinberg, J. 'Inherent trade-offs in algorithmic fairness.' In *Abstracts of the 2018 ACM International Conference on Measurement and Modeling of Computer Systems* (2018): 40.

21 다음 문헌을 보라. Corbett-Davies, Sam, et al. 'Algorithmic decision making and the cost of fairness.' In *Proceedings of the 23rd ACM SIGKDD International Conference on Knowledge Discovery and Data Mining* (2017): 797–806.

22 Miller, Andrea L. 'Expertise fails to attenuate gendered biases in judicial decision-making.' *Social Psychological and Personality Science* 10(2) (2019): 227–34.

23 Harris, Allison P., and Maya Sen. 'Bias and judging.' *Annual Review of Political Science* 22 (2019): 241–59.

24 www.propublica.org/article/machine-bias-risk-assessments-in-criminal-sentencing, comments section. 2020년 1월 15일 접속.

25 Stevenson, Megan. 'Assessing risk assessment in action.' *Minnesota Law Review* 103 (2018): 303–84; www.wired.com/story/algorithms-shouldve-made-courts-more-fair-what-went-wrong.

26 Rudin, Cynthia, and Joanna Radin. 'Why are we using black box models in AI when we don't need to? A Lesson from an explainable AI competition.' *Harvard Data Science Review* 1(2) (2019). hdsr.mitpress.mit.edu/pub/f9kuryi8/release/8; Rudin, C. 'Stop explaining black box machine learning models for high stakes decisions and use interpretable models instead.' *Nature machine intelligence* 1(5) (2019): 206 – 15.

27 다음 문헌을 보라. 'Attorney General Eric Holder speaks at the National Association of Criminal Defense Lawyers 57th Annual Meeting and 13th State Criminal Justice Network Conference.' 다음 주소에 접속하면 읽을 수 있다. www.justice.gov/opa/speech/attorney-general-eric-holder-speaks-national-association-criminal-defense-lawyers-57th.

28 Mehrabi, Ninareh, F. et al. 'A survey on bias and fairness in machine learning.' *ACM Computing Surveys* 54(6) (2021): 1 – 35.

29 두 가지 형태는 다음 문헌에서 설명 및 검증되었다. Yang, Crystal, and Will Dobbie. 'Equal protection under algorithms: a new statistical and legal framework.' *Michigan Law Review* 119(2) (2020): 291 – 395. 다음 문헌에서는 이와 유사한 또 다른 방법을 제안한다. Kleinberg, Jon, et al. 'Advances in big data research in economics: algorithmic fairness.' *AEA Papers and Proceedings* (108) (2018) 22 – 7.

30 Yang, Crystal, and Will Dobbie. 'Equal protection under algorithms: a new statistical and legal framework.' *Michigan Law Review* 119(2) (2020): 291 – 395.

31 미국에서의 해당 법적 문제에 대한 자세한 설명은 다음 문헌을 참고하라. Yang, Crystal, and Will Dobbie. 'Equal protection under algorithms: a new statistical and legal framework.' Michigan Law Review 119(2) (2020): 291 – 395.

32 *Loomis v. Wisconsin*, 881 N.W.2d 749 (Wis. 2016), cert. denied, 137 S.Ct. 2290 (2017).

33 Washington, Anne L. 'How to argue with an algorithm: lessons from the COMPAS-ProPublica debate.' *Colorado Technology Law Journal* 17(1) (2018): 131.

34 www.wired.com/story/ai-experts-want-to-end-black-box-algorithms-ingovernment/. 우리의 지적 중 많은 부분이 케이트 브레덴버그와의 계몽적인 토론에 빚지고 있다.

35 Rudin, C. 'Stop explaining black box machine learning models for high stakes decisions and use interpretable models instead.' *Nature machine intelligence* 1(5) (2019): 206 – 215.

36 이 절은 다음 문헌에 크게 도움을 받았다. Zhou, Yishan, and David Danks. 'Different "intelligibility" for different folks.' IN *AIES '20: Proceedings of the AAAI/ACM Conference on AI, Ethics, and Society* (2020): 194 – 9.

37 arstechnica.com/tech-policy/2019/09/algorithms-should-have-made-courts-more-fair-what-went-wrong/?comments=1& comments-page=1.

38 Alufaisan, Yasmeen, et al. 'Does explainable artificial intelligence improve human decision-making?' In *Proceedings of the AAAI Conference on Artificial Intelligence* 35(8) (2021): 6618 – 26; 또한 다음을 보라. Schemmer, Max, et al. 'A meta-analysis of the utility of explainable artificial intelligence in human-AI decision-making.' In *Proceedings of the 2022 AAAI/ACM Conference on AI, Ethics, and Society* (2022): 617 – 26.

39 예를 들어 다음 문헌을 살펴보라. Saleiro, P., et al. 'Aequitas: A bias and fairness audit toolkit.' arXiv preprint arXiv:1811.05577 (2018).

40 예를 들어 다음 문헌을 살펴보라. lacunafund.org/health. 또는 gretel.ai/blog/automatically-reducing-ai-bias-with-synthetic-data.

41 예를 들어 다음 문헌을 살펴보라. fairplay.ai.

42 예를 들어 다음 문헌을 살펴보라. Madaio, Michael A., et al. 'Co-designing checklists to understand organizational challenges and opportunities around fairness in AI.' In *Proceedings of the 2020 CHI Conference on Human Factors in Computing Systems* (2020): 1 – 14.

43 예를 들어 다음 문헌을 살펴보라. Ruf, B., and M. Detyniecki. 'A tool bundle for AI fairness in practice.' In *Extended Abstracts of the 2022 CHI Conference on Human Factors in Computing Systems* (2022): 1 – 3.

44 현재 개발되고 있는 다른 전략들은 다음 문헌을 참고하라. Chen, R. J., et al. 'Algorithm fairness in AI for medicine and healthcare.' arXiv preprint arXiv: 2110.00603 (2021).

45 Schaich Borg, Jana. 'The AI field needs translational ethical AI research.' *AI Magazine* 43(3) (2022): 294–307.

46 Schaich Borg, Jana. 'Four investment areas for ethical AI: transdisciplinary opportunities to close the publication-to-practice gap.' *Big Data and Society* 8(2) (2021): 20539517211040197.

5장 | 인공지능에 (혹은 AI 제작자와 사용자에게) 책임을 물을 수 있을까?

1 National Transportation Safety Board. 'Highway accident report: collision between vehicle controlled by developmental automated driving system and pedestrian, Tempe, Arizona, March 18, 2018.' NTSB/HAR-19/03 PB2019-101402 (2019). 바스퀘즈가 운전하다가 허츠버그를 친 영상은 유튜브에서도 볼 수 있다. 충격적일 수 있으니 시청에 주의하길 바란다.

2 www.wired.com/story/uber-self-driving-car-fatal-crash.

3 www.phoenixnewtimes.com/news/uber-self-driving-crash-arizona-vasquez-wrongfully-charged-motion-11583771.

4 cleantechnica.com/2022/06/13/ubers-deadly-2018-autonomous-vehicle-crash-isnt-over-yet/; www.phoenixnewtimes.com/news/uber-self-driving-crash-arizona-vasquez-wrongfully-charged-motion-11583771.

5 www.wired.com/story/uber-self-driving-car-fatal-crash.

6 www.wired.com/story/uber-self-driving-car-fatal-crash.

7 www.theinformation.com/articles/the-uber-whistleblowers-email.

8 National Transportation Safety Board. 'Highway accident report: collision between vehicle controlled by developmental automated driving system and pedestrian, Tempe, Arizona, March 18, 2018.' NTSB/HAR-19/03 PB2019-101402 (2019).

9 National Transportation Safety Board. 'Highway accident report: collision between vehicle controlled by developmental automated driving system and pedestrian, Tempe, Arizona, March 18, 2018.' NTSB/HAR-19/03 PB2019-101402 (2019).

10 techcrunch.com/2018/03/29/uber-has-settled-with-the-family-of-thehomeless-victim-killed-last-week.

11 www.phoenixnewtimes.com/news/uber-self-driving-crash-arizona-vasquez-wrongfully-charged-motion-11583771.

12 National Transportation Safety Board. 'Highway accident report: collision between vehicle controlled by developmental automated driving system and pedestrian, Tempe, Arizona, March 18, 2018.' NTSB/HAR-19/03 PB2019-101402 (2019).

13 cleantechnica.com/2022/06/13/ubers-deadly-2018-autonomous-vehicle-crash-isnt-over-yet/; www.phoenixnewtimes.com/news/uber-self-driving-crash-arizona-vasquez-wrongfully-charged-motion-11583771.

14 www.wired.com/story/uber-self-driving-car-fatal-crash.

15 www.ntsb.gov/news/press-releases/Pages/NR20191119c.aspx.

16 www.npr.org/sections/thetwo-way/2018/03/27/597331608/arizona-suspends-ubers-self-driving-vehicle-testing-after-fatal-crash#:~:text=%22We%20decided%20to%20not%20reapply,in%20cities%20around%20the%20country.

17 sfist.com/2016/12/15/uber_blames_humans_as_more_ reports.

18 www.theverge.com/2016/12/22/14062926/uber-self-driving-car-move-arizona-san-francisco-dmv.

19 www.theguardian.com/technology/2016/dec/21/uber-cancels-self-driving-car-trial-san-francisco-california.

20 www.theguardian.com/technology/2018/mar/28/uber-arizona-secret-self-driving-program-governor-doug-ducey.

21 www.phoenixnewtimes.com/news/arizona-governor-doug-ducey-shares-blame-fatal-uber-crash-10319379; www.theguardian.com/technology/2018/mar/28/uber-arizona-secret-self-driving-program-governor-doug-ducey.

22 www.phoenixnewtimes.com/news/arizona-governor-doug-ducey-shares-blame-fatal-uber-crash-10319379.

23 www.azcentral.com/story/news/local/tempe/2019/03/19/arizona-city-tempe-sued-family-uber-self-driving-car-crash-victim-elaine-herzberg/3207598002.

24 지금 설명하는 방식으로 인공지능을 비난하고 배척하는 행위는 단순히 AI가 초래한 피해에 대해 슬픔을 표출하는 데서 그치는 것이 아니라는 점에 유의하자. 그런 비난과 배척에는 안전성을 충분히 갖추지 못한 AI에 잘못을 돌리고, AI를 처벌하고자 하는 용도도 있다.

25 www.wsj.com/articles/google-ai-chatbot-bard-chatgpt-rival-bing-a4c2d2ad; www.washingtonpost.com/technology/2023/01/27/chatgpt-google-meta.

26 www.govtech.com/policy/the-battle-over-california-social-media-liability-bill-mounts; www.politico.com/newsletters/digital-future-daily/2022/06/29/small-fry-ai-dc-try-00043278.

6장 | 인공지능에 인간의 도덕성을 탑재할 수 있을까?

1 Bostrom, N. *Superintelligence: Paths, Dangers, Strategies*. Oxford University Press, 2014.

2 Awad, E., et al. 'Computational ethics.' *Trends in Cognitive Sciences* 26(5) (2022): 388-405; Russell, Stuart. *Human Compatible: Artificial Intelligence and the Problem of Control*. Penguin 2019.

3 Asimov, I. 'Runaround' (1950). Reprinted in *I, Robot*. Doubleday.

4 Kant, I. 'On a supposed right to lie from altruistic motives' (1797). In *Immanuel Kant: Critique of Practical Reason and Other Writings in Moral Philosophy*, trans. Lewis White Beck. University of Chicago Press, 1949; reprint: Garland Publishing Company, 1976.

5 이 현상들은 도덕적 판단 연구 분야에서 상당한 증거로 입증된 바 있다. 몇 가지 사례는 다음 문헌들을 참고하라. McDonald, Kelsey, et al. 'Valence framing effects on moral judgments.' *Cognition* 212 (2021): 104703; Rehren, Paul, and Walter Sinnott-Armstrong. 'Moral framing effects within subjects.' *Philosophical Psychology* 34(5) (2021): 611-36; Rehren, Paul, and Walter Sinnott-Armstrong. 'How Stable are moral judgments?' *Review of Philosophy and Psychology* (2022).

6 www.organdonor.gov/learn/organ-donation-statistics.

7 Strohmaier, Susanne, et al. 'Survival benefit of first single-organ deceased donor kidney transplantation compared with long-term dialysis across ages in transplant-eligible patients with kidney failure.' *JAMA Network Open* 5(10) (2022): e2234971.

8 www.kidney.org/news/newsroom/factsheets/Organ-Donation-and-Transplantation-Stats.

9 qz.com/1383083/how-ai-changed-organ-donation-in-the-us.

10 Seyahi, Nurhan, and Seyda Gul Ozcan. 'Artificial intelligence and kidney transplantation.' *World Journal of Transplantation* 11(7) (2021): 277-89; Schwantes, Issac R., and David A.Axelrod. 'Technology-enabled care and artificial intelligence in kidney transplantation.' *Current Transplantation Reports* 8(3) (2021): 235-40.

11 다음을 참조하라. Chan, Lok, et al. 'Which features of patients are morally relevant in ventilator triage? A survey of the UK public.' *BMC Medical Ethics* 23 (2022): 33; Freedman, R., et al. 'Adapting a kidney exchange algorithm to align with human values.' *Artificial Intelligence* 283 (2020), 103261 (pp. 1-14).

12 다음을 참조하라. Chan, Lok, et al. 'Which features of patients are morally relevant in ventilator triage? A survey of the UK public.' *BMC Medical Ethics* 23 (2022): 33.

13 McElfresh, Duncan C., et al. 'Indecision modeling.' In *Proceedings of the AAAI Conference on Artificial Intelligence* 35(7) (2021): 5975-83.

14 Conitzer, V., 'Designing preferences, beliefs, and identities for artificial intelligence.' In *Proceedings of the AAAI Conference on Artificial Intelligence* 33(1) (2019): 9755-59; Noothigattu, R., et al. 'A voting-based system for ethical decision making.' In *Proceedings of the AAAI Conference on Artificial Intelligence* 32(1) (2018): 1587-94; Zhang, H. and V. Conitzer. 'A PAC framework for aggregating agents' judgments.' In *Proceedings of the AAAI Conference on Artificial Intelligence* 33(1) (2019): 2237-44; Elkind, Edith, and Arkadii Slinko. 'Rationalizations of voting rules.' *Handbook of Computational Social Choice*, ed. Felix Brandt. Cambridge University Press, 2016: 169-96.

15 T. Marshall, dissenting opinion, *Gregg v. Georgia*, 428 U.S. 153 (1976), 428, referring to *Furman v. Georgia* 408 U.S. 238 (1972) 360-69.

16 Sarat, A., and N. Vidmar. 'Public opinions, the death penalty, and the Eighth Amendment: testing the Marshall hypothesis.' *Wisconsin Law Review* (1976): 171–206.

17 Provenzano, Michele, et al. 'Smoking habit as a risk amplifier in chronic kidney disease patients.' *Scientific Reports* 11(1) (2021): 14778; Van Laecke, Steven, and Wim Van Biesen. 'Smoking and chronic kidney disease: seeing the signs through the smoke?' *Nephrology Dialysis Transplantation* 32(3) (2017): 403–5; Fan, Zhenliang, et al. 'Alcohol consumption can be a "double-edged sword" for chronic kidney disease patients.' *Medical Science Monitor* 25 (2019): 7059–72.

18 Rawls, John. *A Theory of Justice*. Harvard University Press, 1971.

19 Sinnott-Armstrong, Walter. 'Idealized observer theories in ethics.' In *Oxford Handbook of Ethical Theory*, second edition, ed. David Copp and Connie Rosati. Oxford University Press, forthcoming.

7장 | 우리는 무엇을 할 수 있을까?

1 그 예로, '공정성, 책임성, 투명성에 관한 컴퓨팅 기계 컨퍼런스ACM FAccT' 또는 'AI와 윤리 그리고 사회에 관한 인공지능 발전 컨퍼런스AAAI/ACM AIES'와 같은 연례 학회를 참고하라.

2 Winfield, A. 'An updated round up of ethical principles of robotics and AI', 18 April 2019. alanwinfield.blogspot.com/2019/04/an-updated-round-up-of-ethical.html; Hagendorff, T. 'The ethics of AI ethics: an evaluation of guidelines.' *Minds and Machines* 30(1) (2020): 99–120; Ryan, M., and B. C. Stahl. 'Artificial intelligence ethics guidelines for developers and users: clarifying their content and normative implications.' *Journal of Information, Communication and Ethics in Society* 19(1) (2021): 61–86; Morley, J., et al. 'From what to how: an initial review of publicly available AI ethics tools, methods and research to translate principles into practices.' *Science and Engineering Ethics* 26(4) (2021): 2141–68; Jobin, A., M. Ienca, and E. Vayena. 'The global landscape of AI ethics guidelines.' *Nature Machine Intelligence* 1(9) (2019): 389–99.

3 Morley, J., et al., 'From what to how: an initial review of publicly available AI ethics tools, methods and research to translate principles into practices.' *Science and Engineering Ethics* 26(4) (2021): 2141–68; Schiff , D., et al. 'Principles to practices for responsible AI: closing the gap.' arXiv preprint arXiv:2006.04707 (2020); McNamara, A., J. Smith, and E. Murphy-Hill. 'Does ACM's code of ethics change ethical decision making in software development?' In *Proceedings of the 2018 26th ACM Joint Meeting on European Software Engineering Conference and Symposium on the Foundations of Software Engineering* (2018): 729–33.

4 www.pwc.com/gx/en/issues/data-and-analytics/artificial-intelligence/what-is-responsible-ai.html.

5 Bellamy, R. K., et al. 'AI Fairness 360: an extensible toolkit for detecting and mitigating algorithmic bias.' *IBM Journal of Research and Development* 63(4/5) (2019): 4: 1–4:15.

6 Bird, S., et al. 'Fairlearn: a toolkit for assessing and improving fairness in AI.' Microsoft technical report MSR-TR-2020-32 (2020).

7 Seng, M., A. Lee and J. Singh. 'The landscape and gaps in open source fairness toolkits.' In Proceedings of the 2021 CHI Conference on Human Factors in Computing Systems (2021): 1–13.

8 Saha, D., et al. 'Measuring non-expert comprehension of machine learning fairness metrics.' *Proceedings of the 37th International Conference on Machine Learning, in Proceedings of Machine Learning Research* 119 (2020): 8377–87.

9 Dimensional Research. 'Artificial intelligence and machine learning projects are obstructed by data issues: global survey of data scientists, AI experts and stakeholders' (May 2019).

10 Schmelzer, R. 'The changing venture capital investment climate for AI.' *Forbes*, 9 August 2020.

11 www.statista.com/statistics/943151/ai-funding-worldwide-by-quarter/#:~:text=In%20the%20third%20quarter%20of,to%208%20billion%20U.S.%20dollars.

12 Womack, J. P., and D. T. Jones. 'Lean thinking: banish waste and create wealth in your corporation.' *Journal of the Operational Research Society* 48(11) (1997): 1148; www.agilealliance.org/agile101/12-principles-behind-the-agilemanifesto/; Abbas, Noura, Andrew M.Gravell, and Gary B.Wills. 'Historical roots of agile methods: where did "agile thinking" come from?' In *International Conference on Agile Processes and Extreme Programming in Software Engineering* (2008): 94–103.

13 린 철학 및 방법론은 애자일 철학 및 방법론과 동일하지 않지만 겹치는 부분도 많다. 따라서 책에서는 둘을 '린 - 애자일'로 통칭할 것이다. 'Is lean agile and agile lean? A comparison between two software development paradigms.' In *Modern Software Engineering Concepts and Practices: Advanced Approaches*, ed. A. H. Dogru and V. Biçer. IGI Global, 2011: 19–46.

14 Mersino, A. 'Agile project success rates are 2x higher than traditional projects.' *Medium*, 25 May 2020.

15 digital.ai/resource-center/analyst-reports/state-of-agile-report www.rackspace. com/sites/default/files/pdf-uploads/Rackspace-White-Paper-AI-Machine-Learning.pdf.

17 Beck, Ulrich. Gegengifte: Die organisierte Unverantwortlichkeit. Suhrkamp, 1988. 이 인용문은 틸로 하겐도르프Thilo Hagendorff가 우리에게 알려준 것이다. 'The ethics of AI ethics: an evaluation of guidelines.' *Minds and Machines* 30(1) (2020): 99–120.

18 Rakova, B., et al. 'Where responsible AI meets reality: practitioner perspectives on enablers for shifting organizational practices.' *Proceedings of the ACM on Human-Computer Interaction* 5(CSCW1) (2021): 7; Findlay, M., and J. Seah. 'An ecosystem approach to ethical AI and data use: experimental reflections.' In *2020 IEEE/ITU International Conference on Artificial Intelligence for Good (AI4G)* (2020): 192–7. IEEE.

19 Rakova, B., et al. 'Where responsible AI meets reality: practitioner perspectives on enablers for shifting organizational practices.' *Proceedings of the ACM on Human-Computer Interaction* 5(CSCW1) (2021): 7.

20 Rakova, B., et al. 'Where responsible AI meets reality: practitioner perspectives on enablers for shifting organizational practices.' *Proceedings of the ACM on Human-Computer Interaction* 5(CSCW1) (2021): 7; Findlay, M., and J.Seah. 'An ecosystem approach to ethical AI and data use: experimental reflections.' In

2020 IEEE/ITU International Conference on Artificial Intelligence for Good (AI4G) (2020): 192−7.

21 Microsoft: www.theverge.com/2023/3/13/23638823/microsoft-ethics-society-team-responsible-ai-layoffs; Twitter: www.wired.com/story/twitter-ethical-ai-team/; Meta: fortune.com/2022/09/09/meta-axes-responsible-innovation-team-downside-to-products/; Google: www.ft.com/content/26372287-6fb3-457b-9e9c-f722027f36b3

22 Vakkuri, V., et al. '"This is just a prototype": how ethics are ignored in software startup-like environments.' In Stray, V., R. Hoda, M. Paasivaara, and P. Kruchten (eds), *Agile Processes in Software Engineering and Extreme Programming: 21st International Conference on Agile Software Development, XP 2020.* (2020): 195−210; www.forbes.com/sites/lanceeliot/2022/04/21/ai-startups-finally-getting-onboard-with-ai-ethics-and-loving-it-including-those-newbie-autonomous-self-driving-car-tech-firms-too/?sh=418911adb9c6.

23 El-Zein, A. 'As engineers, we must consider the ethical implications of our work', *Guardian*, 5 December 2013.

24 Arledge, C. 'Design ethics and the limits of the ethical designer', 2 January 2019. www.viget.com/articles/design-ethics-and-the-limits-of-the-ethical-designer.

25 everything2.com/title/The+Official+% 2522Not-it%2522+Rules.

26 소프트웨어 개발자를 위한 온라인 커뮤니티인 스택오버플로StackOverflow에서 소프트웨어 개발자 10만 명을 대상으로 시행한 설문조사는 이러한 합의의 부재를 잘 보여준다. "개발자는 코드의 윤리적 영향을 고려할 의무가 있는가?" 라는 질문에 80퍼센트가 그렇다고 답했고, 14퍼센트는 잘 모르겠다고 답했으며, 나머지 6퍼센트는 그렇지 않다고 답했다. "비윤리적인 결과를 초래한 코드에 가장 많은 책임을 져야 하는 사람은 누구인가?"라는 질문에는 57퍼센트가 고위 경영진, 23퍼센트는 아이디어를 떠올린 사람, 나머지 20퍼센트는 코드를 작성한 개발자라고 답했다. 마지막으로 "AI의 파급 효과를 고려할 책임은 주로 누구에게 있는가?"라는 질문에는 48퍼센트가 "개발자를 비롯하여 AI를 만드는 사람들"을, 28퍼센트는 "정부 또는 기타 규제 기관"을, 17퍼센트는 "저명한 업계 지도자"를 선택했고, 나머지 8퍼센트는 "아무에게도 없다"라고

답했다. insights.stackoverflow.com/survey/2018#overview.

27 Schwab, K. 'Designers: you're policy makers. It's time to act like it.' *Fast Company*, 28 February 2018.

28 그러나 윤리 체크리스트와 같은 이러한 노력들이 실제로 AI 개발팀의 업무에서 도덕적인 AI 원칙을 구현하는 방법에 대한 지침을 제공한다는 점을 기억하자. 다만 이러한 목록은 보통 체크리스트가 효과적으로 사용되는 데 방해가 되는 수많은 문화적 문제는 다루지 않는다.

29 심층적인 논의는 다음 문헌을 참고하라. Schaich Borg, Jana, 'The AI field needs translational ethical AI research.' *AI Magazine* 43(3) (2022): 294 – 307.

30 예를 들어 다음 문헌을 참고하라. resources.sei.cmu.edu/asset_files/FactSheet/2019_010_001_636622.pdf; www.microsoft.com/en-us/research/project/ai-fairness-checklist/; and deon.drivendata.org.

31 ai.googleblog.com/2022/11/the-data-cards-playbook-toolkit-for.html.

32 techmonitor.ai/technology/ai-and-automation/ai-auditing-next-big-thing-will-it-ensure-ethical-algorithms.

33 Harrison, J. S., R. A. Phillips, and R. E. Freeman. 'On the 2019 Business Roundtable "Statement on the purpose of a corporation".' *Journal of Management* 46(7) (2020): 1223 – 37.

34 Buhmann, A., and C. Fieseler. 'Towards a deliberative framework for responsible innovation in artificial intelligence.' *Technology in Society* 64 (2021): 101475. 예를 들어 다음을 보라. Seng, M., A. Lee, and J. Singh. 'The landscape and gaps in open source fairness toolkits.' In *Proceedings of the 2021 CHI Conference on Human Factors in Computing Systems* (2021): 1 – 13.

35 Rakova, B., et al. 'Where responsible AI meets reality: practitioner perspectives on enablers for shifting organizational practices.' *Proceedings of the ACM on Human-Computer Interaction* 5(CSCW1) (2021): 7.

36 Thompson, D. F. 'What is practical ethics?' In *Ethics at Harvard, 1987–2007*, Edmond J. Safra Center for Ethics, Harvard University, 2007.

37 De Cremer, D., and C. Moore. 'Toward a better understanding of behavioral ethics in the workplace.' *Annual Review of Organizational Psychology and Organizational Behavior* 7(1) (2020): 369 – 93.

38 Smith, I. H., and M. Kouchaki. 'Ethical learning: the workplace as a moral laboratory for character development.' *Social Issues and Policy Review* 15(1) (2021): 277–322.

39 Findlay, M., and J. Seah. 'An ecosystem approach to ethical AI and data use: experimental refl ections.' In *2020 IEEE/ITU International Conference on Artificial. Intelligence for Good (AI4G)* (2020): 192–7; Smith, I. H., and M.Kouchaki. 'Ethical learning: the workplace as a moral laboratory for character development.' *Social Issues and Policy Review* 15(1) (2021): 277–322.

40 Chugh, D., and M. C. Kern. 'Ethical learning: releasing the moral unicorn.' In *Organizational Wrongdoing: Key Perspectives and New Directions*, ed. D. Palmer, K. Smith-Crowe, and R. Greenwood. Cambridge University Press, 2016: 474–503.

41 Metcalf, J., and E. Moss. 'Owning ethics: corporate logics, Silicon Valley, and the institutionalization of ethics.' *Social Research* 86(2) (2019): 449–76.

42 McLennan, S., et al. 'An embedded ethics approach for AI development.' *Nature Machine Intelligence* 2(9) (2020): 488–90.

43 Synced. 'Exploring gender imbalance in AI: numbers, trends, and discussions', 13 March 2020. syncedreview.com/2020/03/13/exploring-gender-imbalance-in-ai-numbers-trends-and-discussions/#:~:text=%E2%80%93%20 12%25,machine%20learning%20 conferences%20in%202017; D'Ambra, L. 'Women in artificial intelligence: a visual study of leadership across industries.' Emerj Artificial Intelligence Research (2017). emerj.com/ai-market-research/women-in-artificial-intelligence-visual-study-leaderships-across-industries/; World Economic Forum, 'Assessing Gender Gaps in Artificial Intelligence.' In *The Global Gender Gap Report* (2018): 29–31.

44 Smith, B., and C.A. Browne. 'Tech firms need more regulation.' *The Atlantic*, 9 September 2019.

45 물론 사용자 경험UX 전문가의 역할은 끊임없이 변한다. 하지만 UX 연구자와 디자이너의 역할이 분리되어 있는 경우, UX 연구자는 다양한 관찰과 피드백 수집 방법을 통해 사용자의 욕구와 불만과 행동을 파악하는 업무를 맡고, UX 디자이너는 연구자가 파악한 내용을 바탕으로 효과적인 인터페이스와 경험

을 설계하는 업무를 맡는다. 소규모 회사에서는 이와 같은 책임이 'UX 디자
이너'라는 단일한 UX 역할에만 할당될 수 있다.

46 Chou, T. 'A leading Silicon Valley engineer explains why every tech worker needs a humanities education.' *Quartz*, 28 June 2017.

47 Sterman, J. D., 'Learning from evidence in a complex world.' *American Journal of Public Health* 96(3) (2006): 505 - 14.

48 Boyatzis, R., K. Rochford, and K. V. Cavanagh. 'Emotional intelligence competencies in engineer's effectiveness and engagement.' *Career Development International* 22(1) (2017): 70 - 86.

49 Tanner, C., and M. Christen. 'Moral intelligence: framework for understanding moral competences.' In *Empirically Informed Ethics: Morality between Facts and Norms*, ed. M. Christen et al. Springer, 2014: 119 - 136.

50 Martin, Diana Adela, Eddie Conlon, and Brian Bowe. 'A multi-level review of engineering ethics education: towards a socio-technical orientation of engineering education for ethics.' *Science and Engineering Ethics* 27(5) (2021): 1 - 38.

51 Antes, A. L., et al. 'Evaluating the effects that existing instruction on responsible conduct of research has on ethical decision making.' *Academic Medicine* 85(3) (2010): 519 - 26.

52 Cech, E. A. 'Culture of disengagement in engineering education?' *Science, Technology, and Human Values* 39(1) (2014): 42 - 72.

53 Harris, C. E., Jr, et al. *Engineering Ethics: Concepts and Cases*. Cengage Learning, 2013.

54 다음 사례를 참조하라. Hertz, S. G., and T. Krettenauer. 'Does moral identity effectively predict moral behavior? A meta-analysis.' *Review of General Psychology* 20(2) (2016): 129 - 40; Gu, J., and C. Neesham. 'Moral identity as leverage point in teaching business ethics.' *Journal of Business Ethics* 124(3) (2014): 527 - 36; Miller, G. 'Aiming professional ethics courses toward identity development.' In *Ethics Across the Curriculum: Pedagogical Perspectives*, ed. E. E. Englehardt and M. S. Pritchard. Springer, 2018: 89 - 105; Pierrakos, O., et al. 'Reimagining engineering ethics: from ethics education to character education.'

In *2019 IEEE Frontiers in Education Conference (FIE)* (2019): 1 - 9; Han, H. 'Virtue ethics, positive psychology, and a new model of science and engineering ethics education.' *Science and Engineering Ethics* 21(2) (2015): 441 - 60; Stelios, S. 'Professional engineers: interconnecting personal virtues with human good.' *Business and Professional Ethics Journal* 39(2) (2020): 253 - 68.

55 Saltz, J., et al. 'Integrating ethics within machine learning courses.' *ACM Transactions on Computing Education* 19(4) (2019): 32; Schwab, K. 'Mozilla's ambitious plan to teach coders not to be evil.' *Fast Company*, 15 October 2018.

56 불가능해 보이는가? 72세의 미국 하원의원 돈 바이어Don Beyer는 의정 업무를 수행하는 동안 AI 입법을 더 효과적으로 하기 위해 기계학습 석사학위를 취득했다. 따라서 의욕만 있다면 최고교육책임자도 이와 비슷하게 실천할 수 있으리라 본다. www.techdirt.com/2023/01/05/congressman-moonlighting-as-a-masters-degree-student-in-ai.

57 Wagner, K. 'Mark Zuckerberg says he's "fundamentally uncomfortable" making content decisions for Facebook.' Vox, 2018. www.vox.com/2018/2013/2022/17150772/mark-zuckerberg-facebook-content-policy-guidelines-hate-free-speech.

58 www.speakupaustin.org.

59 www.dublincity.ie/business/economic-development-and-enterprise/economic-development/your-dublin-your-voice.

60 www.citizenlab.co/about.

61 Belone, L., et al. 'Community-based participatory research conceptual model: community partner consultation and face validity.' *Qualitative Health Research* 26(1) (2016): 117 - 35.

62 int.nyt.com/data/documenthelper/639-clarifai-letter/3cd943d 873d78c7 cdcdc/optimized/full.pdf#page=1; Metz, C. 'Is ethical A.I. even possible?' *New York Times*, 1 March 2019.

63 www.uschamber.com/technology/in-the-global-race-to-lead-on-artificial-intelligence-america-must-win.

64 예를 들어 유럽연합과 미국이 배기가스와 바이오 연료 규제를 승인하자 특허 출원 건수가 크게 증가했으며 규제가 완화된 후에는 특허 출원 건수가 감

소했다[Johnstone, N. et al. 'Environmental policy stringency and technological innovation: evidence from survey data and patent counts.' *Applied Economics* 44(17) (2012): 2157 - 70]. 데이터 프라이버시 부문도 비슷하다. 스타트업 액셀러레이터 관리자, 데이터 보호 및 정보 기술 법률과 기업가 정신 전문 변호사, 민간 벤처캐피털 파트너는 유럽연합의 '일반 데이터 보호 규정General Data Protectin Regulations'이 혁신의 양과 신생 스타트업의 수를 끌어올렸다고 보고한다[Martin, N. et al. 'How data protection regulation affects startup innovation.' *Information Systems Frontiers* 21(6) (2019): 1307 - 24]. 이 문제를 다른 관점에서 보면, 제품팀은 생산물에 대한 적당한 수준의 설계 제약이 있을 때 더욱 창의적이고 혁신적으로 업무를 수행하게 된다[Acar, O. A., M. Tarakci, and D. Van Knippenberg. 'Creativity and innovation under constraints: a cross-disciplinary integrative review.' *Journal of Management* 45(1) (2019): 96 - 121].

65 Kharpal, A. 'Commentary: Big Tech's calls for more regulation offers a chance for them to increase their power.' Business & Human Rights Resource Centre, 26 January 2020.

66 Bennear, L. S., and J. B. Wiener. 'Adaptive regulation: instrument choice for policy learning over time.' Draft working paper, 2019.

67 Clark, J., and G. K. Hadfield. 'Regulatory markets for AI safety.' arXiv preprint arXiv:2001.00078 (2019).

68 Stix, C., and M. M. Maas. 'Bridging the gap: the case for an "incompletely theorized agreement" on AI policy.' *AI and Ethics* 1(3) (2021): 261 - 71.

결론 | 우리에게 달려 있다

1 United States Atomic Energy Commission. *In the Matter of J. Robert Oppenheimer: Transcript of Hearing before Personnel Security Board,* Washington, D. C., *April 12, 1954, through, May 6, 1954.* United States Government Printing Office, 1954: 81.

2 www.lrb.co.uk/the-paper/v22/n17/steven-shapin/don-t-let-that-crybaby-in-here-again.

찾아보기

256

인공지능(AI)

　~의 정의 28~29

　~의 안전 문제 75~76, 82~84,
86~87, 89, 95, 97, 100~101, 105, 111,
114~117, 193, 207

　~제작 과정 72, 264~267, 293, 299

　~제품 개발 223, 268, 270, 274, 278,
288, 290, 304

　~의 책임 9, 11, 103, 115, 140,
144, 147, 166, 189, 193~197, 199~
205, 207~213, 216~224, 260, 276,
278~281, 288, 296, 300, 313, 316

　~의 한계 47~65

인제, 무하렘Ince, Muharrem 20

일몰 조항 308

ㅈ

자동화 안주 200

자율주행차 15~16, 23, 41, 46, 56~57,
59, 92~93, 193, 197~200, 202~210,
212~216, 218~220, 271, 308

작위 205

장애(인) 16, 23, 103, 143, 160, 188

저커버그, 마크Zuckerberg, Mark 301

적대적 공격 87, 96

전이학습 60

정의justice

　~의 세 가지 의미 162~163

　분배적 ~ 162

응보적 ~ 162~163, 182

절차적 ~ 162~163, 182~183, 186

〈제퍼디〉(TV 쇼) 63~64

조종특성증강시스템(MCAS) 90~91, 95

조직 문화 285~287

지도학습 38~40, 44~45

지메일 140, 147

지표metric 263, 270~271, 273~275,
284, 291, 299

GPS(범지구 위치결정 시스템) 86, 151

GPT-3 47~48

진행촉진자 286, 299

ㅊ

차등 프라이버시 123, 153

차우, 트레이시Chou, Tracy 294

책임 공백 220~221

챗GPT 30, 47, 53, 82~84, 136, 267

체스 32~34, 47, 53, 56

초지능 AI 76~77, 80~82

ㅋ

카스파로프, 개리Kasparov, Garry 32~33

캘리포니아주 16, 20, 121, 213~214,
301

컴퍼스(범죄 위험성 평가 도구) 171~174,
176, 178~179, 183~185

케임브리지 애널리티카(데이터 분석 기업)
17, 23, 141

켄터키주 177, 187

MORAL AI